非线性演化系统的符号计算方法

李帮庆 马玉兰 著

科 学 出 版 社
北 京

内 容 简 介

本书是一本研究非线性演化系统的专著.书中应用近些年新发展起来的符号计算方法,研究非线性演化系统精确解的构造与计算,重点讨论一类非线性 Vakhnenko 系统以及几类有代表性非线性演化系统精确解的构造、传播与控制等,展示这些非线性系统丰富而奇特的动力学特征.

本书研究方法先进、内容充实,可供从事非线性系统、数学物理、非线性物理、符号计算等相关领域的学者参考.

图书在版编目(CIP)数据

非线性演化系统的符号计算方法/李帮庆,马玉兰著.—北京:科学出版社,2013.10
ISBN 978-7-03-038847-6

Ⅰ.①非… Ⅱ.①李… ②马… Ⅲ.①非线性偏微分方程-研究 Ⅳ.①O175.29

中国版本图书馆 CIP 数据核字(2013) 第 242279 号

责任编辑:王丽平/责任校对:彭 涛
责任印制:徐晓晨/封面设计:陈 敬

科学出版社出版
北京东黄城根北街 16 号
邮政编码:100717
http://www.sciencep.com

北京建宏印刷有限公司 印刷
科学出版社发行 各地新华书店经销
*
2013 年 10 月第 一 版 开本:720×1000 1/16
2018 年 6 月第二次印刷 印张:17 1/2
字数:350 000
定价:118.00元
(如有印装质量问题,我社负责调换)

前　言

　　世界的本质是非线性的. 由于来自工程技术等应用领域的强力推动, 数学物理中的非线性问题已经成为科学家最为关注的热点研究领域之一. 孤子、混沌和分形是非线性科学的核心内容, 这一领域的蓬勃发展已经使非线性科学的研究发生了深刻变化.

　　非线性演化系统是描述含时间和空间变量的一大类数学模型, 有极为广泛的应用背景. 这类系统能更精确、更深刻地描述工程技术与自然科学中含非线性因素的时空演化关系, 从而揭示系统的本质特征. 在非线性物理、等离子物理、非线性光学、非线性力学、通信工程、分子生物工程以及社会经济等众多学科领域, 科学家和工程师不断提出大量的非线性演化系统, 研究和掌握这些系统的特征、能量传播性质及控制等是摆在学者们面前的艰巨任务.

　　非线性演化系统也是应用数学领域中有活力的研究内容之一, 是数学物理方程的一个主要研究分支. 对于非线性演化系统, 由于线性叠加原理的失效, 这类非线性系统的求解是非线性科学的关键问题, 也是难点所在. 20 世纪 70 年代以来, 在构造非线性发展方程的精确解, 尤其是孤立波解方面, 科学家经过不懈地努力, 取得了丰硕的成果, 提出了许多行之有效的构造非线性发展方程精确解的符号计算方法.

　　本书是一本应用符号计算方法研究非线性演化系统的专著. 通过近些年发展起来的几类符号计算方法, 研究了若干有代表性的非线性系统. 构造非线性演化系统的精确解方法主要包括 (G'/G) 展开法、扩展的 (G'/G) 展开法、Riccati 映射法、Hirota 双线性法及改进的 Hirota 双线性法、F- 展开法、Jacobi 椭圆函数展开法、动力系统法、混合法等; 研究对象包括低维非线性演化系统和高维非线性演化系统; 涉及非线性演化系统的广泛的解形式: 如单孤立波解、多孤立波解、周期波解、周期与孤立波混合解、包络解、激发解等; 研究内容包括非线性演化系统单孤立波、多孤立波的演化、交互与控制等问题. 研究中应用可视化方法, 用较多的图形展示这些非线性系统丰富而奇特的动力学特征.

　　本书正文分为三个部分共 13 章, 下面给出每部分的简要介绍.

　　第一部分内容为非线性演化系统基础, 包括非线性演化系统的一些基本概念和一个典型的非线性 Vakhnenko 系统的数学模型化过程.

　　在第二部分, 引入几类重要的符号计算方法, 构造几类典型非线性演化系统的精确解, 如 Vakhnenko 系统及其扩展系统、非线性短脉冲系统、(1+1) 维 Gardner

系统等. 同时还研究这些系统解的性质, 如解的参数传播控制、解的激发、多孤立波的演化与交互过程等.

第三部分应用扩展的 (G'/G) 展开法, 构造出几类高维非线性演化系统的广义行波解, 基于这些行波解中的任意函数, 研究这些系统的孤子结构及其性质, 包括一些经典的特殊孤子、折叠孤子、混沌孤子结构和分形孤子结构等.

本书含有翔实的公式推导过程, 撰写时力求简洁、规范, 大部分只保留了公式推导的主要步骤, 只对少数推导困难的内容给出推导过程. 附录 A 给出了本书用到的有关 Jacobi 椭圆函数的概念和基本公式.

用可视化方法观察和研究非线性演化系统的性质是本书的特色, 书中用了较多的图形来展示解的形状、演化、交互. 附录 B 给出了几个有代表性的孤子激发的 Matlab 作图程序, 供读者参考.

本书研究方法先进、内容充实, 可供从事非线性系统、数学物理、非线性物理、符号计算等领域的学者参考.

作者的研究工作得到了王明亮教授的指导, 在此特别致谢!

本书的出版得到了北京市教育委员会科研计划项目 (批准号:KM201010011001)、北京市属高等学校人才强教计划项目 (编号: 201106206)、北京市教育委员会专项基金以及北京工商大学理学学科建设与专项基金的资助.

曹显兵教授在出版过程中给予了大力支持.

感谢审稿专家的指导, 感谢科学出版社王丽平编辑的热情帮助和细致的工作.

作者欢迎与本书相关的学术交流, 电子邮箱为: libq@th.btbu.edu.cn.

最后感谢尊敬的同行专家和读者赐教.

作　者

2013 年 3 月

目 录

前言

第一部分 非线性演化系统基础

第 1 章 引言 ... 3
1.1 几个基本概念 ... 3
1.1.1 线性与非线性 ... 3
1.1.2 演化系统与动力系统 ... 3
1.1.3 演化系统与偏微分方程 ... 3
1.1.4 偏微分方程的阶和解 ... 4
1.2 线性偏微分方程 ... 4
1.2.1 线性偏微分方程定义 ... 4
1.2.2 线性偏微分方程的叠加原理 ... 5

第 2 章 非线性演化系统 ... 6
2.1 非线性演化系统及其相关性质 ... 6
2.1.1 孤立波与 KdV 方程 ... 6
2.1.2 孤立波与孤子 ... 7
2.1.3 非线性演化系统的精确解 ... 8
2.2 非线性演化系统的激发 ... 8
2.2.1 孤立波的激发 ... 8
2.2.2 孤子、混沌与分形的关系 ... 9
2.3 非线性演化系统的模型化 ... 9
2.3.1 非线性 Vakhnenko 系统 ... 9
2.3.2 稀松介质中高频波传播的非线性 Vakhnenko 系统模型 ... 10
2.3.3 Vakhnenko 系统的研究进展 ... 11

第二部分 非线性演化系统的精确解

第 3 章 (G'/G) 展开法与修正广义的 Vakhnenko 系统的孤立波解 ... 15
3.1 二阶线性常微分方程 ... 15
3.1.1 常微分方程的基本概念 ... 15

  3.1.2 二阶线性常微分方程及其解的结构·······································17

  3.1.3 二阶常系数齐次线性常微分方程···17

3.2 (G'/G) 展开法···21

3.3 (G'/G) 展开法与 Vakhnenko 系统的精确孤立波解····················23

3.4 修正广义的 Vakhnenko 系统的孤立波····································27

  3.4.1 对修正广义的 Vakhnenko 系统一个变换································27

  3.4.2 修正广义的 Vakhnenko 系统的孤立波解································28

3.5 系统参数对修正广义的 Vakhnenko 系统孤立波的传播控制·········35

  3.5.1 参数 β 对孤立波的控制··35

  3.5.2 参数 p 对孤立波的控制··36

  3.5.3 参数 q 对孤立波的控制··37

  3.5.4 参数 k 对系统的控制··38

  3.5.5 参数 λ,μ 对系统的控制··39

3.6 本章小结··40

第 4 章 扩展的 (G'/G) 展开法与 Vakhnenko 系统的广义行波解····42

4.1 扩展的 (G'/G) 展开法··42

4.2 Vakhnenko 系统的广义行波解···43

4.3 Vakhnenko 系统的激发孤立波···48

  4.3.1 周期波激发··48

  4.3.2 环形孤立波激发···53

4.4 本章小结··56

第 5 章 扩展的 Riccati 映射法与一类广义 Vakhnenko 系统广义行波解····57

5.1 Riccati 映射法···57

  5.1.1 Tanh 函数展开法···57

  5.1.2 Riccati 映射法··58

5.2 一类广义 Vakhnenko 系统的广义行波解································60

5.3 单环孤立波激发···62

5.4 双环孤立波激发···66

5.5 本章小结··70

第 6 章 改进的 Hirota 法与广义扩展 Vakhnenko 系统··················71

6.1 Hirota 双线性法···71

  6.1.1 Hirota 双线性算子及其性质··71

  6.1.2 Hirota 双线性法步骤···72

  6.1.3 改进的 Hirota 双线性法求解···72

6.2 改进的 Hirota 双线性法的一个应用·····································73

6.2.1　耗散 Zabolotskaya-Khokhlov 系统 ································ 73
　　6.2.2　耗散 Zabolotskaya-Khokhlov 系统的光滑 N 孤立波 ············ 74
　　6.2.3　耗散 Zabolotskaya-Khokhlov 系统的奇异 N 孤立波 ············ 77
　　6.2.4　耗散 Zabolotskaya-Khokhlov 系统的 N 孤立波演化与交互 ······ 78
6.3　扩展广义 Vakhnenko 系统的多孤立波 ································· 79
　　6.3.1　扩展广义 Vakhnenko 系统的单孤立波 ·························· 80
　　6.3.2　扩展广义 Vakhnenko 系统的二孤立波 ·························· 82
　　6.3.3　扩展广义 Vakhnenko 系统的三孤立波 ·························· 84
6.4　扩展广义 Vakhnenko 系统孤立波间的交互 ···························· 85
　　6.4.1　双孤立波交互 ··· 85
　　6.4.2　三孤立波交互 ··· 86
6.5　本章小结 ·· 97

第 7 章　F- 展开法与修正广义 Vakhnenko 系统的包络解 ················ 98
7.1　F- 展开法 ·· 98
　　7.1.1　F- 展开法的求解步骤 ·· 98
7.2　修正广义 Vakhnenko 系统的 Jacobi 函数包络解 ······················ 101
7.3　修正广义 Vakhnenko 系统的行波与孤立波特性 ······················ 110
7.4　本章小结 ·· 113

第 8 章　动力系统法与非线性演化系统的精确解 ·························· 114
8.1　动力系统法 ·· 114
8.2　动力系统法求修正广义 Vakhnenko 系统的精确解 ···················· 114
　　8.2.1　修正广义 Vakhnenko 系统的三类精确行波解 ···················· 114
　　8.2.2　解的验证 ··· 120
8.3　动力系统法求短脉冲系统的精确解 ···································· 122
　　8.3.1　短脉冲系统 ··· 122
　　8.3.2　短脉冲系统的 Jacobi 椭圆函数解 ································· 123
8.4　本章小结 ·· 127

第 9 章　混合法构造非线性演化系统的精确解 ···························· 128
9.1　混合法 ·· 128
9.2　(1+1) 维 Gardner 系统 ·· 128
9.3　(1+1) 维 Gardner 系统的混合函数解 ································· 128
9.4　(1+1) 维 Gardner 系统的混合函数解的传播特性 ····················· 132
9.5　本章小结 ·· 135

第三部分 非线性演化系统的孤子激发

第 10 章 非线性演化系统的时间孤子激发 ················· 139
10.1 非线性耦合 Schrödinger 系统 ····················· 139
- 10.1.1 非线性耦合 Schrödinger 系统的数学模型 ············· 139
- 10.1.2 非线性耦合 Schrödinger 系统的广义行波解 ············ 139
- 10.1.3 非线性耦合 Schrödinger 系统的时间孤子激发 ·········· 144

10.2 非线性耗散 Zabolotskaya-Khokhlov 系统 ············· 148
- 10.2.1 非线性耗散 Zabolotskaya-Khokhlov 系统简介 ········· 148
- 10.2.2 非线性耗散 Zabolotskaya-Khokhlov 系统的广义行波解 ··· 148
- 10.2.3 非线性耗散 Zabolotskaya-Khokhlov 系统的时间孤子激发 · 153

10.3 本章小结 ··································· 159

第 11 章 非线性演化系统的特殊孤子结构激发 ············· 160
11.1 (2+1) 维变系数色散长波系统的广义行波解 ············ 160
11.2 (2+1) 维变系数色散长波系统的特殊孤子结构激发 ······· 165
- 11.2.1 单向线孤子 ······························· 165
- 11.2.2 Lump 孤子与环孤子 ························· 166
- 11.2.3 Dromion 孤子 ···························· 168
- 11.2.4 振动 Dromion 孤子 ························· 170
- 11.2.5 呼吸孤子 ································ 172
- 11.2.6 Solitoff 孤子 ····························· 172
- 11.2.7 Peakon 孤子 ····························· 174
- 11.2.8 Compacton 孤子 ·························· 176
- 11.2.9 方孤子 ································· 177
- 11.2.10 折叠孤子 ······························· 177
- 11.2.11 单向折叠孤子 ···························· 179
- 11.2.12 单向双折叠孤子 ·························· 179
- 11.2.13 单向上下折叠孤子 ························ 180
- 11.2.14 双层凹状折叠孤子 ························ 182
- 11.2.15 双向折叠孤子 ···························· 182
- 11.2.16 单向多折叠孤子 ·························· 183
- 11.2.17 双向双层折叠孤子 ························ 184

11.3 (2+1) 维变系数色散长波系统的其他折叠孤子 ········· 185
- 11.3.1 周期性压缩折叠孤子 ······················· 186
- 11.3.2 指数压缩折叠孤子 ························ 187

11.4 (2+1)维变系数色散长波系统孤子间的相互作用·················188
   11.4.1 孤子的非弹性碰撞·················189
   11.4.2 孤子的弹性碰撞·················191
11.5 (2+1)维变系数色散长波系统孤子的裂变与聚变·················193
   11.5.1 孤子裂变·················193
   11.5.2 孤子聚变·················193
   11.5.3 (2+1)维变系数色散长波系统的孤子湮灭·················194
11.6 (2+1)维变系数色散长波系统的周期波背景孤子·················196
   11.6.1 周期波背景 Dromion 孤子·················196
   11.6.2 周期波背景的双 Dromion 孤子及其演化·················197
11.7 (3+1)维 Burgers 系统的广义行波解·················198
11.8 (3+1)维 Burgers 系统的内嵌孤子·················203
   11.8.1 内嵌孤子·················203
   11.8.2 三重内嵌孤子·················203
   11.8.3 明暗内嵌孤子·················205
   11.8.4 螺旋状明暗内嵌孤子·················205
11.9 (3+1)维 Burgers 系统的锥孤子·················206
11.10 (3+1)维 Burgers 系统的柱孤子·················206
11.11 本章小结·················207

第 12 章 非线性演化系统的混沌结构激发·················208
12.1 混沌系统·················208
   12.1.1 混沌的基本概念·················208
   12.1.2 Lorenz 混沌系统·················209
   12.1.3 Duffing 混沌系统·················209
12.2 单向混沌结构·················211
   12.2.1 (3+1)维 Burgers 系统的单向混沌结构·················212
   12.2.2 (2+1)维变系数色散长波系统的单向混沌结构·················213
12.3 双向混沌结构·················215
   12.3.1 (3+1)维 Burgers 系统的双向混沌结构·················215
   12.3.2 (2+1)维变系数色散长波系统的双向混沌结构·················218
12.4 混沌结构演化·················219
12.5 本章小结·················221

第 13 章 非线性演化系统的分形结构激发·················222
13.1 分形的基本概念·················222
13.2 (2+1)维变系数 Broer-Kaup 系统·················222

13.3 (2+1) 维变系数 Broer-Kaup 系统的广义行波解 ································223
13.4 (2+1) 维变系数 Broer-Kaup 系统的分形结构激发 ························226
　　13.4.1 十字型分形结构 ··226
13.5 Dromion 分形结构 ··229
13.6 Lump 分形结构 ··232
13.7 复合分形结构 ··233
13.8 本章小结 ··236
附录 A　Jacobi 椭圆函数及其基本公式 ··237
　A.1 Jacobi 椭圆函数的定义 ··237
　A.2 Jacobi 椭圆函数的基本公式 ··237
附录 B　部分局域结构激发的 Matlab 作图程序 ··································239
　B.1 折叠孤子激发的 Matlab 作图程序 ··239
　B.2 混沌结构激发的 Matlab 作图程序 ··241
　B.3 分形结构激发的 Matlab 作图程序 ··242
参考文献 ··244
索引 ··255

插 图 目 录

图 3.1 参数 β 对孤立波的影响. 孤立波 (3.91) 在设置 (3.106), β 取不同值时的形状 ·········· 36

图 3.2 参数 p 对孤立波的影响. 孤立波 (3.91) 在设置 (3.107), p 取不同值时的形状 ·········· 37

图 3.3 参数 q 对孤立波的影响. 孤立波 (3.91) 在设置 (3.108), q 取不同值时的形状 ·········· 38

图 3.4 参数 k 对孤立波的影响. 孤立波 (3.91) 在设置 (3.109) 和 $\delta = 1.25$, k 取不同值时的形状 ·········· 39

图 3.5 峰状孤立波. 孤立波 (3.91) 在设置 (3.110) 和 $\delta = 1.25$ 时的形状 ········ 40

图 3.6 尖状孤立波. 孤立波 (3.91) 在设置 (3.110) 和 $\delta = 2.35$ 时的形状 ········ 40

图 3.7 环状孤立波. 孤立波 (3.91) 在设置 (3.110) 和 $\delta = 3.85$ 时的形状 ········ 40

图 4.1 系统 (4.2) 不同视图下的周期波. 解 (4.38), $a, k, V, C_1, C_2, \lambda, \delta_1$ 取式 (4.40) ·········· 49

图 4.2 系统 (4.2) 的周期波. 解 (4.38), $a = 1, k = 2, V = 0.2, C_1 = 3, C_2 = 2, \delta_1$ 取不同值 ·········· 50

图 4.3 系统 (4.2) 的周期波. 解 (4.38), $a = 0.4, k = 2, V = 0.2, C_1 = 3, C_2 = 2, T = 1, \delta_1$ 取不同值 ·········· 51

图 4.4 系统 (4.2) 的周期波. 解 (4.38), $a = 0.4, k = 1.1, V = 0.2, C_1 = 3, C_2 = 2, \delta_1 = 3, T$ 取不同值 ·········· 52

图 4.5 系统 (4.2) 不同视图下的孤立波. 解 (4.21) 中 $f(X), g(T)$ 取式 (4.41), $a, k, V, C_1, C_2, \lambda, \delta_1$ 取式 (4.48) ·········· 54

图 4.6 系统 (4.2) 的环孤立波. 解 (4.21) 中 $f(X), g(T)$ 取式 (4.41), $a, k, V, C_1, C_2, \lambda, \delta_1$ 取式 (4.48), δ_1 取不同值 ·········· 55

图 5.1 单环孤立波 (5.32) 在不同视图下的图形. 参数设置为 $V = 1, k = 1, p = 0.5, \sigma = -3, a = 0.8$ ·········· 63

图 5.2 单环孤立波 (5.32) 的图形. 参数设置为 $V = 1, k = 1, p = 0.5, \sigma = -3, a = 1, T$ 取不同值 ·········· 64

图 5.3 参数 a 对单环孤立波 (5.32) 的影响. 设置为 $V = 1, k = 1, p = 0.5, \sigma = -3, T = 0, a$ 取不同值 ·········· 64

图 5.4　参数 σ 对单环孤立波 (5.32) 的影响. 设置为 $a=1, V=1, k=1, p=0.5$, $T=1$, σ 取不同值 ··· 65

图 5.5　双环孤立波 (5.34) 在不同视图下的图形. 参数设置为 $V=1, k=1, p=0.5, \sigma=-3, a=0.8$ ·· 66

图 5.6　系统参数 p 对双环孤立波 (5.34) 的影响. 设置为 $a=0.5, V=1, k=1, \sigma=-8, T=0$, p 取不同值 ··· 67

图 5.7　T 对双环孤立波 (5.34) 的影响. 设置为 $V=1, k=1, p=1, \sigma=-3, a=-1.6$, T 取不同值 ·· 68

图 5.8　σ 对双环孤立波 (5.34) 的影响. 设置为 $V=1, k=1, p=1, T=1, a=-1.6$, σ 取不同值 ·· 69

图 6.1　Zabolotskaya-Khokhlov 系统的三孤立波 (6.42) 演化与交互. 参数满足式 (6.42), t 取不同的值 ·· 78

图 6.2　单环状孤立波. 单孤立波解 (6.61), 设置满足式 (6.62), $\beta=-9$, p 取不同值 ·· 81

图 6.3　单尖状孤立波. 单孤立波解 (6.61), 设置满足式 (6.62), $\beta=8$, p 取不同值 ·· 81

图 6.4　单峰状孤立波. 单孤立波解 (6.61), 设置满足式 (6.62), $\beta=35$, p 取不同值 ·· 82

图 6.5　系统(6.43) 双孤立波的六种形态. 解为式(6.67), k_1, k_2 和 β 取不同值 ··· 83

图 6.6　系统(6.43)三孤立波的形态示例. 解为式(6.76), 参数 p, k_1, k_2, β 不同 ···· 85

图 6.7　系统 (6.43) 双孤立波演化与交互过程. 解为式 (6.67), 参数 p, k_1, k_2, β 满足设置 (6.79) ··· 87

图 6.8　系统 (6.43) 双孤立波演化与交互过程. 解为式 (6.67), 参数 p, k_1, k_2, β 满足设置 (6.80) ··· 88

图 6.9　系统 (6.43) 三孤立波演化与交互过程. 解为式 (6.76), 参数 p, k_1, k_2, k_3, β 满足设置 (6.81) ·· 89

图 6.10　系统 (6.43) 三孤立波演化与交互过程. 解为式 (6.76), 参数 p, k_1, k_2, k_3, β 满足设置 (6.82) ·· 90

图 6.11　系统 (6.43) 三孤立波演化与交互过程. 解为式 (6.76), 参数 p, k_1, k_2, k_3, β 满足设置 (6.83) ·· 91

图 6.12　系统 (6.43) 三孤立波演化与交互过程. 解为式 (6.76), 参数 p, k_1, k_2, k_3, β 满足设置 (6.84) ·· 93

图 6.13　系统 (6.43) 三孤立波演化与交互过程. 解为式 (6.76), 参数 p, k_1, k_2, k_3, β 满足设置 (6.85) ·· 94

图 6.14　系统 (6.43) 三孤立波演化与交互过程. 解为式 (6.76), 参数 p, k_1, k_2, k_3,

	β 满足设置 (6.86)· ·	95
图 6.15	系统 (6.43) 三孤立波演化与交互过程. 解为式 (6.76), 参数 p, k_1, k_2, k_3, β 满足设置 (6.78)· ·	96
图 7.1	行波与孤立波关系图. 解 u_1(7.66) 满足条件 (7.68), 模数 m 和 β 取不同值· ·	111
图 7.2	行波与孤立波关系图. 解 u_2(7.67) 满足条件 (7.68), 模数 m 和 β 取不同值· ·	112
图 8.1	周期波解. 解 (8.27) 在设置 (8.31) 且 $\beta = -5$ 时的图形· · · · · · · · · · · · · · ·	118
图 8.2	周期波解. 解 (8.27) 在设置 (8.31) 且 $\beta = 6$ 时的图形· · · · · · · · · · · · · · · ·	119
图 8.3	周期波解. 解 (8.27) 在设置 (8.31) 且 $\beta = 10$ 时的图形· · · · · · · · · · · · · · ·	119
图 8.4	周期波解. 解 (8.27) 在设置 (8.31) 且 $\beta = 12.6$ 时的图形· · · · · · · · · · · · ·	119
图 8.5	周期波解. 解 (8.27) 在设置 (8.31) 且 $\beta = 13.2$ 时的图形· · · · · · · · · · · · ·	119
图 8.6	周期波解. 解 (8.27) 在设置 (8.31) 且 $\beta = 15$ 时的图形· · · · · · · · · · · · · · ·	120
图 8.7	周期波解. 解 (8.27) 在设置 (8.31) 且 $\beta = 15.8$ 时的图形· · · · · · · · · · · · ·	120
图 8.8	周期波解. 解 (8.27) 在设置 (8.31) 且 $\beta = 16$ 时的图形· · · · · · · · · · · · · · ·	120
图 8.9	周期波解 (8.59), $m = 0.1$ ·	124
图 8.10	周期波解 (8.59), $m = 0.5$ ·	125
图 8.11	周期波解 (8.59), $m = 0.99$ ·	125
图 8.12	孤立波 (8.60)· ·	126
图 8.13	周期波解 (8.61)· ·	126
图 8.14	周期波解 (8.62)· ·	126
图 9.1	(1+1) 维 Gardner 系统的混合函数解传播过程. 解 (9.34) 在设置 (9.37) 下, $j = 0$, 变量 t 取不同值· ·	133
图 9.2	(1+1) 维 Gardner 系统的混合函数解传播过程. 解 (9.34) 在设置 (9.37) 下, $j = 1$, 变量 t 取不同值· ·	134
图 9.3	(1+1) 维 Gardner 系统的混合函数解传播过程. 解 (9.36) 在设置 (9.38), $j = 0$, 模 m 取不同值· ·	135
图 10.1	非线性耦合 Schrödinger 系统的 Jacobi 椭圆函数激发解. 解 (10.35) 满足设置 (10.42)-(10.44) 时, 不同视图下的图形· ·	145
图 10.2	非线性耦合 Schrödinger 系统的 Jacobi 椭圆函数激发解的演化. 解 (10.35) 满足设置 (10.42)-(10.44), t 取不同值时的图形· · · · · · · · · · · · · · · · · · · ·	146
图 10.3	非线性耦合 Schrödinger 系统的三角函数激发解. 解 (10.35) 满足设置为式 (10.43), 式 (10.45) 和式 (10.46) 时, 不同视图下的图形· · · · · · · · · · ·	146
图 10.4	非线性耦合 Schrödinger 系统的三角函数激发解的演化. 解 (10.35) 满足设置为式 (10.43), 式 (10.45) 和式 (10.46), t 取不同值时的图形· · · · ·	147

图 10.5 非线性耗散 Zabolotskaya-Khokhlov 系统的时间孤子. 解 (10.72) 中 $h(t), r(t)$ 满足式 (10.75), x, C_1, C_2, δ_1 满足式 (10.76), k 取不同值 ····· 153

图 10.6 非线性耗散 Zabolotskaya-Khokhlov 系统的时间孤子. 解 (10.72) 中 $h(t), r(t)$ 满足式 (10.77), $x, C_1, C_2, \delta_1, k_1, k_2$ 满足式 (10.78), k 取不同值 ·· 154

图 10.7 非线性耗散 Zabolotskaya-Khokhlov 系统的时间孤子. 解 (10.72) 中 $h(t), r(t)$ 满足式 (10.79), x, C_1, C_2, δ_1 满足式 (10.80), k 取不同值 ····· 155

图 10.8 非线性耗散 Zabolotskaya-Khokhlov 系统的时间孤子. 解 (10.72) 中 $h(t)$, $r(t)$ 满足式 (10.81) 和式 (10.82), x, C_1, C_2, δ_1, 满足式 (10.83), k 取不同值 ·· 157

图 10.9 非线性耗散 Zabolotskaya-Khokhlov 系统的时间孤子. 解 (10.72) 中 $h(t)$, $r(t)$ 满足式 (10.84), 式 (10.85), 式 (10.86), $x, C_1, C_2, k_1, \delta_1$ 满足式 (10.87), k_2, k_3 取不同值 ··· 158

图 11.1 单向线孤子. 解 (11.38) 在设置 (11.39)-(11.40) 下的图形 ············· 166

图 11.2 环状 Lump 孤子. 解 (11.38) 在 $t=-20$, 设置为式 (11.42) 及式 (11.41) 时的图形 ·· 166

图 11.3 峰状 Lump 孤子. 解 (11.38) 在 $t=0$, 设置为式 (11.42) 及式 (11.41) 时的图形 ·· 167

图 11.4 Lump 孤子演化图. 解 (11.38) 在设置为式 (11.42) 及式 (11.41) 下的演化过程 ·· 167

图 11.5 Lump 孤子及其演化. 解 (11.38) 在设置为式 (11.43) 及式 (11.44) 下的演化过程 ·· 168

图 11.6 双 Lump 孤子. 解 (11.38) 在设置 (11.44) 下, $f(x,t), g(y)$ 满足不同条件时的图形 ·· 169

图 11.7 Dromion 孤子. 解 (11.38) 在设置为式 (11.51), f,g 分别取式 (11.47)-(11.50) 时的图形 ·· 170

图 11.8 单向振动 Dromion 孤子. 解 (11.38) 在 $f(x,t), g(y)$ 选取为式 (11.52) 及设置为式 (11.53) 时的图形 ·· 170

图 11.9 单向振动 Dromion 孤子 (图 11.8) 的剖面图 ·· 171

图 11.10 双向振动 Dromion 孤子. 解 (11.38) 在 $f(x,t), g(y)$ 选取为式 (11.54) 及设置为式 (11.53) 时的图形 ·· 171

图 11.11 双向振动 Dromion 孤子 (图 11.10) 的剖面图 ·· 171

图 11.12 呼吸孤子. 解 (11.38) 在 $f(x,t), g(y)$ 选取为式 (11.55) 及设置为式 (11.56), t 取不同值时的图形 ·· 172

图 11.13 Solitoff 孤子. 解 (11.38) 在 $f(x,t), g(y)$ 取式 (11.57), 且设置为式

	(11.58) 下的图形	173
图 11.14	单 Peakon 孤子. 解 (11.38) 在取式 (11.61) 和式 (11.62) 及设置为式 (11.63) 时的图形	175
图 11.15	双 Peakon 孤子. 解 (11.38) 在取式 (11.61) 和式 (11.62) 及设置为式 (11.64) 时的图形	175
图 11.16	塌陷 Peakon 孤子与塌陷 Peakon 孤子. 解 (11.38) 在取式 (11.65), 式 (11.62) 及设置式 (11.63) 时的图形	176
图 11.17	单 Compacton 孤子. 解 (11.38) 在取式 (11.68) 和式 (11.69) 及设置为式 (11.70) 时的图形	177
图 11.18	方孤子及其演化. 解 (11.38) 在取式 (11.71) 及设置为式 (11.72) 时的演化图形	178
图 11.19	单向折叠孤子. 解 (11.38) 在 $f(x,t)$ 选取为式 (11.76), $g(y)$ 选取为式 (11.77) 及设置为式 (11.78) 的图形	180
图 11.20	单向双折叠孤子. 解 (11.38) 在 $f(x,t)$ 选取为式 (11.76), $g(y)$ 选取为式 (11.79) 及设置为式 (11.78) 的图形	181
图 11.21	单向上下折叠孤子. 解 (11.38) 在 $f(x,t)$ 选取为式 (11.80), $g(y)$ 选取为式 (11.77) 及设置为式 (11.78) 的图形	181
图 11.22	双层凹状折叠孤子. 解 (11.38) 在 $\bar{f}, x, g$ 选取为式 (11.81) 及设置为式 (11.82) 时的图形	182
图 11.23	双向折叠孤子. 解 (11.38) 在 $\bar{f}, x, \bar{g}, y$ 选取为式 (11.83) 及设置为式 (11.84) 时的图形	183
图 11.24	单向三折叠孤子. 解 (11.38) 在选取 $\bar{f}, x, g$ 为式 (11.85) 及设置为式 (11.86) 时的图形	184
图 11.25	双向双层折叠孤子. 解 (11.38) 在 $\bar{f}(X,t), x, \bar{g}, y$ 选取式 (11.87) 及设置为式 (11.88) 时的图形	185
图 11.26	一类折叠孤子. 解 (11.38) 在 $\bar{f}(X,t), x, g$ 选取为式 (11.89) 及设置式 (11.90) 的演化图形	187
图 11.27	周期折叠孤子. 解 (11.38) 在 $\bar{f}(X,t), x, g$ 选取为式 (11.91) 及设置为式 (11.92) 时的演化图形	188
图 11.28	孤子的同向追碰. 解 (11.38) 在 $f(x,t), g(y)$ 选取为式 (11.93) 及设置为式 (11.94) 的演化图形	190
图 11.29	孤子的异向碰撞. 解 (11.38) 在 $f(x,t), g(y)$ 选取为式 (11.95) 及设置为式 (11.96) 的演化图形	191
图 11.30	孤子的弹性碰撞. 解 (11.38) 在 $f(x,t), g(y)$ 选取为式 (11.97) 及设置为式 (11.98) 的演化图形	192

图 11.31　孤子的裂变. 解 (11.38) 在 $f(x,t), g(y)$ 选取为式 (11.99) 及设置为式 (11.100) 的演化图形 ········194

图 11.32　孤子的聚变. 解 (11.38) 在 $f(x,t), g(y)$ 选取为式 (11.101) 及设置为式 (11.100) 的演化图形 ········195

图 11.33　孤子的湮灭. 解 (11.38) 在 $f(x,t), g(y)$ 选取为式 (11.102) 及设置为式 (11.103) 的演化图形 ········196

图 11.34　周期波背景的 Dromion 孤子 ········197

图 11.35　周期波背景的双 Dromion 孤子演化. 解 (11.38) 在 $f(x,t), g(y)$ 选取为式 (11.106) 及设置为式 (11.105), t 取不同值的图形 ········198

图 11.36　内嵌孤子. 解 (11.148) 在取式为式 (11.149) 及设置为式 (11.150) 时的演化图形 ········203

图 11.37　三重内嵌孤子. 解 (11.148) 在选取为式 (11.151) 及设置为式 (11.152) 时的演化图形 ········204

图 11.38　明暗内嵌孤子. 解 (11.148) 在选取为式 (11.152) 及设置为式 (11.153) 时的图形 ········205

图 11.39　螺旋状明暗内嵌孤子. 解 (11.148) 在选取为式 (11.152) 及设置为式 (11.154) 时的图形 ········205

图 11.40　锥孤子. 解 (11.148) 在选取为式 (11.155) 及设置为式 (11.156) 时的图形 ········206

图 11.41　柱孤子. 解 (11.148) 在取式 (11.157) 及设置为式 (11.158) 时的图形 ········207

图 12.1　Lorenz 系统混沌解 ········209

图 12.2　Lorenz 系统混沌解 ········210

图 12.3　Duffing 系统混沌解 ········211

图 12.4　(3+1) 维 Burgers 系统的单向混沌结构 ········212

图 12.5　(3+1) 维 Burgers 系统的单向混沌结构 ········213

图 12.6　(3+1) 维 Burgers 系统的单向混沌结构 ········213

图 12.7　(3+1) 维 Burgers 系统的单向混沌结构 ········214

图 12.8　(2+1) 维变系数色散长波系统的单向混沌结构 ········214

图 12.9　(2+1) 维变系数色散长波系统的单向混沌结构 ········215

图 12.10　(3+1) 维 Burgers 系统的双向混沌结构 ········216

图 12.11　(3+1) 维 Burgers 系统的双向混沌结构 ········217

图 12.12　(2+1) 维变系数色散长波系统的双向混沌结构 ········218

图 12.13　(2+1) 维变系数色散长波系统双向混沌结构的演化. 解 (11.38) 满足条件 (12.5), 条件 (12.6), 且 x 取 Duffing 系统 (12.2) 的混沌解 X, y

     取 Duffing 系统(12.2)的混沌解 $\mathrm{d}X/\mathrm{d}t$, 时间 t 取不同值时的图形 $\cdots$ 220

图 12.14 (3+1) 维变 Burgers 系统双向混沌结构的演化. 解 (11.148) 满足条件 (12.11), 条件 (12.12), 且 x 取 Duffing 系统 (12.2) 的混沌解 X, z 取 Duffing 系统 (12.2) 的混沌解 $\mathrm{d}X/\mathrm{d}t$, 时间 t 取不同值时的图形 $\cdots$ 220

图 13.1 十字型孤子结构. 解 (13.26) 满足条件 (13.27), 且在不同参数设置下的图形 $\cdots$ 227

图 13.2 十字型分形结构. 解 (13.26) 满足条件 (13.27) 和条件 (13.28), 且在不同区域上的图形 $\cdots$ 228

图 13.3 十字型分形结构. 解 (13.26) 满足条件 (13.27) 和条件 (13.32), 且在不同区域上的图形 $\cdots$ 229

图 13.4 单向分形结构. 解 (13.26) 满足条件 (13.34) 和条件 (13.28), 且在不同区域上的图形 $\cdots$ 229

图 13.5 Dromion 分形结构. 解 (13.26) 满足条件 (13.35) 和条件 (13.36) 的图形 $\cdots$ 230

图 13.6 Dromion 分形结构. 解 (13.26) 满足条件 (13.37) 和条件 (13.36), 且在不同区域上的图形 $\cdots$ 231

图 13.7 单向 Dromion 分形结构. 解 (13.26) 满足条件 (13.38) 和条件 (13.36), 且在不同区域上的图形 $\cdots$ 232

图 13.8 代数分形结构. 解 (13.26) 满足条件 (13.39) 和条件 (13.36) 的图形 $\cdots$ 232

图 13.9 复合分形结构. 解 (13.26) 满足条件 (13.40) 和条件 (13.28) 的图形 $\cdots$ 234

图 13.10 复合分形结构. 解(13.26)满足条件(13.41)和条件(13.42)的图形 $\cdots$ 235

第一部分

非线性演化系统基础

第 1 章 引 言

介绍与本书研究内容直接相关的重要知识背景和概念，包括有关线性和非线性、演化系统与动力系统等.

1.1 几个基本概念

1.1.1 线性与非线性

简单地说，变量间的线性关系就是按比例变化. 例如，自变量 x 与因变量 y 存在线性关系，则在数学上表示为一次函数 $y = kx + b$ (k, b 均为常数)，其图像是一条直线. 而变量间不具有线性关系就称为非线性关系，如 $y = x^2$ 就是反映变量 x 与 y 间的一种非线性关系，其图像为一条抛物线.

具有线性和非线性特征的系统分别称为线性系统和非线性系统.

线性具有良好的数学性质. 其典型的特征是线性系统的解满足叠加原理，这就为分析与控制线性系统提供了极好的工具. 然而，在社会科学、自然科学和工程技术中，非线性现象是无所不在的本质性特征，而线性经常作为非线性问题的约化和近似.

由于非线性系统的多样性和复杂性 (千差万别的非线性因素导致不同的系统模型)，因此，分析、仿真与控制非线性系统是件十分困难的工作. 事实上，非线性科学是近几十年的研究热点和难点.

1.1.2 演化系统与动力系统

通常，解决系统问题的第一步就是对系统建模，而建模的核心是建立变量间的关系. 按时间和空间变量可分为两类：一类是系统因变量只与时间变量相关，这类系统用常微分方程来描述，一般称为动力系统. 另一类是系统因变量与时间和空间 (位置) 的变量都相关，这类系统可用偏微分方程来描述，一般称为演化系统. 而含非线性时间与空间变量关系的系统称为非线性演化系统，或称为非线性发展方程或非线性演化方程. 本书大部分情况下采用第一种称谓.

1.1.3 演化系统与偏微分方程

偏微分方程也称为数学物理方程，是数学、物理及工程技术等多学科的重要分支学科. 由于非线性偏微分方程能够更为真实地描述客观世界中普遍存在的非线性现象, 而大量含时间和空间变量的非线性系统可以用非线性演化方程来描述, 因此, 在非线性科学的理论研究和应用中, 非线性发展方程都占有重要的地位. 下面介绍与之相关的几个基本概念.

1.1.4 偏微分方程的阶和解

将含有未知函数的偏导数的方程 (组) 称为偏微分方程 (组). 偏微分方程 (组) 中出现的未知函数的偏导数的最高阶数即为该偏微分方程 (组) 的阶. 以下我们将方程和方程组都简称为方程.

例如, 人口方程

$$\frac{\partial P}{\partial t}(t,x) + \frac{\partial P}{\partial x}(t,x) = -d(x)P(t,x), \tag{1.1}$$

二维波动方程

$$u_{tt} - a^2(u_{xx} + u_{yy}) = f(t,x,y), \tag{1.2}$$

$$u_{xx} - u_{tt} = \sin u, \tag{1.3}$$

$$\left(\frac{\partial u}{\partial x}\right)^2 + \left(\frac{\partial u}{\partial y}\right)^2 = u, \tag{1.4}$$

$$u_t + 6uu_x + u_{xxx} = 0, \tag{1.5}$$

$$\begin{cases} u_t + 6f(t)uu_x - 6g(t)vv_x + f(t)u_{xxx} = 0, \\ v_t + f(t)(3uv_x + v_{xxx}) = 0, \end{cases} \tag{1.6}$$

其中方程 (1.1) 和方程 (1.4) 是一阶偏微分方程, 方程 (1.2) 和方程 (1.3) 是二阶偏微分方程, 方程 (1.5) 和方程 (1.6) 是三阶偏微分方程.

如果存在一个函数 u 在指定区域上连续, 并存在方程中出现的一切偏导数, 同时将其代入该方程后均为恒等式, 则称函数 u 为该方程的古典解或解. 除了古典解之外, 还可能会有其他的解, 称为广义解.

1.2 线性偏微分方程

1.2.1 线性偏微分方程定义

若一个偏微分方程关于所有的未知函数及其偏导数都是线性的, 则称为线性偏微分方程, 否则称为非线性偏微分方程. 1.1.4 小节的六个示例方程中, 方程 (1.1) 和方程 (1.2) 是线性偏微分方程, 方程 (1.3)~ 方程 (1.6) 是非线性偏微分方程, 而方程 (1.3)、方程 (1.5) 和方程 (1.6) 是非线性演化方程.

1.2 线性偏微分方程

1.2.2 线性偏微分方程的叠加原理

线性方程最重要的性质是解的叠加原理: 若 u_1, u_2 是一个线性偏微分方程的解, 则对任意常数 C_1 和 C_2, $C_1 u_1 + C_2 u_2$ 也是该方程的解.

遗憾的是, 非线性偏微分方程不具有解的叠加原理.

对于线性偏微分方程, 人们已经进行了深入的研究, 建立了较为系统完善的理论体系. 而非线性偏微分方程的求解比线性偏微分方程要困难和复杂得多. 直到进入 20 世纪 60 年代, 科学家才逐渐发现了一些求解非线性偏微分方程的方法.

第 2 章 非线性演化系统

介绍非线性演化系统的主要性质及孤立波等. 讨论一类有明确工程应用背景的稀松介质中高频波传播模型, 即非线性 Vakhnenko 系统及其扩展系统的模型化过程.

2.1 非线性演化系统及其相关性质

2.1.1 孤立波与 KdV 方程

孤立波的研究起源于流体力学[1].

早在 1834 年, 英国科学家 John Scott Russell 在爱丁堡到格拉斯哥的运河上首次观察到了一个奇特的现象, 即浅水面上形成的保持其形状和速度不变、圆而光滑、轮廓分明、远距离传播的一种特殊的波, 后来人们称之为孤立水波. 随后, John Scott Russell 又进行了水槽实验研究, 对孤立波的波幅、波速和波宽进行了探讨, 但未能从流体力学方程给以恰当的解释, 也未引起科学界的重视.

直到 1895 年, D. Korteweg 和 de Vries 才在研究浅水波运动时取得了突破. 在假设水波是长波, 且小振幅的条件下, 建立了单向运动的浅水波方程, 即著名的 KdV 方程

$$\frac{\partial \eta}{\partial \tau} = \frac{3}{2}\sqrt{\frac{g}{h}}\frac{\partial}{\partial \xi}\left(\frac{2}{3}\alpha\eta + \frac{1}{2}\eta^2 + \frac{\sigma}{3}\frac{\partial^2 \eta}{\partial \xi^2}\right), \quad \sigma = \frac{1}{3}h^3 - \frac{Th}{\rho g}, \tag{2.1}$$

其中 $\eta = \eta(\xi,\tau)$ 是表面相对于平衡位置的波峰高度, h 为水深, g 为重力加速度, T 为表面张力, ρ 为密度, α 是与流体均匀运动有关的常数.

进一步作变换

$$x = -\frac{\xi}{\sqrt{\sigma}}, \quad t = \frac{1}{2}\tau\sqrt{\frac{g}{h\sigma}}, \quad u = \frac{1}{2}\eta + \frac{1}{3}\alpha,$$

则 KdV 方程 (2.1) 可化为无量纲的 KdV 形式

$$u_t + 6uu_x + u_{xxx} = 0. \tag{2.2}$$

D. Korteweg 和 de Vries 从方程 (2.2) 中求出了如下形式的解

$$u(x,t) = \frac{c}{2}\text{sech}^2\left[\frac{\sqrt{c}}{2}(x-ct)\right], \tag{2.3}$$

其中 $c>0$ 为波的传播速度. 解 (2.3) 的形状与 John Scott Russell 在 1834 年发现的奇特的现象一致.

从解 (2.3) 不难看出, 孤立波的传播速度 c 与振幅成正比, 这样, 振幅较大的孤立波比振幅较小的孤立波的传播速度要大. 若振幅较小的孤立波在前, 振幅较大的孤立波在后, 经过一段时间运行, 后者必然会赶上前者. 两个孤立波相互碰撞后的结果怎样? 是否变形, 即孤立波是不是稳定传播的波? 另一个问题是, 除了流体力学外, 其他领域是否也有孤立波现象?

2.1.2 孤立波与孤子

1955 年由于费米 (Enrico Fermi)、帕斯塔 (John Pasta)、犹拉姆 (Stan Ulam) 等科学家 (以下简称 FPU) 发表了题为 *Studies of nonlinear problem* 的论文, 燃起了人们对孤立波的兴趣和研究热情. FPU 实验是要研究一维非线性动力学系统: 将一根一维的、连续分布的弦两端固定, 将其分成 N 段, 每段当成一个单元, 并将每个单元简化成具有相同质量的点, 其间相互作用力包括线性和非线性部分. FPU 在 Los Alamos 的 Maniac I 计算机上进行数值计算, 出乎人们意料地发现能量集中在最低的振动模式.

1965 年, 美国普林斯顿大学科学家 Matin D. Kruskal 和 Bell 实验室的科学家 Norman J. Zabusky 对 FPU 结果的进一步研究发现, 若用弦的位移表示, 则它们正好满足 KdV 方程. 两个 KdV 孤立波的碰撞, 其特点是: ① 孤立波在碰撞前后保持高度不变, 像是 "透明地穿过对方"; ② 碰撞时两个孤立波重叠在一起, 其高度低于碰撞前孤立波高度较高的一个 (这表明在非线性过程中, 不存在线性叠加原理); ③ 碰撞后孤立波的轨道与碰撞前有些偏离 (即发生了相移). 他们首次引入 "孤立子" (soliton) 这一术语, 用来描述这种具有粒子性质的孤立波. 孤立子也经常被称为 "孤子".

一般地, 物理上把孤子定义为系统场方程的一个稳定且能量有限的不弥散解, 如果记 $\varepsilon(x,t)$ 表示孤子的能量密度, 则

$$0 < E = \int \varepsilon(x,t) \mathrm{d}^m x < +\infty, \quad \lim_{t\to\infty} \max \varepsilon(x,t) \neq 0,$$

其中 m 为空间的维数. 我们可以将孤子看成场能量有限且不弥散的稳定的 "团块", 具有如下性质: ① 局域性. 可表示成一个固定形式的波, 且是局域的、衰变的或在无穷大时变为常数. ② 粒子性. 孤子间可以进行相互作用, 具有弹性碰撞的性质. 如果上述第二条不满足, 则称为孤立波.

孤立波与孤立子概念揭示了一大类非线性演化系统的本质特征.

随后, 科学家对孤立波与孤立子的研究兴趣大增, 引发了大量的相关研究. 孤子理论不仅在量子场论、粒子物理、凝聚态物理、流体物理、等离子物理、非线性

光学等物理学科的各分支学科有重要应用, 而且在数学、生物、化学、通信等其他自然科学领域得到了十分广泛的应用. 孤子在非线性科学中是非常重要的角色.

当然, 推动孤子研究的重要原因还是它的应用. 例如, 美国 Bell 实验室使用孤立子来改进信号传输系统, 提高其传输率, 因为光孤子在传输中保持波形与波速不变, 使得光孤子传输信号具有距离远、高保真、保密性好等特点. 目前, 在光通信领域, 光信息的实际传播效率接近理论设计值.

2.1.3 非线性演化系统的精确解

非线性演化系统的精确解 (也称解析解), 特别是孤立波解, 在理论研究和应用中都有重要的价值. 我们已经知道, 孤立波是非线性演化系统的一个稳定解. 如何获得孤立波解就成为一个关键性问题. 20 世纪 70 年代后, 非线性演化系统逐渐成为研究热点. 而由于非线性演化系统的非线性特性, 求解是一件十分困难的任务. 不同的方程又往往有不同的求法, 基本处于八仙过海, 各显神通的境地. 直到今天, 也一直没有找到一个求解非线性演化系统的统一方法.

近 30 年来, 在精确解研究领域不断有新的突破, 科学家们提出了不少行之有效的方法来构造精确解, 如 Bäcklund 变换法[8, 9]、Hirota 双线性法[10-12]、多线性分离变量法[13-19]、齐次平衡法[20-23]、Tanh 函数展开法与扩展的 Tanh 函数展开法 [24-27]、逆向散射法[36,73,76]、Riccati 映射法[37-48]、Jacobi 函数展开法[28-35]、F-展开法[49-51]和 (G'/G) 展开法[52-68]等. 特别是随着计算机应用技术的飞速进展, 有的求解方法可在一定程度上实现计算机自动化求解.

值得一提的是, 我国科学家在非线性演化系统精确解研究方面取得了杰出成就, 处于世界领先地位. 例如, 王明亮教授、李志斌教授创立的齐次平衡法, 楼森岳教授创立的多线性分离变量法, 范恩贵教授等创立的扩展 Tanh 法, 刘式适教授创立的 Jacobi 椭圆函数展开法等. 近几年王明亮教授又先后提出了 F- 展开法和 (G'/G) 展开法. 这些开创性工作大大丰富了非线性演化系统精确解的求解方法, 而且, 这些方法能够适用于一大类非线性系统的求解问题, 具有很高的学术价值.

2.2 非线性演化系统的激发

2.2.1 孤立波的激发

KdV 方程的孤立波解 (2.3) 呈对称的波峰状, 参数 c 决定孤立波形状的波幅、波宽和波速等. 后来, 人们又在其他非线性演化系统中发现了各种形状的孤立波, 如扭结型与反扭结型孤子、呼吸型孤子、Peakon 型孤立波、环型孤立波、紧致型孤子和非传播型孤子等. 这些特殊的孤子都是较早在 (1+1) 维非线性演化系统中发现的. 更重要的是, 人们在研究 (1+1) 维非线性系统的孤子激发时发现, 两个孤子间的碰撞既可以是完全弹性的 (保持形状和速度不变), 也可以是非完全弹性的 (改变形状而速度不变), 也可以是完全非弹性的 (孤子形状和速度都改变, 如裂变和聚变). 随着对孤子研究的深入, 孤子的概念已经被推广, 在高维非线性演化系统的局域结构广义上都称为孤子.

到了 1988 年, Boiti 等学者对一非线性演化系统研究时获得了指数衰减的 Dromion 解, 拉开了高维非线性演化系统的局域结构激发的研究序幕,并在近 20 年中获得了丰富的研究成果. 所有在 (1+1) 维非线性演化系统中发现的孤子形式和孤子间的相互作用都可以推广到高维非线性演化系统中, 而且在高维系统中还发现了大量的新的孤子结构和更为丰富的相互作用, 如多 Dromion 孤子、多呼吸孤子、多 Lump 孤子和折叠孤子等.

2.2.2 孤子、混沌与分形的关系

孤子、混沌与分形是非线性科学三个主要内容. 人们普遍认为有混沌和分形特性的非线性系统是不可积的, 而具有孤子解的系统是属于可积范围的. 因此, 孤子与混沌和分形总是被单独来研究. 近几年, 通过将高维非线性演化系统带任意函数的解引入混沌与分形, 实现了将孤子、混沌与分形三种非线性现象放在一个可积系统中进行研究. 虽然目前混沌孤子与分形孤子的激发研究以理论研究为主, 但基于非线性演化系统的孤子、混沌与分形的研究是非线性研究的新领域, 有希望在未来取得突破进展.

从事不同学科方向的学者对孤立波与孤立子的定义有不同的区分.

本书不区分孤立波与孤立子的差别, 并在后面的章节中均以孤立波为称谓.

2.3 非线性演化系统的模型化

从科学研究或工程技术中提取研究问题和模型是十分关键的一步, 我们以非线性 Vakhnenko 系统为例来说明这一过程.

2.3.1 非线性 Vakhnenko 系统

连续介质力学是研究连续介质材料的运动和力学行为的一门力学分支学科. 通常, 使用均衡模型来较为准确地描述连续非均匀介质中高强度波传播的动力学行为很难成功. 因为连续介质中的波传播还与介质的密度、波本身的内在特性等更复杂的非线性因素有关, 包括一些非线性扰动. 这促使学者们寻找更好的方法来模型化连续非均匀介质的波传播的物理过程. 非线性演化方程是一种较有效的数学工具, 能够较好地解决上述问题.

一般而言，由于受波传播时快速扰动因素的干扰，由非均衡热力学理论可知，使用描述稀松介质的波传播模型比均衡模型效果要好。原因在于，本质上内在小参数的变化必然导致宏参数 (有时也称作巨参数) 的变化，而宏参数对描述稀松介质的波传播过程更有效。

2.3.2 稀松介质中高频波传播的非线性 Vakhnenko 系统模型

为分析稀松介质中的波传播特性，我们使用 Lagrangian 坐标系下的水动力学方程

$$\frac{\partial V}{\partial t} - \frac{1}{\rho_0}\frac{\partial u}{\partial x} = 0, \quad \frac{\partial u}{\partial t} + \frac{1}{\rho_0}\frac{\partial p}{\partial x} = 0. \quad (2.4)$$

考虑稀松介质因素，则其动力学状态方程如下：

$$d\rho = c_f^{-2}dp + \tau_p^{-1}(\rho - c_e)dt. \quad (2.5)$$

注意到在推导上述状态方程 (2.5) 时没有给出具体的能量交换过程。在这个方程中，热力学与动力学参数就是波速 c_e, c_f 和松弛时间 τ_p。这些参数可以通过实验获得。

现在考虑一个小的非线性扰动 $p' < p_0$。将方程 (2.4) 和方程 (2.5) 联立可得如下含未知变量 p 的非线性演化系统 (忽略 p' 右肩膀的标记 ')

$$\tau_p\frac{\partial}{\partial t}\left(\frac{\partial^2 p}{\partial x^2} - c_f^{-2}\frac{\partial^2 p}{\partial t^2} + \alpha_f\frac{\partial^2 p^2}{\partial t^2}\right) + \left(\frac{\partial^2 p}{\partial x^2} - c_f^{-2}\frac{\partial^2 p}{\partial t^2} + \alpha_f\frac{\partial^2 p^2}{\partial t^2}\right) = 0. \quad (2.6)$$

在文献 [69] 和 [74] 中，Vakhnenko V. O. 证明对于低频扰动波 ($\tau_p\omega \ll 1$)，方程 (2.6) 能退化到著名的 Korteweg-de Vries-Burgers (KdVB) 系统

$$\frac{\partial p}{\partial t} + c_e\frac{\partial p}{\partial x} + \alpha_e c_e^3 p\frac{\partial p}{\partial x} - \beta_e\frac{\partial^2 p}{\partial x^2} + \gamma_e\frac{\partial^3 p}{\partial x^3} = 0, \quad (2.7)$$

而同时，对于高频扰动波的情形 ($\tau_p\omega \gg 1$)，我们能导出一个新的非线性演化系统

$$\frac{\partial^2 p}{\partial x^2} - c_f^{-2}\frac{\partial^2 p}{\partial t^2} + \alpha_f c_f^2\frac{\partial^2 p^2}{\partial x^2} + \beta_f\frac{\partial p}{\partial x} + \gamma_f p = 0. \quad (2.8)$$

在方程 (2.8) 中，$\beta_f\frac{\partial p}{\partial x}$ 和 $\gamma_f p$ 为耗散项。若在方程 (2.8) 中无消散项和非线性项，则其将退化为一类线性 Klein-Gordon 系统。

相比较低频波时的 KdVB 系统 (2.7)，对系统 (2.8) 的研究更为困难，成果相对较少，主要原因可能是高频扰动时的脆弱性和极高速度[7]。然而，在 Whitam G.B. 的论著[7]中的演化系统并未考虑耗散项和非线性项，因此这些系统也就不存在孤立波解。非线性和耗散是非线性演化系统存在孤立波的根本因素。

下面我们对系统 (2.8) 作坐标变换，令

$$\tilde{x} = \sqrt{\frac{\gamma_f}{2}}(x - c_f t), \quad (2.9)$$

$$\tilde{t} = \sqrt{\frac{\gamma_f}{2}} c_f t, \tag{2.10}$$

$$\tilde{u} = \alpha_f c_f^2 p, \tag{2.11}$$

若忽略式 (2.9)~ 式 (2.11) 中 $\tilde{x}, \tilde{t}, \tilde{u}$ 中的标记 ~, 可得

$$\frac{\partial}{\partial x}\left(\frac{\partial}{\partial t} + u\frac{\partial}{\partial x}\right)u + \alpha\frac{\partial u}{\partial x} + u = 0. \tag{2.12}$$

如果系统 (2.12) 中不考虑耗散项, 则其退化为如下的非线性 Vakhnenko 系统

$$\frac{\partial}{\partial x}\left(\frac{\partial}{\partial t} + u\frac{\partial}{\partial x}\right)u + u = 0. \tag{2.13}$$

随后, Vakhnenko V. O.、Vakhnenko V. A.、Morrison A. J. 和 Parkes E. J. 等学者根据介质的稀松性和高频波传播特性, 将非线性 Vakhnenko 系统扩展为下面几种形式.

广义 Vakhnenko 系统

$$\frac{\partial}{\partial x}\left(\mathscr{D}^2 u + \frac{1}{2}pu^2\right) + p\mathscr{D}u = 0, \quad \mathscr{D} := \frac{\partial}{\partial t} + u\frac{\partial}{\partial x}, \tag{2.14}$$

其中 p 为任意非零常数.

修正广义的 Vakhnenko 系统

$$\frac{\partial}{\partial x}(\mathscr{D}^2 u + \frac{1}{2}pu^2 + \beta u) + q\mathscr{D}u = 0, \quad \mathscr{D} := \frac{\partial}{\partial t} + u\frac{\partial}{\partial x}, \tag{2.15}$$

其中 p, q 和 β 为任意的非零常数.

扩展广义 Vakhnenko 系统

$$\frac{\partial}{\partial x}(\mathscr{D}^2 u + \frac{1}{2}pu^2 + \beta u) + p\mathscr{D}u = 0, \quad \mathscr{D} := \frac{\partial}{\partial t} + u\frac{\partial}{\partial x}, \tag{2.16}$$

其中 p 和 β 为任意非零常数.

2.3.3 Vakhnenko 系统的研究进展

针对上述 Vakhnenko 系统 (2.13) 及其扩展系统 (2.14)~ 系统 (2.16), 学者们根据其特点, 应用不同的方法对它们展开研究, 取得了一些进展.

在文献 [70] 中, Vakhnenko V. A. 通过若干积分变换方法首次得到了系统 (2.13) 的单孤立波和双孤立波解, 研究了两个孤立波的碰撞问题. 两个孤立波相向传播, 振幅大的孤立波将振幅小的孤立波 "吞噬" 掉, 振幅较小的孤立波顺时针被甩出, 然后两个孤立波以原来各自的速度和振幅继续传播.

在文献 [71] 中，Parkes E.J. 应用 Rowlands-Infeld 方法获得了 Vakhnenko 系统 (2.13) 的两组解，并证明了其稳定性. 1998 年，Vakhnenko V.O. 和 Parkes E.J. 首次为系统 (2.13) 引入了新的变量和一个积分变换，将原系统转化为满足齐次平衡条件的系统，然后应用 Hirota 双线性法获得了系统 (2.13) 的单孤立波和双孤立波，并研究了双孤立波的碰撞问题[72]. 随后，Vakhnenko V.O. 和 Parkes E.J. 等又应用逆散射法研究了系统 (2.13) 和 KdV 方程的关系[73].

在文献 [74] 中，Vakhnenko V. O. 对考虑了耗散因素的稀松介质中高频波与低频波传播系统 (2.13) 进行了理论推导. 文献 [75] 应用 Hirota 双线性法首次获得了 Vakhnenko 系统 (2.13) 的 N 孤立波，并研究了其多环孤立波的交互. 文献 [76] 应用逆散射性法获得了 Vakhnenko 系统 (2.13) 的单孤立波和双孤立波.

广义 Vakhnenko 系统 (2.14) 的孤立波问题首次由 Morrison A.J. 和 Parkes E.J. 展开研究[77]，他们应用 Hirota 双线性法获得了广义 Vakhnenko 系统 (2.14) Moloney-Hodnett 形式的单孤立波和双孤立波，并研究了双孤立波的交互现象. 随后，Morrison A.J. 和 Parkes E.J. 又用同样的方法研究了修正广义的 Vakhnenko 系统 (2.15) 的 N ($N=2$) 孤立波，获得了环状、尖状和峰状孤立波[78].

Liu Y.P. 等应用 Jacobi 椭圆函数展开法获得了修正广义的 Vakhnenko 系统 (2.15) 的 Jacobi 椭圆函数解，当选择适当参数并且当 Jacobi 椭圆函数的模数 $m \to 1$ 时，可得到该系统环状、尖状和峰状孤立波[79].

Yusufoglu E. 等应用 tanh-sine-cosine 函数法获得了 Vakhnenko 系统 (2.13) 的若干新孤立波和周期波解[88].

Li J.B. 等应用平面动力系统的相位分析法研究了 Vakhnenko 系统 (2.13) 环孤立波，并详细分析了环孤立波的相位变化和断裂条件[80, 81].

2009 年，Li W. A. 等应用 (G'/G) 展开法的变种，即 (ω/g) 展开法，也获得了该系统的孤立波解[68].

上述对 Vakhnenko 系统及其扩展系统 (2.13)~ 系统 (2.16) 的研究均是采用精确解的方法. 2005 年，Liao S. J. 等应用同伦分析法获得了 Vakhnenko 系统 (2.13) 的一类近似解析环孤立波解[108].

另外，Victor K.K. 等 2008 年提出了一个稀松介质中高频波传播的 (2+1) 维 Vakhnenko 模型[109]. 有关高维 Vakhnenko 系统的研究文献很少.

第二部分

非线性演化系统的精确解

第 3 章 (G'/G) 展开法与修正广义的 Vakhnenko 系统的孤立波解

介绍新近发展出来的 (G'/G) 展开法的原理和求解步骤, 应用 (G'/G) 展开法构造修正广义的 Vakhnenko 系统的孤立波, 通过解中的参数设置研究该系统的参数控制问题. 结果表明, 参数能够决定孤立波的形状和振幅, 而且不同的参数影响效果不同.

(G'/G) 展开法是由王明亮等新近创立的一套构造非线性演化系统精确解的符号计算算法. 这种算法简洁高效, 直观明了, 求解步骤程序化, 适于通过计算机实现.

(G'/G) 展开法基于二阶线性常微分方程和齐次平衡法. 其基本思路是通过行波变换, 将原来的非线性演化系统转化为常微分方程, 然后假设原系统的解可表达为含行波变换函数的多项式, 该函数满足一个二阶线性常微分方程, 而通过齐次平衡法能够决定该多项式的最高幂次. 最后通过解一个超定方程组来确实该多项式的系数, 进而获得原方程的解.

本章我们先引入 (G'/G) 展开法及扩展的 (G'/G) 展开法的基本原理和方法, 并应用该方法研究修正广义的 Vakhnenko 系统. 3.1 节主要介绍与 (G'/G) 展开法相关的二阶线性常微分方程的基本概念与求解. 3.2 节介绍 (G'/G) 展开法算法. 3.3 节应用 (G'/G) 展开法获得广义扩展 Vakhnenko 系统的三类解. 3.4 节讨论系统参数对孤立波的控制问题.

3.1 二阶线性常微分方程

3.1.1 常微分方程的基本概念

如果微分方程中未知函数是一元函数, 则称其为常微分方程. 常微分方程在应用中有重要意义, 如工程应用中的大量参数及其变化率都直接与时间变量相关, 可以用含时间变量的常微分方程的数学模型来描述. 下面用一个具体的工程应用示例来说明常微分方程的基本概念.

例 飞机在起飞时要在跑道上加速, 直到离开地面. 假设当飞机从静止开始滑行, 当滑行速度达到 160m/s 时可离开地面, 起飞前的加速度为 $8m/s^2$. 问: 飞机从静止到离开地面时使用了多长时间, 以及在这段时间内飞机滑行距离?

从例中假设可知位移变量 s 与时间变量 t 成立关系

$$\frac{\mathrm{d}^2 s}{\mathrm{d}t^2} = 8. \tag{3.1}$$

将方程 (3.1) 对 t 积分一次可得

$$v(t) = \frac{\mathrm{d}s}{\mathrm{d}t} = 8t + C_1. \tag{3.2}$$

将方程 (3.2) 对 t 积分一次可得方程 (3.1) 的解

$$s(t) = 4t^2 + C_1 t + C_2. \tag{3.3}$$

由例中已知条件可得到解 (3.3) 要满足

$$s(t)\,|_{t} = 0, \tag{3.4}$$

$$v(t)\,|_{t=0} = 0. \tag{3.5}$$

将条件 (3.4) 和条件 (3.5) 代入到方程 (3.2) 和方程 (3.3),可解得 $C_1 = 0$, $C_2 = 0$. 再由已知,当 $v(t) = 160 \text{m/s}$ 时飞机离开地面,由方程 (3.2) 可求得耗时 $t = 20\text{s}$,代入方程 (3.3) 可得到飞机起飞前需滑行的距离为 $s = 1600\text{m}$.

常微分方程中出现的未知函数的最高阶导数的阶数,称为常微分方程的阶. 例如,方程 (3.3) 为二阶常微分方程.

n 阶常微分方程的一般形式是

$$F(x, y, y', \cdots, y^{(n)}) = 0, \tag{3.6}$$

其中 F 是含 $n+2$ 个变量的函数,$y^{(n)}$ 项的系数不能为零.

设函数 $y = \varphi(x)$ 在区间 I 上有 n 阶连续导数,如果在区间 I 上成立

$$F(x, \varphi(x), \varphi'(t), \cdots, \varphi^{(n)}(x)) \equiv 0, \tag{3.7}$$

则称函数 $y = \varphi(x)$ 为常微分方程 (3.6) 在区间 I 上的解.

当通解中的任意常数取不同值时可得到无穷多解. 在具体的有实际应用背景的常微分方程中,往往要反映事物的确定性规律,必须确定通解中的常数. 根据实际情况提出的确定这些常数的条件称为初始条件. 在确定了通解中的任意常数后的解称为常微分方程的特解. 例如,常微分方程 (3.1) 是二阶常微分方程,式 (3.3) 是其通解,式 (3.4) 和式 (3.5) 是其初始条件,式 (3.3) 中 $C_1 = C_2 = 0$ 是方程 (3.1) 的特解.

3.1.2 二阶线性常微分方程及其解的结构

形如
$$\frac{d^2y}{dx^2} + P(x)\frac{dy}{dx} + Q(x)y = f(x) \tag{3.8}$$
的常微分方程称为二阶线性常微分方程. 当 $f(x) = 0$ 时, 方程 (3.8) 称为齐次的, 否则方程 (3.8) 称为非齐次的.

对二阶线性常微分方程求解, 先对其解的结构进行分析, 下面是两个求解的重要定理.

定理 1 如果函数 $y_1(x)$ 和 $y_2(x)$ 是二阶线性齐次方程
$$y'' + P(x)y' + Q(x)y = 0 \tag{3.9}$$
的两个解, 则
$$y = C_1 y_1(x) + C_2 y_2(x), \tag{3.10}$$
也是方程 (3.9) 的解, 其中 C_1, C_2 是任意常数.

二阶线性齐次常微分方程的这个性质称为解的叠加性.

定理 2 如果 $y_1(x)$ 和 $y_2(x)$ 是二阶线性齐次方程 (3.9) 的两个线性无关的特解, 则
$$y = C_1 y_1(x) + C_2 y_2(x) \tag{3.11}$$
是方程 (3.9) 的通解, 其中 C_1, C_2 为任意常数.

3.1.3 二阶常系数齐次线性常微分方程

当方程 (3.8) 中 $P(x), Q(x)$ 均为常数, 且 $f(x) \equiv 0$ 时, 方程 (3.8) 简化为
$$y'' + \lambda y' + \mu y = 0, \tag{3.12}$$
其中 λ, μ 为常数, 称方程 (3.12) 为二阶常系数齐次线性常微分方程. 如果 λ, μ 不全为常数, 称方程 (3.12) 为二阶变系数齐次线性常微分方程. 下面我们来讨论方程 (3.12) 的通解.

由定理 2 可知, 要找方程 (3.12) 的通解, 可以先求它的两个特解 y_1 和 y_2, 如果成立
$$\frac{y_1}{y_2} \neq 常数,$$
即 y_1 和 y_2 线性无关, 则 $y = C_1 y_1 + C_2 y_2$ 就是方程 (3.12) 的通解.

考虑到指数函数 $y = e^{rx}$ (r 为任意常数) 和它的任意阶导数只相差一个常数因子, 利用这个特点, 假设
$$y = e^{rx} \tag{3.13}$$

满足方程 (3.12), 然后通过选取适当的常数来获得方程 (3.12) 的解.

对式 (3.13) 求导可得

$$y' = re^{rx}, \quad y'' = r^2 e^{rx}. \tag{3.14}$$

将式 (3.14) 代入方程 (3.12), 得到

$$(r^2 + \lambda r + \mu)e^{rx} = 0. \tag{3.15}$$

由于 $e^{rx} \neq 0$, 故有

$$r^2 + \lambda r + \mu = 0. \tag{3.16}$$

由此可知, 只要 r 满足方程 (3.16) 时, 式 (3.13) 就是方程 (3.12) 的解. 代数方程 (3.16) 称为常微分方程 (3.12) 的特征方程.

特征方程 (3.16) 是一个一元二次代数方程, 其中 r^2, r 的系数以及常数项的系数依次为常微分方程 (3.12) 中 y'', y' 及 y 的系数.

特征方程 (3.16) 的两个根 r_1, r_2 可由求根公式得到

$$r_{1,2} = \frac{-\lambda \pm \sqrt{\lambda^2 - 4\mu}}{2}. \tag{3.17}$$

对式 (3.17) 中的 $\lambda^2 - 4\mu$ 可分三种情形讨论.

情形 1 当 $\lambda^2 - 4\mu > 0$ 时, r_1, r_2 是两个不相等的实根, 即

$$r_1 = \frac{-\lambda + \sqrt{\lambda^2 - 4\mu}}{2}, \quad r_2 = \frac{-\lambda - \sqrt{\lambda^2 - 4\mu}}{2}.$$

情形 2 当 $\lambda^2 - 4\mu < 0$ 时, r_1, r_2 是一对共轭复根, 即

$$r_1 = -\frac{\lambda}{2} + i\frac{\sqrt{4\mu - \lambda^2}}{2}, \quad r_2 = -\frac{\lambda}{2} - i\frac{\sqrt{4\mu - \lambda^2}}{2},$$

其中 $i = \sqrt{-1}$ 为虚数单位.

情形 3 当 $\lambda^2 - 4\mu = 0$ 时, r_1, r_2 是两个相等实根, 即

$$r_{1,2} = -\frac{\lambda}{2}.$$

对于常微分方程 (3.12) 的通解也对应有下列三种情形.

(1) 特征方程 (3.16) 有两个不相等的实根.

由于 $y_1 = e^{r_1 x}$, $y_2 = e^{r_2 x}$, $r_1 \neq r_2$, 且

$$\frac{y_1}{y_2} = e^{(r_1 - r_2)x}$$

不是常数, 因此 y_1 与 y_2 线性无关, 常微分方程 (3.12) 的通解为

$$y = C_1 \mathrm{e}^{r_1 x} + C_2 \mathrm{e}^{r_2 x}. \tag{3.18}$$

特别地, 当 $C_1 = C_2 = \dfrac{1}{2}$ 时, 通解 (3.18) 变为特解

$$\bar{y}_1 = \frac{1}{2}(\mathrm{e}^{r_1 x} + \mathrm{e}^{r_2 x}) = \frac{1}{2}\left(\mathrm{e}^{\frac{-\lambda+\sqrt{\lambda^2-4\mu}}{2}x} + \mathrm{e}^{\frac{-\lambda-\sqrt{\lambda^2-4\mu}}{2}x}\right)$$

$$= \mathrm{e}^{-\frac{\lambda}{2}x}\cosh\frac{\sqrt{\lambda^2-4\mu}}{2}x. \tag{3.19}$$

特别地, 当 $C_1 = \dfrac{1}{2}, C_2 = -\dfrac{1}{2}$ 时, 通解 (3.18) 变为特解

$$\bar{y}_1 = \frac{1}{2}(\mathrm{e}^{r_1 x} - \mathrm{e}^{r_2 x}) = \frac{1}{2}\left(\mathrm{e}^{\frac{-\lambda+\sqrt{\lambda^2-4\mu}}{2}x} - \mathrm{e}^{\frac{-\lambda-\sqrt{\lambda^2-4\mu}}{2}x}\right)$$

$$= \mathrm{e}^{-\frac{\lambda}{2}x}\sinh\frac{\sqrt{\lambda^2-4\mu}}{2}x. \tag{3.20}$$

由于 $\bar{y}_1, \bar{y}_2$ 线性无关, 由定理 2 知, 由它们线性组合而成的解

$$y = C_1\bar{y}_1 + C_2\bar{y}_2 = \mathrm{e}^{-\frac{\lambda}{2}x}\left(C_1\cosh\frac{\sqrt{\lambda^2-4\mu}}{2}x + C_2\sinh\frac{\sqrt{\lambda^2-4\mu}}{2}x\right) \tag{3.21}$$

也是常微分方程 (3.12) 的通解.

(2) 特征方程 (3.16) 有一对共轭复根.

由于

$$y_1 = \mathrm{e}^{\left(-\frac{\lambda}{2}+\mathrm{i}\frac{\sqrt{4\mu-\lambda^2}}{2}\right)x}, \quad y_2 = \mathrm{e}^{\left(-\frac{\lambda}{2}-\mathrm{i}\frac{\sqrt{4\mu-\lambda^2}}{2}\right)x}$$

是常微分方程 (3.12) 的两个解.

利用欧拉公式

$$\mathrm{e}^{\mathrm{i}\theta} = \cos\theta + \mathrm{i}\sin\theta,$$

将 y_1, y_2 转化为

$$y_1 = \mathrm{e}^{\left(-\frac{\lambda}{2}+\mathrm{i}\frac{\sqrt{4\mu-\lambda^2}}{2}\right)x} = \mathrm{e}^{-\frac{\lambda}{2}x}\mathrm{e}^{\mathrm{i}\frac{\sqrt{4\mu-\lambda^2}}{2}x}$$

$$= \mathrm{e}^{-\frac{\lambda}{2}x}\left(\cos\frac{\sqrt{4\mu-\lambda^2}}{2}x + \mathrm{i}\sin\frac{\sqrt{4\mu-\lambda^2}}{2}x\right),$$

$$y_2 = \mathrm{e}^{\left(-\frac{\lambda}{2}-\mathrm{i}\frac{\sqrt{4\mu-\lambda^2}}{2}\right)x} = \mathrm{e}^{-\frac{\lambda}{2}x}\mathrm{e}^{-\mathrm{i}\frac{\sqrt{4\mu-\lambda^2}}{2}x}$$

$$= \mathrm{e}^{-\frac{\lambda}{2}x}\left(\cos\frac{\sqrt{4\mu-\lambda^2}}{2}x - \mathrm{i}\sin\frac{\sqrt{4\mu-\lambda^2}}{2}x\right).$$

将 y_1, y_2 进行线性组合:

$$\bar{y}_1 = \frac{1}{2}(y_1 + y_2) = e^{-\frac{\lambda}{2}x} \cos \frac{\sqrt{4\mu - \lambda^2}}{2}x,$$

$$\bar{y}_2 = \frac{1}{2i}(y_1 - y_2) = e^{-\frac{\lambda}{2}x} \sin \frac{\sqrt{4\mu - \lambda^2}}{2}x,$$

由定理 1 可知 $\bar{y}_1, \bar{y}_2$ 仍为常微分方程 (3.12) 的解, 且

$$\frac{\bar{y}_1}{\bar{y}_2} \neq \cot \frac{\sqrt{4\mu - \lambda^2}}{2}x$$

不为常数, 因此常微分方程 (3.12) 的通解为

$$y = e^{-\frac{\lambda}{2}} \left(C_1 \cos \frac{\sqrt{4\mu - \lambda^2}}{2}x + C_2 \sin \frac{\sqrt{4\mu - \lambda^2}}{2}x \right). \tag{3.22}$$

(3) 特征方程 (3.16) 有两个相等的实根.

此时只能得到常微分方程 (3.16) 的一个解

$$y_1 = e^{-\frac{\lambda}{2}x}.$$

为了得到常微分方程 (3.16) 的通解, 还需求出另一个解 y_2, 且 $\frac{y_1}{y_2}$ 不是常数. 不妨设

$$\frac{y_2}{y_1} = u(x),$$

则

$$y_2 = u(x)e^{-\frac{\lambda}{2}x}.$$

下面来求 $u(x)$.

对 y_2 求导数可得

$$y_2' = \left(u' - \frac{\lambda}{2}u \right) e^{-\frac{\lambda}{2}x}, \tag{3.23}$$

$$y_2'' = \left(u'' - \lambda u' + \frac{\lambda^2}{4}u \right) e^{-\frac{\lambda}{2}x}. \tag{3.24}$$

将式 (3.23) 和式 (3.24) 代入常微分方程 (3.12), 化简后可得

$$u''(x) = 0. \tag{3.25}$$

由式 (3.25) 可求得 $u(x) = k_1 x + k_2$, 其中 k_1, k_2 为任意常数, 不妨取 $u(x) = x$, 这样得到常微分方程 (3.12) 的另一个解

$$y_2 = xe^{-\frac{\lambda}{2}x}.$$

从而得到常微分方程 (3.12) 的通解为

$$y = C_1 e^{-\frac{\lambda}{2}x} + C_2 x e^{-\frac{\lambda}{2}x} = (C_1 + C_2 x)e^{-\frac{\lambda}{2}x}. \tag{3.26}$$

3.2 (G'/G) 展开法

本节将给出 (1+1) 维非线性演化系统行波解的 (G'/G) 展开法算法. 对于高维的非线性演化系统, (G'/G) 展开法算法可得到相应的扩展.

对于含独立变量 x, t 的非线性演化系统

$$F(u, u_t, u_x, u_{xt}, u_{tt}, u_{xx}, \cdots) = 0, \qquad (3.27)$$

其中 $u = u(x, t)$ 是未知函数, F 是 u 及 u 的关于 x, t 各阶偏导数的多项式. 使用 (G'/G) 展开法求解方程 (3.27) 的主要步骤如下.

步骤 1 行波变换. 通过行波变换将独立变量 x, t 转化为行波变量 ξ, 设定

$$u(x, t) = u(\xi), \quad \xi = x + ct. \qquad (3.28)$$

注 有的文献中将上述变换中的 $\xi = x + ct$ 经常写为 $\xi = Vx + ct$, 其中 V 可表示波速, c 可表示波数 (单位时间内波的频数). 两者在一个简单数学变换下是等价的.

方程 (3.27) 就可转化为只含行波变量 ξ 的常微分方程

$$H(u, u', u'', \cdots) = 0, \qquad (3.29)$$

其中 $u' = \dfrac{\mathrm{d}u}{\mathrm{d}\xi}$, $u'' = \dfrac{\mathrm{d}^2 u}{\mathrm{d}\xi^2}, \cdots$, H 是含 u 及 u 的关于 ξ 的各阶导数的多项式.

步骤 2 假设方程 (3.29) 的解可表示成 (G'/G) 的多项式形式

$$u(\xi) = \sum_{i=0}^{m} a_i \left(\frac{G'}{G}\right)^i, \qquad (3.30)$$

其中 $G = G(\xi)$ 满足二阶线性常微分方程

$$G''(\xi) + \lambda G'(\xi) + \mu G(\xi) = 0, \qquad (3.31)$$

而其中式 (3.30) 和方程 (3.31) 中的 $a_0, a_1, \cdots, a_m, \lambda, \mu$ 为待定常数, 且 $a_m \neq 0$, 正整数 m 由齐次平衡原则确定.

由方程 (3.31) 可知

$$\left(\frac{G'}{G}\right)' = \frac{GG'' - G'^2}{G^2} = -\mu - \lambda\left(\frac{G'}{G}\right) - \left(\frac{G'}{G}\right)^2. \qquad (3.32)$$

步骤 3 将式 (3.30) 代入方程 (3.29), 运用常微分方程 (3.31) 和式 (3.32) 来合并 (G'/G) 的相同幂次项, 方程 (3.29) 的左端变成一个关于 (G'/G) 的多项式. 令

该多项式的 (G'/G) 各阶幂次的系数为零, 导出关于 $a_i(i=0,1,2,\cdots,m),c,\lambda,\mu$ 的一组代数方程.

步骤 4 求解步骤 3 中建立的含 $a_i(i=0,1,2,\cdots,m),c,\lambda,\mu$ 的代数方程, 而常微分方程 (3.31) 的通解可由式 (3.21), 式 (3.22) 和式 (3.26) 得到, (G'/G) 对应有以下三种形式.

(1) 当 $\lambda^2 - 4\mu > 0$ 时,

$$G(\xi) = \mathrm{e}^{-\frac{\lambda}{2}\xi}\left(C_1 \cosh \frac{\sqrt{\lambda^2-4\mu}}{2}\xi + C_2 \sinh \frac{\sqrt{\lambda^2-4\mu}}{2}\xi\right),$$

$$G'(\xi) = -\frac{\lambda}{2}\mathrm{e}^{-\frac{\lambda}{2}\xi}\left(C_1 \cosh \frac{\sqrt{\lambda^2-4\mu}}{2}\xi + C_2 \sinh \frac{\sqrt{\lambda^2-4\mu}}{2}\xi\right)$$
$$+ \frac{\sqrt{\lambda^2-4\mu}}{2}\mathrm{e}^{-\frac{\lambda}{2}\xi}\left(C_1 \sinh \frac{\sqrt{\lambda^2-4\mu}}{2}\xi + C_2 \cosh \frac{\sqrt{\lambda^2-4\mu}}{2}\xi\right).$$

因此

$$\frac{G'(\xi)}{G(\xi)} = -\frac{\lambda}{2} + \frac{\sqrt{\lambda^2-4\mu}}{2}\frac{C_1 \sinh \frac{\sqrt{\lambda^2-4\mu}}{2}\xi + C_2 \cosh \frac{\sqrt{\lambda^2-4\mu}}{2}\xi}{C_1 \cosh \frac{\sqrt{\lambda^2-4\mu}}{2}\xi + C_2 \sinh \frac{\sqrt{\lambda^2-4\mu}}{2}\xi}.$$

(2) 当 $\lambda^2 - 4\mu < 0$ 时,

$$G(\xi) = \mathrm{e}^{-\frac{\lambda}{2}\xi}\left(C_1 \cos \frac{\sqrt{4\mu-\lambda^2}}{2}\xi + C_2 \sin \frac{\sqrt{4\mu-\lambda^2}}{2}\xi\right),$$

$$G'(\xi) = -\frac{\lambda}{2}\mathrm{e}^{-\frac{\lambda}{2}\xi}\left(C_1 \cos \frac{\sqrt{4\mu-\lambda^2}}{2}\xi + C_2 \sin \frac{\sqrt{4\mu-\lambda^2}}{2}\xi\right)$$
$$+ \frac{\sqrt{4\mu-\lambda^2}}{2}\mathrm{e}^{-\frac{\lambda}{2}\xi}\left(-C_1 \sin \frac{\sqrt{4\mu-\lambda^2}}{2}\xi + C_2 \cos \frac{\sqrt{4\mu-\lambda^2}}{2}\xi\right).$$

因此

$$\frac{G'(\xi)}{G(\xi)} = -\frac{\lambda}{2} + \frac{\sqrt{4\mu-\lambda^2}}{2}\frac{-C_1 \sin \frac{\sqrt{4\mu-\lambda^2}}{2}\xi + C_2 \cos \frac{\sqrt{4\mu-\lambda^2}}{2}\xi}{C_1 \cos \frac{\sqrt{4\mu-\lambda^2}}{2}\xi + C_2 \sin \frac{\sqrt{4\mu-\lambda^2}}{2}\xi}.$$

(3) 当 $\lambda^2 - 4\mu = 0$ 时,

$$G(\xi) = (C_1 + C_2\xi)\mathrm{e}^{-\frac{\lambda}{2}\xi},$$

$$G'(\xi) = -\frac{\lambda}{2}(C_1 + C_2\xi)\mathrm{e}^{-\frac{\lambda}{2}\xi} + C_2\mathrm{e}^{-\frac{\lambda}{2}\xi}.$$

因此

$$\frac{G'(\xi)}{G(\xi)} = -\frac{\lambda}{2} + \frac{C_2}{C_1 + C_2\xi}.$$

最后将上述三种情形的 (G'/G) 和 $a_i(i = 0, 1, 2, \cdots, m), c$ 代入到式 (3.30)，即可得到方程 (3.27) 的三种形式的精确解列.

3.3 (G'/G) 展开法与 Vakhnenko 系统的精确孤立波解

本节我们将尝试应用 (G'/G) 展开法来构造 Vakhnenko 系统的精确孤立波解. Vakhnenko 系统的数学模型为

$$\frac{\partial}{\partial x}\left(\frac{\partial}{\partial t} + u\frac{\partial}{\partial t}\right)u + u = 0. \tag{3.33}$$

由于上述模型方程无法直接应用齐次平衡原则[2]，因此需要对系统 (3.33) 进行坐标变换.

首先引入两个独立变量 X, T，其满足

$$x = T + \int_{-\infty}^{X} U(X', T)\mathrm{d}X' + x_0, \quad t = X, \tag{3.34}$$

其中 $u(x,t) = U(X,T)$, x_0 为常数. 引入函数 $W(X,T)$，其定义为

$$W(X,T) = \int_{-\infty}^{X} U(X', T)\mathrm{d}X'. \tag{3.35}$$

由式 (3.35) 计算可得

$$W_X(X,T) = U(X,T), \quad W_T = \int_{-\infty}^{X} U_T(X', T)\mathrm{d}X'. \tag{3.36}$$

由式 (3.34) 可知

$$\frac{\partial}{\partial x} = \frac{1}{1 + W_T}\frac{\partial}{\partial T}, \tag{3.37}$$

$$\left(\frac{\partial}{\partial t} + u\frac{\partial}{\partial x}\right)u = U_X. \tag{3.38}$$

将式 (3.36) 和式 (3.38) 代入系统 (3.33) 可得

$$\frac{1}{1+W_T}\frac{\partial}{\partial T}U_X + U = 0, \tag{3.39}$$

即

$$W_{XXT} + (1+W_T)W_X = 0. \tag{3.40}$$

下面寻找系统 (3.40) 的行波解, 定义行波变换

$$\xi = k(X - cT). \tag{3.41}$$

则

$$W_X = kW_\xi, \quad W_T = -kcW_\xi. \tag{3.42}$$

将式 (3.42) 代入系统 (3.40) 可得

$$k^2 cW_{3\xi} + kcW_\xi^2 - W_\xi = 0. \tag{3.43}$$

令 $W_\xi = V$, 将式 (3.43) 对 ξ 积分一次, 且取积分常数为零可得

$$k^2 cV_{2\xi} + kcV^2 - V = 0. \tag{3.44}$$

至此, 系统 (3.33) 变换后的方程 (3.44) 满足齐次平衡原则.

设方程 (3.44) 有如下形式的解

$$V(\xi) = \sum_{i=0}^{n} a_i \left(\frac{G'(\xi)}{G(\xi)}\right)^i, \tag{3.45}$$

其中 $G(\xi)$ 满足

$$G''(\xi) + \lambda G'(\xi) + \mu G(\xi) = 0, \tag{3.46}$$

其中 λ 和 μ 为任意常数.

对方程 (3.44) 应用齐次平衡原则可得 $n+2=2n \to n=2$. 这样, 解 (3.45) 应写为

$$V(\xi) = a_0 + a_1 \frac{G'(\xi)}{G(\xi)} + a_2 \left(\frac{G'(\xi)}{G(\xi)}\right)^2, \quad a_2 \neq 0. \tag{3.47}$$

经计算可得

$$V^2 = a_0^2 + 2a_0 a_1 \frac{G'(\xi)}{G(\xi)} + (a_1^2 + 2a_0 a_2)\left(\frac{G'(\xi)}{G(\xi)}\right)^2 + 2a_1 a_2 \left(\frac{G'(\xi)}{G(\xi)}\right)^3 + a_2^2 \left(\frac{G'(\xi)}{G(\xi)}\right)^4, \tag{3.48}$$

$$V_{2\xi} = (a_1\lambda + 2a_2\mu)\mu + (a_1\lambda^2 + 6a_2\lambda\mu + 2a_1\mu)\frac{G'(\xi)}{G(\xi)}$$
$$+(4a_2\lambda^2 + 8a_2\mu + 3a_1\lambda)\left(\frac{G'(\xi)}{G(\xi)}\right)^2 + (10a_2\lambda + 2a_1)\left(\frac{G'(\xi)}{G(\xi)}\right)^3 + 6a_2\left(\frac{G'(\xi)}{G(\xi)}\right)^4. \tag{3.49}$$

将式 (3.47)~ 式 (3.49) 代入方程 (3.44), 合并 $\left(\frac{G'(\xi)}{G(\xi)}\right)^i$ 同类项的系数 ($i = 0, 1, 2, 3, 4$), 并令其为零可得超定代数方程组

$$\left(\frac{G'(\xi)}{G(\xi)}\right)^4 : k^2c \cdot 6a_2 + kc \cdot a_2^2 = 0, \tag{3.50}$$

$$\left(\frac{G'(\xi)}{G(\xi)}\right)^3 : k^2c \cdot (10a_2\lambda + 2a_1) + kc \cdot 2a_1a_2 = 0, \tag{3.51}$$

$$\left(\frac{G'(\xi)}{G(\xi)}\right)^2 : k^2c \cdot (4a_2\lambda^2 + 8a_2\mu + 3a_1\lambda) + kc \cdot (a_1^2 + 2a_0a_2) - a_2 = 0, \tag{3.52}$$

$$\left(\frac{G'(\xi)}{G(\xi)}\right) : k^2c \cdot (a_1\lambda^2 + 6a_2\lambda\mu + 2a_1\mu) + kc \cdot 2a_0a_1 - a_1 = 0, \tag{3.53}$$

$$\left(\frac{G'(\xi)}{G(\xi)}\right)^0 : k^2c \cdot \mu(a_1\lambda + 2a_2\mu) + kc \cdot a_0^2 - a_0 = 0. \tag{3.54}$$

解上述方程 (3.50)~ 方程 (3.54) 可得

$$\begin{cases} a_0 = \dfrac{1 - k^2c(\lambda^2 + 8\mu)}{2kc}, \\ a_1 = -6k\lambda, \\ a_2 = -6k, \\ c = \pm\dfrac{k^2}{\lambda^2 - 4\mu}, \\ \lambda^2 - 4\mu \neq 0. \end{cases} \tag{3.55}$$

下面就判别式 $\Delta = \lambda^2 - 4\mu$ 的两种情形展开讨论.

情形 1 当 $\Delta = \lambda^2 - 4\mu > 0$ 时, 由

$$\frac{G'(\xi)}{G(\xi)} = -\frac{\lambda}{2} + \frac{\sqrt{\lambda^2 - 4\mu}}{2}\frac{C_1\cosh\dfrac{\sqrt{\lambda^2 - 4\mu}}{2}\xi + C_2\sinh\dfrac{\sqrt{\lambda^2 - 4\mu}}{2}\xi}{C_1\sinh\dfrac{\sqrt{\lambda^2 - 4\mu}}{2}\xi + C_2\cosh\dfrac{\sqrt{\lambda^2 - 4\mu}}{2}\xi}, \tag{3.56}$$

其中 C_1, C_2 为二阶线性常微分方程 (3.46) 通解中的任意常数. 将式 (3.56) 代入式 (3.47), 可得方程 (3.44) 的双曲函数解

$$V(\xi) = k(\lambda^2 - 4\mu)\left(1 \pm \frac{1}{2}\right) - \frac{3k(\lambda^2 - 4\mu)}{2}H_1^2(\xi), \tag{3.57}$$

其中

$$H_1(\xi) = \frac{C_1 \cosh \frac{\sqrt{\lambda^2-4\mu}}{2}\xi + C_2 \sinh \frac{\sqrt{\lambda^2-4\mu}}{2}\xi}{C_1 \sinh \frac{\sqrt{\lambda^2-4\mu}}{2}\xi + C_2 \cosh \frac{\sqrt{\lambda^2-4\mu}}{2}\xi}.$$

由式 (3.34) 可知

$$\begin{aligned}x &= T + \int_{-\infty}^{\xi} V(\xi')\mathrm{d}\xi' + x_0 \\ &= T + k(\lambda^2-4\mu)\left(1\pm\frac{1}{2}\right)\xi - \frac{3k(\lambda^2-4\mu)}{2}\left(\xi - \frac{2}{\sqrt{\lambda^2-4\mu}}H_1(\xi)\right).\end{aligned}$$

因此, 我们获得系统 (3.33) 的一组双曲函数的解

$$\begin{cases} x_{1,i} = T + \dfrac{[1+(-1)^{i+1}]k(\lambda^2-4\mu)}{2}\xi_i + 3k\sqrt{\lambda^2-4\mu}H_1(\xi_i), \\ u_{1,i}(x,t) = k^2(\lambda^2-4\mu)\left[\dfrac{2+(-1)^{i+1}}{2} - \dfrac{3}{2}H_1^2(\xi_i)\right], \\ \xi_i = k\left[t - \dfrac{(\pm 1)^{i+1}}{k^2(\lambda^2-4\mu)}T\right], \ i=1,2. \end{cases} \quad (3.58)$$

特别地, 当 $C_1=0$, $C_2\neq 0$, $\lambda^2-4\mu=1$ 时, 解 (3.58) 退化为两组孤立波解

$$\begin{cases} x_{1s} = T + k\xi + 3k\tanh\dfrac{\xi}{2}, \\ u_{1s}(x,t) = \dfrac{3k^2}{2}\mathrm{sech}^2\dfrac{\xi}{2}, \ \xi = k\left(t - \dfrac{1}{k^2}T\right) \end{cases} \quad (3.59)$$

及

$$\begin{cases} x_{2s} = T + 3k\tanh\dfrac{\xi}{2}, \\ u_{2s}(x,t) = \dfrac{k^2}{2}\left(-2+3\mathrm{sech}^2\dfrac{\xi}{2}\right), \ \xi = k\left(t + \dfrac{1}{k^2}T\right). \end{cases} \quad (3.60)$$

情形 2 当 $\Delta = \lambda^2 - 4\mu < 0$ 时, 由

$$\frac{G'}{G} = -\frac{\lambda}{2} + \frac{\sqrt{4\mu-\lambda^2}}{2}\frac{C_1\cos\frac{\sqrt{4\mu-\lambda^2}}{2}\xi - C_2\sin\frac{\sqrt{4\mu-\lambda^2}}{2}\xi}{C_1\sin\frac{\sqrt{4\mu-\lambda^2}}{2}\xi + C_2\cos\frac{\sqrt{4\mu-\lambda^2}}{2}\xi}, \quad (3.61)$$

其中 C_1, C_2 为二阶线性常微分方程 (3.46) 通解中的任意常数.

用与情形 1 类似的方法可计算出系统 (3.33) 的两组三角函数解

$$\begin{cases} x_{2,i} = T + \dfrac{[-1+(-1)^{i+1}]k(\lambda^2-4\mu)}{2}\xi + 3k\sqrt{4\mu-\lambda^2}H_2(\xi_i), \\ u_{2,i}(x,t) = \dfrac{[2+(-1)^{i+1}]k^2(\lambda^2-4\mu)}{2} - \dfrac{3k^2(4\mu-\lambda^2)}{2}H_2^2(\xi_i), \\ \xi_i = k\left[t - \dfrac{(-1)^{i+1}}{k^2(\lambda^2-4\mu)}T\right],\ i=1,2, \end{cases} \quad (3.62)$$

其中

$$H_2(\xi_i) = \dfrac{-C_1\sin\dfrac{\sqrt{4\mu-\lambda^2}}{2}\xi_i + C_2\cos\dfrac{\sqrt{4\mu-\lambda^2}}{2}\xi_i}{C_1\cos\dfrac{\sqrt{4\mu-\lambda^2}}{2}\xi_i + C_2\sin\dfrac{\sqrt{4\mu-\lambda^2}}{2}\xi_i}.$$

3.4 修正广义的 Vakhnenko 系统的孤立波

现在我们考虑修正广义的 Vakhnenko 系统

$$\frac{\partial}{\partial x}\left(\mathscr{D}^2 u + \frac{1}{2}pu^2 + \beta u\right) + q\mathscr{D}u = 0, \quad \mathscr{D} := \frac{\partial}{\partial t} + u\frac{\partial}{\partial x}, \quad (3.63)$$

其中 p, q 和 β 为任意的非零常数. 系统 (3.63) 源于著名的非线性 Vakhnenko 系统, 可以描述一类重要的高频波在稀松界质中传播的非线性模型.

3.4.1 对修正广义的 Vakhnenko 系统一个变换

由于系统 (3.63) 无法直接使用齐次平衡原则, 因此, 不能直接应用 (G'/G) 展开法或其他辅助方程法处理. 设法引入一个适当的变换, 将其变为能够使用齐次平衡原则的新方程十分必要.

下面对系统 (3.63) 引入一个积分变换. 定义如下的两个新变量 X 和 T:

$$x = T + \int_{-\infty}^{X} U(X',T)\mathrm{d}X' + x_0, \quad t = X, \quad (3.64)$$

其中 $u(x,t) = U(X,T)$, x_0 为常数. 再引入一个函数 W,

$$W(X,T) = \int_{-\infty}^{X} U(X',T)\mathrm{d}X'. \quad (3.65)$$

因此

$$W_X(X,T) = U(X,T), \quad W_T = \int_{-\infty}^{X} U_T(X',T)\mathrm{d}X'. \quad (3.66)$$

由式 (3.64) 可得

$$\frac{\partial}{\partial x} = \frac{1}{1+W_T}\frac{\partial}{\partial T}, \quad \mathscr{D}u = U_X, \quad \mathscr{D}^2 u = U_{XX}. \tag{3.67}$$

将式 (3.67) 和式 (3.66) 代入系统 (3.63)，我们可得一个关于新变量 X 和 T 的新方程

$$W_{XXXT} + pW_X W_{XT} + qW_T W_{XX} + \beta W_{XT} + qW_{XX} = 0. \tag{3.68}$$

接下来，再引入一个新变量 $\xi = k(X - cT)$，由方程 (3.68) 可得

$$W(X,T) = W(\xi), \quad W_X = kW_\xi, \quad W_T = -kcW_\xi. \tag{3.69}$$

将式 (3.69) 代入方程 (3.68)，然后对变量 ξ 积分一次并取积分常数为零，可得

$$-k^2 c W_{3\xi} - kc\frac{p+q}{2}W_\xi^2 + (q - \beta c)W_\xi = 0. \tag{3.70}$$

令 $V(\xi) = W_\xi$，我们获得了一个新的非线性系统

$$k^2 c V_{2\xi} + kc\frac{p+q}{2}V^2 + (\beta c - q)V = 0. \tag{3.71}$$

下面我们将应用 (G'/G) 展开法对方程 (3.71) 进行求解，然后通过逆变换可获得修正广义的 Vakhnenko 系统的精确解.

3.4.2 修正广义的 Vakhnenko 系统的孤立波解

设方程 (3.71) 可表达为如下含 $G(\xi)$ 的多项式

$$V(\xi) = \sum_{i=0}^{n} a_i \left(\frac{G'(\xi)}{G(\xi)}\right)^i, \tag{3.72}$$

其中 $G(\xi)$ 满足常微方程

$$G''(\xi) + \lambda G'(\xi) + \mu G(\xi) = 0, \tag{3.73}$$

其中 λ 和 μ 为任意常数.

由齐次平衡原则[2,20-22]，将式 (3.72) 代入方程 (3.71)，注意到 $O(V'') = n + 2$, $O(V^2) = 2n$，可得 $n + 2 = 2n$，因此 $n = 2$. 这样，方程 (3.72) 可写为

$$V(\xi) = a_0 + a_1\left(\frac{G'(\xi)}{G(\xi)}\right) + a_2\left(\frac{G'(\xi)}{G(\xi)}\right)^2, \quad a_2 \neq 0. \tag{3.74}$$

3.4 修正广义的 Vakhnenko 系统的孤立波

经计算可得

$$V''(\xi) = (a_1\lambda\mu + 2a_2\mu^2) + (a_1\lambda^2 + 6a_2\lambda\mu + 2a_1\mu)\frac{G'(\xi)}{G(\xi)}$$

$$+ (4a_2\lambda^2 + 8a_2\mu + 3a_1\lambda)\left(\frac{G'(\xi)}{G(\xi)}\right)^2$$

$$+ (10a_2\lambda + 2a_1)\left(\frac{G'(\xi)}{G(\xi)}\right)^3 + 6a_2\left(\frac{G'(\xi)}{G(\xi)}\right)^4, \tag{3.75}$$

$$V^2 = a_0^2 + 2a_0a_1\frac{G'(\xi)}{G(\xi)} + (a_1^2 + 2a_0a_2)\left(\frac{G'(\xi)}{G(\xi)}\right)^2$$

$$+ 2a_1a_2\left(\frac{G'(\xi)}{G(\xi)}\right)^3 + a_2^2\left(\frac{G'(\xi)}{G(\xi)}\right)^4. \tag{3.76}$$

将式 (3.74)~ 式 (3.76) 代入方程 (3.71), 合并同类项 (G'/G), 然后令其系数为零, 可得到一个关于 a_0, a_1, a_2, k, c, 的方程组

$$\left(\frac{G'(\xi)}{G(\xi)}\right)^4 : k^2c \cdot 6a_2 + \frac{p+q}{2}kc \cdot a_2^2 = 0, \tag{3.77}$$

$$\left(\frac{G'(\xi)}{G(\xi)}\right)^3 : k^2c \cdot (10a_2\lambda + 2a_1) + \frac{p+q}{2}kc \cdot 2a_1a_2 = 0, \tag{3.78}$$

$$\left(\frac{G'(\xi)}{G(\xi)}\right)^2 : k^2c \cdot (4a_2\lambda^2 + 8a_2\mu + 3a_1\lambda) + \frac{p+q}{2}kc \cdot (a_1^2 + 2a_0a_2) + (\beta c - q) \cdot a_2 = 0, \tag{3.79}$$

$$\frac{G'(\xi)}{G(\xi)} : k^2c \cdot (a_1\lambda^2 + 6a_2\lambda\mu + 2a_1\mu) + \frac{p+q}{2}kc \cdot 2a_0a_1 + (\beta c - q) \cdot a_1 = 0, \tag{3.80}$$

$$\left[\frac{G'(\xi)}{G(\xi)}\right]^0 : k^2c \cdot (a_1\lambda\mu + 2a_2\mu^2) + \frac{p+q}{2}kc \cdot a_0^2 + (\beta c - q) \cdot a_0 = 0. \tag{3.81}$$

求解上述方程 (3.77)~ 方程 (3.81) 可得

$$\begin{cases} a_0 = \dfrac{k[-(\lambda^2 + 8\mu) + |\lambda^2 - 4\mu|]}{p+q}, \\ a_1 = -\dfrac{12k\lambda}{p+q}, \\ a_2 = -\dfrac{12k}{p+q}, \\ c = \dfrac{q}{\beta + k^2|\lambda^2 - 4\mu|} \end{cases} \tag{3.82}$$

和

$$\begin{cases} a_0 = \dfrac{k[-(\lambda^2+8\mu)-|\lambda^2-4\mu|]}{p+q}, \\ a_1 = -\dfrac{12k\lambda}{p+q}, \\ a_2 = -\dfrac{12k}{p+q}, \\ c = \dfrac{q}{\beta-k^2|\lambda^2-4\mu|}. \end{cases} \qquad (3.83)$$

注意到式 (3.74), 式 (3.82) 和式 (3.83), 可得

$$\begin{cases} V(\xi) = \dfrac{k[-(\lambda^2+8\mu)+|\lambda^2-4\mu|]}{p+q} - \dfrac{12k\lambda}{p+q}\left[\dfrac{G'(\xi)}{G(\xi)}\right] - \dfrac{12k}{p+q}\left[\dfrac{G'(\xi)}{G(\xi)}\right]^2, \\ \xi = k\left(t - \dfrac{qT}{\beta+k^2|\lambda^2-4\mu|}\right) \end{cases} \qquad (3.84)$$

和

$$\begin{cases} V(\xi) = \dfrac{k[-(\lambda^2+8\mu)-|\lambda^2-4\mu|]}{p+q} - \dfrac{12k\lambda}{p+q}\left[\dfrac{G'(\xi)}{G(\xi)}\right] - \dfrac{12k}{p+q}\left[\dfrac{G'(\xi)}{G(\xi)}\right]^2, \\ \xi = k\left(t - \dfrac{qT}{\beta-k^2|\lambda^2-4\mu|}\right). \end{cases} \qquad (3.85)$$

将常微方程 (3.73) 的通解代入式 (3.84) 和式 (3.85), 可得到方程 (3.71) 的解. 然后使用积分计算可得到原系统方程 (3.63) 的三类精确解.

情形 1 若 $\lambda^2-4\mu>0$, 记 $\delta=\dfrac{\sqrt{\lambda^2-4\mu}}{2}$, 方程 (3.71) 的解为

$$\begin{cases} V(\xi) = \dfrac{12k\delta^2}{p+q}\left[1-\left(\dfrac{C_1\cosh\delta\xi+C_2\sinh\delta\xi}{C_1\sinh\delta\xi+C_2\cosh\delta\xi}\right)^2\right], \\ \xi = k\left(t-\dfrac{qT}{\beta+4k^2\delta^2}\right) \end{cases} \qquad (3.86)$$

和

$$\begin{cases} V(\xi) = \dfrac{4k\delta^2}{p+q}\left[1-3\left(\dfrac{C_1\cosh\delta\xi+C_2\sinh\delta\xi}{C_1\sinh\delta\xi+C_2\cosh\delta\xi}\right)^2\right], \\ \xi = k\left(t-\dfrac{qT}{\beta-4k^2\delta^2}\right), \end{cases} \qquad (3.87)$$

其中 C_1 和 C_2 为积分常数.

3.4 修正广义的 Vakhnenko 系统的孤立波

将解 (3.86) 代入式 (3.64), 式 (3.66) 和式 (3.69), 计算可得

$$\begin{aligned}
x &= T + \int_{-\infty}^{\xi} V(\xi') \mathrm{d}\xi' + \xi_0 \\
&= T + \frac{12k\delta^2}{p+q} \int_{-\infty}^{\xi} \left\{ 1 - \left[\frac{C_1 \sinh(\delta\xi) + C_2 \cosh(\delta\xi)}{C_1 \cosh(\delta\xi) + C_2 \sinh(\delta\xi)} \right]^2 \right\} \mathrm{d}\xi + \xi_0,
\end{aligned} \quad (3.88)$$

而

$$\begin{aligned}
& \int \left\{ 1 - \left[\frac{C_1 \sinh(\delta\xi) + C_2 \cosh(\delta\xi)}{C_1 \cosh(\delta\xi) + C_2 \sinh(\delta\xi)} \right]^2 \right\} \mathrm{d}\xi \\
&= \int \left\{ 1 - \left[\frac{1 + \dfrac{C_2 - C_1}{C_2 + C_1} e^{-2\delta\xi}}{1 - \dfrac{C_2 - C_1}{C_2 + C_1} e^{-2\delta\xi}} \right]^2 \right\} \mathrm{d}\xi \\
&= \int \frac{-4 \dfrac{C_2 - C_1}{C_2 + C_1} e^{-2\delta\xi}}{\left[1 - \dfrac{C_2 - C_1}{C_2 + C_1} e^{-2\delta\xi} \right]^2} \mathrm{d}\xi = \frac{2}{\delta} \frac{1}{1 - \dfrac{C_2 - C_1}{C_2 + C_1} e^{-2\delta\xi}} + C \\
&= \frac{2}{\delta} \frac{(C_2 + C_1) e^{\delta\xi}}{(C_2 + C_1) e^{\delta\xi} - (C_2 - C_1) e^{\delta\xi}} + C \\
&= \frac{1}{\delta} \frac{(C_2 + C_1)[\cosh(\delta\xi) + \sinh(\delta\xi)]}{C_1 \cosh(\delta\xi) + C_2 \sinh(\delta\xi)} - \frac{1}{\delta} + C_0 \quad \left(\diamondsuit\; C = C_0 - \frac{1}{\delta} \right) \\
&= \frac{1}{\delta} \frac{C_1 \sinh(\delta\xi) + C_2 \cosh(\delta\xi)}{C_1 \cosh(\delta\xi) + C_2 \sinh(\delta\xi)} + C_0,
\end{aligned} \quad (3.89)$$

从而选取适当的 ξ_0 使式 (3.89) 代入式 (3.88), 计算可得

$$x = T + \frac{12k\delta}{p+q} \frac{C_1 \sinh(\delta\xi) + C_2 \cosh(\delta\xi)}{C_1 \cosh(\delta\xi) + C_2 \sinh(\delta\xi)}. \quad (3.90)$$

注意将解 (3.86) 代入式 (3.88), 结合式 (3.89) 可得到系统 (3.63) 的一组双曲函数解为

$$\begin{cases}
x = T + \dfrac{12\delta k}{p+q} \left(\dfrac{C_1 \cosh\delta\xi + C_2 \sinh\delta\xi}{C_1 \sinh\delta\xi + C_2 \cosh\delta\xi} \right), \\
\xi = k \left(t - \dfrac{qT}{\beta + 4k^2\delta^2} \right), \\
u(x,t) = \dfrac{12\delta^2 k^2}{p+q} \left[1 - \left(\dfrac{C_1 \cosh\delta\xi + C_2 \sinh\delta\xi}{C_1 \sinh\delta\xi + C_2 \cosh\delta\xi} \right)^2 \right].
\end{cases} \quad (3.91)$$

用类似方法可得另一组双曲函数解为

$$\begin{cases} x = T + \dfrac{4\delta^2 k}{p+q}\left[-2\xi + \dfrac{3}{\delta}\left(\dfrac{C_1\cosh\delta\xi + C_2\sinh\delta\xi}{C_1\sinh\delta\xi + C_2\cosh\delta\xi}\right)\right], \\ \xi = k\left(t - \dfrac{qT}{\beta - 4k^2\delta^2}\right), \\ u(x,t) = \dfrac{4\delta^2 k^2}{p+q}\left[1 - 3\left(\dfrac{C_1\cosh\delta\xi + C_2\sinh\delta\xi}{C_1\sinh\delta\xi + C_2\cosh\delta\xi}\right)^2\right]. \end{cases} \quad (3.92)$$

特别地, 设 $C_1 = 0$, $C_2 \neq 0$, 解 (3.91) 和解 (3.92) 可变为另一种双曲函数 tanh 形式上的孤立波解

$$\begin{cases} x = T + \dfrac{12\delta k}{p+q}\tanh\delta\xi, \\ \xi = k\left(t - \dfrac{qT}{\beta + 4k^2\delta^2}\right), \\ u(x,t) = \dfrac{12\delta^2 k^2}{p+q}\operatorname{sech}^2\delta\xi \end{cases} \quad (3.93)$$

和

$$\begin{cases} x = T + \dfrac{4\delta^2 k}{p+q}(-2\xi + \dfrac{3}{\delta}\tanh\delta\xi), \\ \xi = k\left(t - \dfrac{qT}{\beta - 4k^2\delta^2}\right), \\ u(x,t) = \dfrac{4\delta^2 k^2}{p+q}(-2 + 3\operatorname{sech}^2\delta\xi). \end{cases} \quad (3.94)$$

对于解 (3.93) 和解 (3.94), 若特取 $\delta = 1$, 则可退化为应用 Jacobi 函数展开法获得的系统 (3.63) 的两个孤立波解[79].

另外, 若应用双曲函数关系式

$$\dfrac{C_1\cosh\theta + C_2\sinh\theta}{C_1\sinh\theta + C_2\cosh\theta} = \begin{cases} \tanh(\theta + \eta), & C_1^2 \neq C_2^2, \\ 1, & C_1 = C_2, \\ -1, & C_1 = -C_2, \end{cases}$$

其中 η 通过如下表达式决定:

$$\sinh\eta = \dfrac{C_1}{\sqrt{C_1^2 - C_2^2}}, \quad \cosh\eta = \dfrac{C_2}{\sqrt{C_1^2 - C_2^2}}, \quad C_1^2 > C_2^2, \quad (3.95)$$

或

$$\sinh\eta = \dfrac{C_1}{\sqrt{C_2^2 - C_1^2}}, \quad \cosh\eta = \dfrac{C_2}{\sqrt{C_2^2 - C_1^2}}, \quad C_2^2 > C_1^2, \quad (3.96)$$

3.4 修正广义的 Vakhnenko 系统的孤立波

我们可得到系统 (3.63) 的另外两种形式的双曲函数解

$$\begin{cases} x = T + \dfrac{12\delta k}{p+q}\tanh(\delta\xi + \eta), \\ \xi = k\left(t - \dfrac{qT}{\beta + 4k^2\delta^2}\right), \\ u(x,t) = \dfrac{12\delta^2 k^2}{p+q}\operatorname{sech}^2(\delta\xi + \eta), \end{cases} \quad (3.97)$$

$$\begin{cases} x = T + \dfrac{4\delta^2 k}{p+q}\left[-3\xi + \dfrac{2}{\delta}\tanh(\delta\xi + \eta)\right], \\ \xi = k\left(t - \dfrac{qT}{\beta - 4k^2\delta^2}\right), \\ u(x,t) = \dfrac{4\delta^2 k^2}{p+q}\left[3\operatorname{sech}^2(\delta\xi + \eta)\right] - 2, \end{cases} \quad (3.98)$$

其中 η 由式 (3.95) 或式 (3.96) 给出.

情形 2 若 $\lambda^2 - 4\mu < 0$, 记 $\delta = \dfrac{\sqrt{4\mu - \lambda^2}}{2}$, 则有

$$\begin{cases} V(\xi) = -\dfrac{4\delta^2 k}{p+q}\left\{1 + 3\left[\dfrac{-C_1\sin(\delta\xi) + C_2\cos(\delta\xi)}{C_1\cos(\delta\xi) + C_2\sin(\delta\xi)}\right]^2\right\}, \\ \xi = k\left(t - \dfrac{qT}{\beta + 4k^2\delta^2}\right) \end{cases} \quad (3.99)$$

或

$$\begin{cases} V(\xi) = -\dfrac{12\delta^2 k}{p+q}\left\{1 + \left[\dfrac{-C_1\sin(\delta\xi) + C_2\cos(\delta\xi)}{C_1\cos(\delta\xi) + C_2\sin(\delta\xi)}\right]^2\right\}, \\ \xi = k\left(t - \dfrac{qT}{\beta - 4k^2\delta^2}\right). \end{cases} \quad (3.100)$$

记 $h(\xi) = C_1\cos(\delta\xi) + C_2\sin(\delta\xi)$, 则 $h'(\xi) = \delta[-C_1\sin(\delta\xi) + C_2\cos(\delta\xi)]$, $h''(\xi) = -\delta^2 h(\xi)$. 从而

$$\int\left[\dfrac{-C_1\sin(\delta\xi) + C_2\cos(\delta\xi)}{C_1\cos(\delta\xi) + C_2\sin(\delta\xi)}\right]^2 \mathrm{d}\xi = \int \dfrac{1}{\delta^2}\left[\dfrac{h'(\xi)}{h(\xi)}\right]^2 \mathrm{d}\xi = \dfrac{1}{\delta^2}\int \dfrac{[h'(\xi)]^2}{[h(\xi)]}\mathrm{d}\xi$$

$$= \dfrac{1}{\delta^2}\left[-\int h'(\xi)\mathrm{d}\left(\dfrac{1}{h(\xi)}\right)\right] = \dfrac{1}{\delta^2}\left[-\dfrac{h'(\xi)}{h(\xi)} + \int \dfrac{h''(\xi)}{h(\xi)}\mathrm{d}\xi\right]$$

$$= \dfrac{1}{\delta^2}\left[-\dfrac{h'(\xi)}{h(\xi)} + \int \dfrac{-\delta^2 h(\xi)}{h(\xi)}\mathrm{d}\xi\right] = -\dfrac{1}{\delta^2}\dfrac{h'(\xi)}{h(\xi)} - \xi + C,$$

因此

$$\int_{-\infty}^{\xi} V(\xi') \mathrm{d}\xi + \xi_0 = -\frac{4\delta^2 k}{p+q}\left[\xi - \frac{3}{\delta^2}\frac{h'(\xi)}{h(\xi)} - 3\xi\right]$$

$$= \frac{4\delta^2 k}{p+q}\left[2\xi + \frac{3}{\delta}\frac{-C_1\sin(\delta\xi)+C_2\cos(\delta\xi)}{C_1\cos(\delta\xi)+C_2\sin(\delta\xi)}\right]. \quad (3.101)$$

将式 (3.101) 代入式 (3.65), 注意到式 (3.99) 代入式 (3.64) 和式 (3.66), 可得到系统 (3.63) 的一组三角函数解

$$\begin{cases} x = T + \dfrac{4\delta^2 k}{p+q}\left[2\xi + \dfrac{3}{\delta^2}\left(\dfrac{-C_1\sin\delta\xi + C_2\cos\delta\xi}{C_1\cos\delta\xi + C_2\sin\delta\xi}\right)\right], \\ \xi = k\left(t - \dfrac{qT}{\beta + 4k^2\delta^2}\right), \\ u(x,t) = -\dfrac{4\delta^2 k^2}{p+q}\left[1 + 3\left(\dfrac{-C_1\sin\delta\xi + C_2\cos\delta\xi}{C_1\cos\delta\xi + C_2\sin\delta\xi}\right)^2\right]. \end{cases} \quad (3.102)$$

类似地, 经计算可得另一组三解函数解

$$\begin{cases} x = T + \dfrac{12\delta^2 k}{p+q}\left(\dfrac{-C_1\sin\delta\xi + C_2\cos\delta\xi}{C_1\cos\delta\xi + C_2\sin\delta\xi}\right), \\ \xi = k\left(t - \dfrac{qT}{\beta - 4k^2\delta^2}\right), \\ u(x,t) = -\dfrac{12\delta^2 k^2}{p+q}\left[1 + \left(\dfrac{-C_1\sin\delta\xi + C_2\cos\delta\xi}{C_1\cos\delta\xi + C_2\sin\delta\xi}\right)^2\right]. \end{cases} \quad (3.103)$$

若使用三角函数关系

$$\frac{-C_1\sin\theta + C_2\cos\theta}{C_1\cos\theta + C_2\sin\theta} = \tan^{-1}(\theta + \eta), \quad C_1^2 + C_2^2 \neq 0,$$

其中 η 由如下表达式决定:

$$\sin\eta = \frac{C_1}{\sqrt{C_1^2+C_2^2}}, \ \cos\eta = \frac{C_2}{\sqrt{C_1^2+C_2^2}}; \quad C_1^2 + C_2^2 \neq 0, \quad (3.104)$$

我们能得到系统 (3.63) 的另两种形式更为简洁的三角函数解

$$\begin{cases} x = T + \dfrac{4\delta^2 k}{p+q}\left[3\xi + \dfrac{2}{\delta^2}\tan^{-1}(\delta\xi + \eta)\right], \\ u(x,t) = -\dfrac{4\delta^2 k^2}{p+q}\left[3\tan^{-2}(\delta\xi + \eta) + 1\right], \\ \xi = k\left(t - \dfrac{qT}{\beta + 4k^2\delta^2}\right) \end{cases}$$

和
$$\begin{cases} x = T + \dfrac{12\delta^2 k}{p+q}\tan^{-1}(\delta\xi+\eta), \\ \xi = k\left(t - \dfrac{qT}{\beta - 4k^2\delta^2}\right), \\ u(x,t) = -\dfrac{12\delta^2 k^2}{p+q}\left[\tan^{-2}(\delta\xi+\eta)+1\right], \end{cases}$$

其中 η 由式 (3.104) 给出.

情形 3 若 $\lambda^2 - 4\mu = 0$, 与情形 1 的计算过程类似, 我们可得到系统 (3.63) 的有理函数解

$$\begin{cases} x = T + \dfrac{12k}{p+q}\left(\dfrac{C_2}{C_1+C_2\xi}\right), \\ \xi = k\left(t - \dfrac{qT}{\beta}\right), \\ u(x,t) = -\dfrac{12k^2}{p+q}\left(\dfrac{C_2}{C_1+C_2\xi}\right)^2. \end{cases} \tag{3.105}$$

一般地, 在非线性科学和工程中, 上面的系列解中, 孤立波解 (3.91)~ 解 (3.98) 有重要价值, 是研究孤立波的传播控制的基础.

3.5 系统参数对修正广义的 Vakhnenko 系统孤立波的传播控制

本节我们将讨论参数对修正广义的 Vakhnenko 系统 (3.63) 孤立波传播时的控制问题.

3.5.1 参数 β 对孤立波的控制

对变量 t 和参数 $C_1, C_2, k, p, q, \delta$ 设置如下

$$k=1, t=0, p=1, q=2, \delta=1.25, C_1=1.1, C_2=8.9. \tag{3.106}$$

令 β 取不同的值, 我们得到对修正广义的 Vakhnenko 系统 (3.63) 孤立波传播时形状控制, 如图 3.1 所示. β 会影响到孤立波的波形, 并在位移上有小幅变化, 孤立波传播的能量 (振幅) 不受影响.

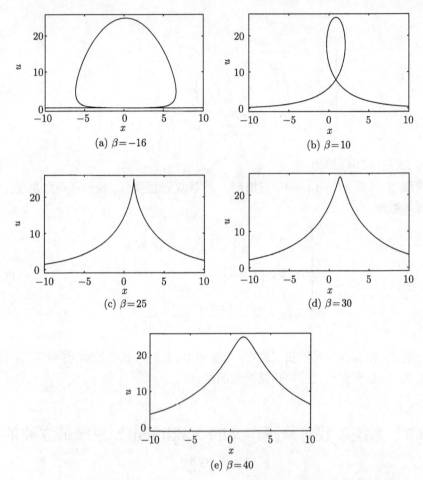

图 3.1 参数 β 对孤立波的影响. 孤立波 (3.91) 在设置 (3.106), β 取不同值时的形状

3.5.2 参数 p 对孤立波的控制

对变量 t 和参数 $k, q, \delta, \beta, C_1, C_2$ 设置如下

$$t = 0, q = 2, k = 7, \delta = 1.25, \beta = 22, C_1 = 1.1, C_2 = 8.9. \tag{3.107}$$

令 p 取不同的值, 我们得到对修正广义的 Vakhnenko 系统 (3.63) 孤立波传播时形状控制, 如图 3.2 所示. p 会影响到孤立波的波形, 并在位移上有小幅变化, 孤立波传播的能量 (振幅) 发生变化.

3.5 系统参数对修正广义的 Vakhnenko 系统孤立波的传播控制

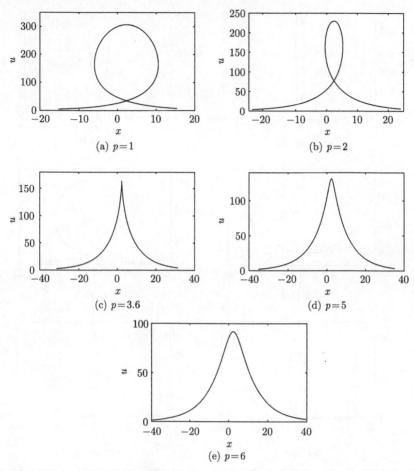

图 3.2 参数 p 对孤立波的影响. 孤立波 (3.91) 在设置 (3.107), p 取不同值时的形状

3.5.3 参数 q 对孤立波的控制

对变量 t 和参数 $k, p, \delta, \beta, C_1, C_2$ 设置如下

$$t=0, p=1, k=7, \delta=1.25, \beta=22, C_1=1.1, C_2=8.9. \tag{3.108}$$

令 q 取不同的值, 我们得到对修正广义的 Vakhnenko 系统 (3.63) 孤立波传播时形状控制, 如图 3.3 所示. q 会影响到孤立波的波形, 并在位移上有小幅变化, 孤立波传播的能量 (振幅) 发生变化.

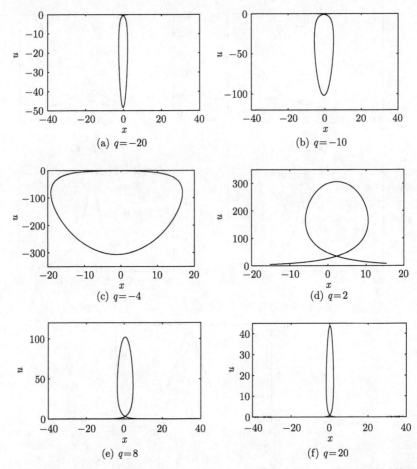

图 3.3 参数 q 对孤立波的影响. 孤立波 (3.91) 在设置 (3.108), q 取不同值时的形状

3.5.4 参数 k 对系统的控制

对变量 t 和参数 $p, q, \beta, \delta, C_1, C_2$ 设置如下

$$t=0, p=1, q=2, \beta=22, \delta=1.25, C_1=1.1, C_2=8.9. \qquad (3.109)$$

令 k 取不同的值, 我们得到对修正广义的 Vakhnenko 系统 (3.63) 孤立波传播时形状控制, 如图 3.4 所示. k 会影响到孤立波的波形, 并在位移上有小幅变化, 孤立波传播的能量 (振幅) 变化明显.

3.5 系统参数对修正广义的 Vakhnenko 系统孤立波的传播控制

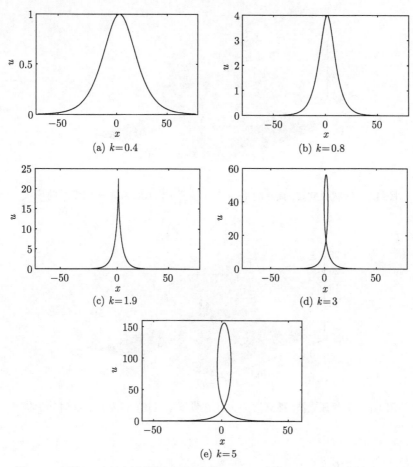

图 3.4 参数 k 对孤立波的影响. 孤立波 (3.91) 在设置 (3.109) 和 $\delta = 1.25$, k 取不同值时的形状

3.5.5 参数 λ, μ 对系统的控制

λ 和 μ 是 (G'/G) 展开法中的参数, 出现在求解过程中的常微方程 (3.12) 中. 下面我们以孤立波解 (3.91) 为例来研究其对孤立波的影响.

对变量 t 和参数 C_1, C_2, k, p, q, β 设置如下

$$t = 0, k = 1, p = 1, q = 2, \beta = 22, C_1 = 1.1, C_2 = 8.9. \tag{3.110}$$

再取 $\delta = \dfrac{\sqrt{\lambda^2 - 4\mu}}{2}$ 为不同的值, 孤立波会随着 δ 设置的不同呈现不同的形状: 峰状、尖状、环状, 如图 3.5∼ 图 3.7 所示. 同时, 我们能观察到, 不同的 δ, 对系统孤立波的振幅也有明显影响.

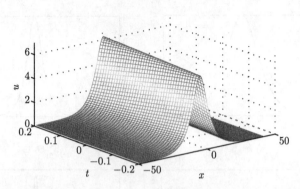

图 3.5 峰状孤立波. 孤立波 (3.91) 在设置 (3.110) 和 $\delta = 1.25$ 时的形状

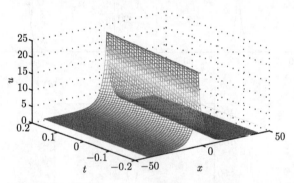

图 3.6 尖状孤立波. 孤立波 (3.91) 在设置 (3.110) 和 $\delta = 2.35$ 时的形状

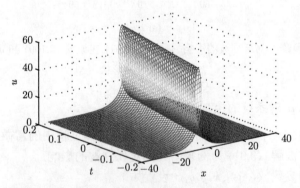

图 3.7 环状孤立波. 孤立波 (3.91) 在设置 (3.110) 和 $\delta = 3.85$ 时的形状

3.6 本章小结

(G'/G) 展开法是一类构造非线性演化系统精确解的简洁高效算法. 本章里, 我

3.6 本章小结

们首先应用这一算法获得了 Vakhnenko 系统的两组双曲函数解和两组三角函数解. 双曲函数解对应着系统的孤立波解.

在 3.4 节和 3.5 节, 我们应用这一算法获得了修正广义的Vakhnenko 系统 (3.63) 的三类精确解, 即双曲函数解、三角函数解和有理函数解. 其中, 双曲函数解是该系统的孤立波. 我们通过研究系统中各参数对孤立波传播的影响, 通过参数可以控制孤立波的波形、振幅等, 这些理论结果对实际应用是很重要的.

第 4 章 扩展的 (G'/G) 展开法与 Vakhnenko 系统的广义行波解

介绍扩展的 (G'/G) 展开法构造非线性演化系统精确解的步骤. 应用该方法获得 Vakhnenko 系统的广义行波解, 通过选取适当的函数, 激发出两类新颖的波传播形式; 通过解中的参数设置研究该系统的参数控制问题.

4.1 扩展的 (G'/G) 展开法

简单地讲, 将第 2 章 (G'/G) 展开法中的线性行波变换扩展为非线性变换, 我们称此时的 (G'/G) 展开法为扩展的 (G'/G) 展开法.

在 3.2 节, 对待求解 (1+1) 维演化方程 (3.27) 引入的行波变换 (3.28) 为线性行波变换. 对于线性行波变换下, 应用 (G'/G) 展开法计算得到的方程的解只能是行波解. 而科学与工程中大量非线性系统非常复杂, 仅用行波解很难描述. 如何寻求系统更为丰富的解? 将线性的行波变换扩展为广义行波变换是一种有效方法. 即将变换 (3.28) 扩展为如下形式:

$$u(x,t) = u(\xi), \quad \xi = q(x,t), \tag{4.1}$$

其中 $q(x,t)$ 为所示变量的函数. 扩展后获得的解通常称为广义行波解.

很明显, 式 (3.28) 仅是变换 (4.1) 取线性函数时的特例.

我们必须注意到以下两点.

(1) 由于扩展的 (G'/G) 展开法中的广义行波变换函数 q 为所示变量的任意函数, 这就为求得非线性演化系统的极为丰富的解提供了可能, 而这些解对解释丰富的非线性现象帮助很大. 这也是近年科学家探索的一个热点问题[17,37−42,44−46].

(2) 同样, 由于 q 的任意函数形式, 这给求解是带来了极大的困难, 计算量和计算难度呈几何级数增加. 某些系统甚至可能并不存在除行波解之外的广义行波解. 因此, 为了求解方便, 经常把 q 的任意性缩小范围, 限定在某些特定结构的函数, 如分离变量结构 $q(x,t) = f(x) + g(t)$, $q(x,y,t) = f(x,t) + g(y)$ 等.

4.2 Vakhnenko 系统的广义行波解

考虑如下的 Vakhnenko 系统[69]

$$\partial_x(\partial_t + u\partial_x)u + u = 0. \tag{4.2}$$

首先,我们借鉴第 3 章中处理修正广义的 Vakhnenko 系统时的变量变换方法,引入两个独立变量 X 和 T:

$$x = T + \int_{-\infty}^{X} U(X',T)\mathrm{d}X' + x_0, \quad t = X, \tag{4.3}$$

其中 $u(x,t) = U(X,T)$, x_0 为常数. 再定义函数 W,

$$W(X,T) = \int_{-\infty}^{X} U(X',T)\mathrm{d}X'. \tag{4.4}$$

由式 (4.3) 和式 (4.4) 可知

$$W_X(X,T) = U(X,T), \quad W_T = \int_{-\infty}^{X} U_T(X',T)\mathrm{d}X'. \tag{4.5}$$

$$\frac{\partial}{\partial X} = \frac{\partial}{\partial t} + u\frac{\partial}{\partial x}, \quad \frac{\partial}{\partial T} = (1 + W_T)\frac{\partial}{\partial x}. \tag{4.6}$$

这样,系统 (4.2) 能够重新表达为如下的新系统

$$W_{XXT} + W_X W_T + W_X = 0. \tag{4.7}$$

下面我们按 4.1 节中引入的扩展的 (G'/G) 展开法,设方程 (4.7) 可表示为关于 (G'/G) 的多项式

$$W = \sum_{i=0}^{n} a_i \left[\frac{G'(q)}{G(q)}\right]^i, \tag{4.8}$$

其中 $a_i(X,T)$ $(i=0,1,2,\cdots,n)$ 为所示变量的待定函数,且 $a_n \neq 0$. $q = q(X,T)$ 关于 X 和 T 的任意函数,$G(q)$ 满足二阶线性常微方程

$$G''(q) + \lambda G'(q) + \mu G(q) = 0, \tag{4.9}$$

其中 λ 和 μ 为任意常数.

对方程 (4.7) 应用齐次平衡原则,可得 $n = 1$. 这样式 (4.8) 变为

$$W = a_0 + a_1 \left(\frac{G'}{G}\right), \tag{4.10}$$

其中 $a_0 = a_0(X,T), a_1 = a_1(X,T) \neq 0, G = G(q), q = q(X,T)$.

我们采用下面的记号: $a_{iX} = \dfrac{\partial a_i(X,T)}{\partial X}, a_{iT} = \dfrac{\partial a_i(X,T)}{\partial T}, q_X = \dfrac{\partial q(X,T)}{\partial X}, q_T = \dfrac{\partial q(X,T)}{\partial T}$ $(i=0,1)$ 等.

由式 (4.10), 我们可计算得到 $W_X, W_{XXT}, W_X W_T$. 将 $W_X, W_{XXT}, W_X W_T$ 代入系统 (4.7), 合并 (G'/G) 的同类项并其系数为零, 得到如下关于 a_0, a_1 的超定方程组

$$\left(\frac{G'}{G}\right)^4 : a_1^2 q_X q_T - 6a_1 q_X^2 q_T = 0, \tag{4.11}$$

$$\left(\frac{G'}{G}\right)^3 : 2(a_1 q_X^2)_T - 2q_T[-(a_1 q_X)_X - q_X(a_{1X} - \lambda a_1 q_X) + 2\lambda a_1 q_X^2]$$
$$-6\lambda a_1 q_X^2 q_T - a_1 q_X(a_{1T} - \lambda a_1 q_T) - a_1 q_T(a_{1X} - \lambda a_1 q_X) = 0, \tag{4.12}$$

$$\left(\frac{G'}{G}\right)^2 : [-(a_1 q_X)_X - q_X(a_{1X} - \lambda a_1 q_X) + 2\lambda a_1 q_X^2]_T$$
$$-q_T[(a_{1X} - \lambda a_1 q_X)_X + 2\mu a_1 q_X^2 - \lambda q_X(a_{1X} - \lambda a_1 q_X)]$$
$$-2\lambda q_T[-(a_1 q_X)_X - q_X(a_{1X} - \lambda a_1 q_X) + 2\lambda a_1 q_X^2] - 6\mu a_1 q_X^2 q_T$$
$$+(a_{1X} - \lambda a_1 q_X)(a_{1T} - \lambda a_1 q_T) - a_1 q_T(a_{0X} - \mu a_1 q_X)$$
$$-a_1 q_X(a_{0T} - \mu a_1 q_T) - a_1 q_X = 0, \tag{4.13}$$

$$\left(\frac{G'}{G}\right) : [(a_{1X} - \lambda a_1 q_X)_X - \lambda q_X(a_{1X} - \lambda a_1 q_X) + 2\mu a_1 q_X^2]_T$$
$$-2\mu q_T[(-a_1 q_X)_X - q_X(a_{1X} - \lambda a_1 q_X) + 2\lambda a_1 q_X^2]$$
$$-\lambda q_T[(a_{1X} - \lambda a_1 q_X)_X + 2\mu a_1 q_X^2 - \lambda q_X(a_{1X} - \lambda a_1 q_X)] + (a_{1X} - \lambda a_1 q_X)$$
$$+(a_{0X} - \mu a_1 q_X)(a_{1T} - \lambda a_1 q_T) + (a_{0T} - \mu a_1 q_T)(a_{1X} - \lambda a_1 q_X) = 0, \tag{4.14}$$

$$\left(\frac{G'}{G}\right)^0 : (a_{0X} - \mu a_1 q_X)_{XT} - \mu[q_X(a_{1X} - \lambda a_1 q_X)]_T$$
$$-\mu q_T[(a_{1X} - \lambda a_1 q_X)_X - \lambda q_X(a_{1X} - \lambda a_1 q_X) + 2\mu a_1 q_X^2]$$
$$+(a_{0X} - \mu a_1 q_X)(a_{0T} - \mu a_1 q_T) + (a_{0X} - \mu a_1 q_X) = 0. \tag{4.15}$$

本章里, 我们考虑一种 q 的分离变量形式

$$q(X,T) = f(X) + g(T). \tag{4.16}$$

4.2 Vakhnenko 系统的广义行波解

容易计算得

$$q_{XT} = q_{XXT} = q_{XXXT} = 0. \tag{4.17}$$

注意到 $a_1 \neq 0$ 和 $q_X q_T \neq 0$, 由方程 (4.11), 经计算可得 $a_1 = 6q_X$. 将 $a_1 = 6q_X$ 代入方程 (4.12), 我们能确定方程 (4.12) 是一个恒等式.

注意到 $q(X,T) = f(X) + g(T)$, 方程 (4.13)$\sim$ 方程 (4.15) 可分为如下两种情形.

情形 1 若 $q_{XX} = f''(X) \neq 0$, 我们有

$$a_{0T} = -1, \quad a_{0X} = 3\lambda q_{XX} - \frac{q_{XXX}}{q_X} - (\lambda^2 - 4\mu)q_X^2.$$

因此

$$a_0(X,T) = -T + C(X), \quad a_1(X,T) = 6f'(X), \tag{4.18}$$

其中 $C(X) = 3\lambda f'(X) - \int \left[\frac{f'''(X)}{f'(X)} + (\lambda^2 - 4\mu)f'^2(X) \right] \mathrm{d}X$.

将式 (4.18) 代入式 (4.10), 则可得如方程 (4.7) 的一组解

$$W(X,T) = a_0(X,T) + 6f'(X)\frac{G'(q)}{G(q)},$$

$$W_X(X,T) = \left[3\lambda f''(X) - \frac{f'''(X)}{f'(X)} - (\lambda^2 + 2\mu)f'^2(X) \right]$$
$$+ \left[6f''(X) - 6\lambda f'^2(X) \right] \frac{G'(q)}{G(q)} - 6f'^2(X)\left[\frac{G'(q)}{G(q)} \right]^2. \tag{4.19}$$

因此

$$\begin{cases} x = 3\lambda f'(X) - \int \left[\frac{f'''(X)}{f'(X)} + (\lambda^2 - 4\mu)f'^2(X) \right] \mathrm{d}X + 6f'(X)\frac{G'(q)}{G(q)}, \\ u(x,t) = \left[3\lambda f''(X) - \frac{f'''(X)}{f'(X)} - (\lambda^2 + 2\mu)f'^2(X) \right] \\ \qquad + \left[6f''(X) - 6\lambda f'^2(X) \right] \frac{G'(q)}{G(q)} - 6f'^2(X)\left[\frac{G'(q)}{G(q)} \right]^2, \end{cases} \tag{4.20}$$

其中 $t = X$, $f''(X) \neq 0$.

将方程 (4.9) 的通解代入式 (4.20), 我们可讨论方程 (4.2) 以下三种情形的精确解.

(1) 若 $\lambda^2 - 4\mu > 0$, 记 $\delta_1 = \dfrac{\sqrt{\lambda^2 - 4\mu}}{2}$, 则系统 (4.2) 双曲函数形式的广义行波

解为

$$\begin{cases} x = -\int \left[\dfrac{f'''(X)}{f'(X)} + 4\delta_1^2 f'^2(X)\right] dX + 6\delta_1 f'(X) B_1(X,T), \\ u_1(x,t) = -\dfrac{f'''(X)}{f'(X)} + 2\delta_1^2 f'^2(X) + 6\delta_1 f''(X) B_1(X,T) \\ \qquad\qquad - 6\delta_1^2 f'^2(X)[B_1(X,T)]^2, \end{cases} \quad (4.21)$$

其中 $t = X$, $f''(X) \neq 0$, 且

$$B_1(X,T) = \dfrac{C_1 \sinh \delta_1(f(X)+g(T)) + C_2 \cosh \delta_1(f(X)+g(T))}{C_1 \cosh \delta_1(f(X)+g(T)) + C_2 \sinh \delta_1(f(X)+g(T))}. \quad (4.22)$$

(2) 若 $\lambda^2 - 4\mu < 0$, 记 $\delta_2 = \dfrac{\sqrt{4\mu - \lambda^2}}{2}$, 则方程 (4.2) 三角函数形式的广义行波解为

$$\begin{cases} x = -\int \left[\dfrac{f'''(X)}{f'(X)} - 4\delta_2^2 f'^2(X)\right] dX + 6\delta_2 f'(X) B_2(X,T), \\ u_2(x,t) = -\dfrac{f'''(X)}{f'(X)} - 2\delta_2^2 f'^2(X) + 6\delta_2 f''(X) B_2(X,T) \\ \qquad\qquad - 6\delta_2^2 f'^2(X)[B_2(X,T)]^2, \end{cases} \quad (4.23)$$

其中 $t = X$, $f''(X) \neq 0$, 且

$$B_2(X,T) = \dfrac{-C_1 \sin \delta_2(f(X)+g(T)) + C_2 \cos \delta_2(f(X)+g(T))}{C_1 \cos \delta_2(f(X)+g(T)) + C_2 \sin \delta_2(f(X)+g(T))}. \quad (4.24)$$

(3) 若 $\lambda^2 - 4\mu = 0$, 则方程 (4.2) 的有理函数形式的广义行波解为

$$\begin{cases} x = -\int \dfrac{f'''(X)}{f'(X)} dX + \dfrac{6C_2 f'(X)}{C_1 + C_2(f(X)+g(T))}, \\ u_3(x,t) = -\dfrac{f'''(X)}{f'(X)} + 6f''(X) \dfrac{C_2}{C_1 + C_2(f(X)+g(T))} \\ \qquad\qquad - 6f'^2(X) \left[\dfrac{C_2}{C_1 + C_2(f(X)+g(T))}\right]^2, \end{cases} \quad (4.25)$$

其中 $t = X$, $f''(X) \neq 0$.

情形 2 若 $q_{XX} = 0$, 则 $f''(X) = 0 \Rightarrow f'(X) = k \neq 0 \Rightarrow q(X,T) = kX + g(T), a_1 = 6k \ (k \neq 0)$. 因此

$$\begin{cases} a_{0XXXT} + a_{0X}(1 + a_{0T}) = 0, \\ q_T a_{0X} + k a_{0T} = -k - (\lambda^2 - 4\mu)k^2 q_T. \end{cases} \quad (4.26)$$

4.2 Vakhnenko 系统的广义行波解

解方程 (4.26) 可得到 a_0, a_1 的两组解

$$a_0(X,T) = -T - (\lambda^2 - 4\mu)k^2 X, \ a_1 = 6k, \quad k \neq 0 \qquad (4.27)$$

和

$$a_0(X,T) = -T - (\lambda^2 - 4\mu)kg(T), \ a_1 = 6k, \quad k \neq 0. \qquad (4.28)$$

用与情形 1 类似的方法，我们可根据式 (4.27) 和式 (4.28)，计算方程 (4.2) 以下三种情形的精确解.

(1) 若 $\lambda^2 - 4\mu > 0, \lambda \neq 0$, 记 $\delta_1 = \dfrac{\sqrt{\lambda^2 - 4\mu}}{2}$，则由式 (4.27) 和式 (4.28) 确定的系统 (4.2) 的两个双曲函数形式广义行波解分别为

$$\begin{cases} x = -3\lambda k - 4\delta_1^2 k^2 X + 6\delta_1 k B_1(X,T), \\ u_4(x,t) = 2\delta_1^2 k^2 - 6k^2 \delta_1^2 B_1^2(X,T) \end{cases} \qquad (4.29)$$

和

$$\begin{cases} x = -3\lambda k - 4\delta_1^2 kg(T) + 6\delta_1 k B_1(X,T), \\ u_5(x,t) = 6\delta_1^2 k^2 - 6k^2 \delta_1^2 B_1^2(X,T), \end{cases} \qquad (4.30)$$

其中 $t = X, q(X,T) = kX + g(T), \lambda \neq 0, g(T)$ 为 T 的任意函数，$g'(T) \neq 0$. $B_1(X,T)$ 由式 (4.22) 给定.

(2) 若 $\lambda^2 - 4\mu < 0, \lambda \neq 0$, 记 $\delta_2 = \dfrac{\sqrt{4\mu - \lambda^2}}{2}$，可计算得到系统 (4.2) 对应式 (4.27) 和式 (4.28) 的两个三角函数形式解

$$\begin{cases} x = -3\lambda k + 4\delta_2^2 k^2 X + 6k\delta_2 B_2(X,T), \\ u_6(x,t) = -2k^2 \delta_2^2 - 6k^2 \delta_2^2 B_2^2(X,T) \end{cases} \qquad (4.31)$$

和

$$\begin{cases} x = -3\lambda k + 4\delta_2^2 kg(T) + 6k\delta_2 B_2(X,T), \\ u_7(x,t) = -6k^2 \delta_2^2 - 6k^2 \delta_2^2 B_2^2(X,T), \end{cases} \qquad (4.32)$$

其中 $t = X, q(X,T) = kX + g(T), \lambda \neq 0, g'(T) \neq 0, k \neq 0$. $B_2(X,T)$ 由式 (4.24) 给出.

(3) 若 $\lambda^2 - 4\mu = 0, \lambda \neq 0$, 我们可计算得系统 (4.2) 的对应式 (4.27) 和式 (4.28) 的两个有理函数解

$$\begin{cases} x = -3\lambda k + 6k \dfrac{C_2}{C_1 + C_2(kX + g(T))}, \\ u_8(x,t) = -6k^2 \left[\dfrac{C_2}{C_1 + C_2(kX + g(T))} \right]^2, \end{cases} \qquad (4.33)$$

其中 $t=X, q(X,T)=kX+g(T), \lambda\neq 0, k\neq 0, g'(T)\neq 0$.

注 1 若特取 $q(X,T)=kX+VT$, 则解 (4.30) 退化为系统 (4.2) 单环孤立波解.

注 2 应用双曲函数间的关系, 式 (4.22) 中的 $B_1(X,T)$ 可分别作如下简化:

若 $C_1^2>C_2^2$, 则 $B_1(X,T)=\tanh(\theta+\theta_0)$, 其中 $\tanh(\theta_0)=C_2/C_1$, (4.34)

若 $C_1^2<C_2^2$, 则 $B_1(X,T)=\coth(\theta+\theta_0)$, 其中 $\coth(\theta_0)=C_1/C_2$. (4.35)

注 3 式 (4.24) 中的 $B_2(X,T)$ 可作如下简化:

若 $C_1^2+C_2^2\neq 0$, 则 $B_2(X,T)=\tan^{-1}(\theta+\theta_0)$, 其中 $\tan(\theta_0)=C_1/C_2$. (4.36)

4.3 Vakhnenko 系统的激发孤立波

由于广义行波解 (4.21)∼ 解 (4.33) 中的 $f(X)$ 和 $g(T)$ 均为所示变量的任意函数, 这就为我们深入研究系统 (4.2) 的激发提供了可能. 下面, 我们仅以解 (4.21) 作为例子, 分别讨论基于双曲函数和三角函数的激发孤立波.

4.3.1 周期波激发

在解 (4.21) 中, 令 $f(X)$ 和 $g(T)$ 如下

$$f(X)=a\sin(kX),\quad g(T)=VT. \tag{4.37}$$

此时, 解 (4.21) 变为

$$\begin{cases} x=-k^2 X-2\delta_1^2 a^2 k(\cos(kX)\sin(kX)+kX)+6\delta_1 ak\cos(kX)B_1(X,T),\\ u_1=k^2+2\delta_1^2 a^2 k^2\cos(kX)-6\delta ak^2\sin(kX)B_1(X,T)\\ \quad -6\delta_1^2 a^2 k^2\cos^2(kX)B_1^2(X,T),\\ t=X, \end{cases} \tag{4.38}$$

其中

$$B_1(X,T)=\frac{C_1\sinh\delta_1(a\sin(kX)+VT)+C_2\cosh\delta_1(a\sin(kX)+VT)}{C_1\cosh\delta_1(a\sin(kX)+VT)+C_2\sinh\delta_1(a\sin(kX)+VT)}. \tag{4.39}$$

设置参数 $a,k,V,C_1,C_2,\lambda,\delta_1$ 为

$$a=1, k=2, V=0.2, C_1=3, C_2=2, \lambda=2, \delta_1=0.8. \tag{4.40}$$

这样, 我们得到了系统 (4.2) 的周期波解, 图 4.1 显示了在 $u-x-t$ 坐标系下三种不同视图下的周期波图. 图 4.2 显示了在 $u-x-t$ 坐标系下参数 δ 取不同值时的周期波图.

图 4.3 显示了在 $u-x$ 坐标系下 δ_1 取不同值时的周期孤立波变化. 图 4.4 显示了 T 变化时的系统孤立波形状.

4.3 Vakhnenko 系统的激发孤立波

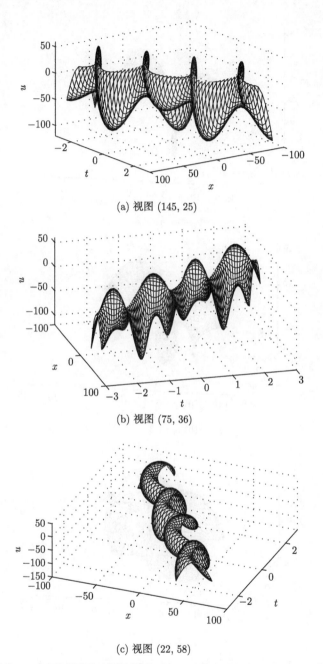

(a) 视图 (145, 25)

(b) 视图 (75, 36)

(c) 视图 (22, 58)

图 4.1 系统 (4.2) 不同视图下的周期波. 解 (4.38), $a, k, V, C_1, C_2, \lambda, \delta_1$ 取式 (4.40)

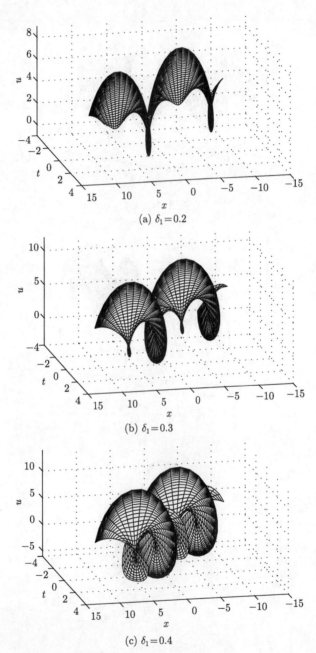

(a) $\delta_1 = 0.2$

(b) $\delta_1 = 0.3$

(c) $\delta_1 = 0.4$

图 4.2 系统 (4.2) 的周期波. 解 (4.38), $a=1, k=2, V=0.2, C_1=3, C_2=2, \delta_1$ 取不同值

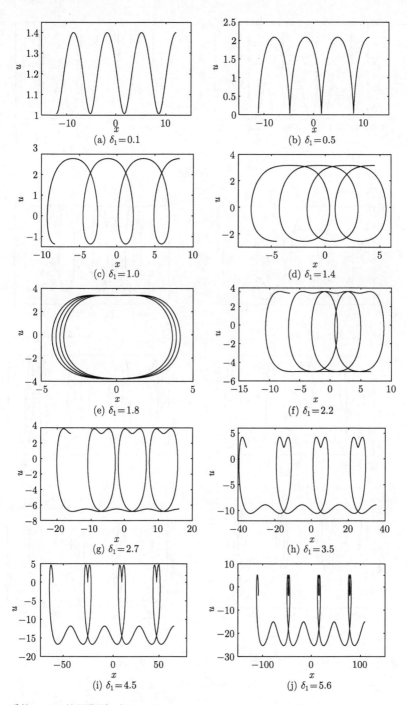

图 4.3 系统 (4.2) 的周期波. 解 (4.38), $a=0.4, k=2, V=0.2, C_1=3, C_2=2, T=1, \delta_1$ 取不同值

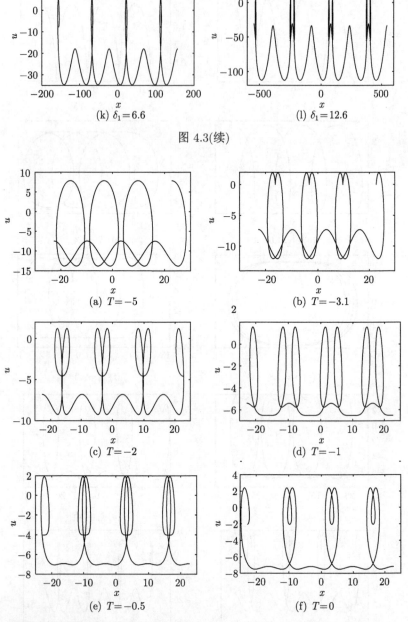

(k) $\delta_1=6.6$

(l) $\delta_1=12.6$

图 4.3(续)

(a) $T=-5$

(b) $T=-3.1$

(c) $T=-2$

(d) $T=-1$

(e) $T=-0.5$

(f) $T=0$

图 4.4 系统 (4.2) 的周期波. 解 (4.38), $a=0.4, k=1.1, V=0.2, C_1=3, C_2=2, \delta_1=3$, T 取不同值

4.3 Vakhnenko 系统的激发孤立波

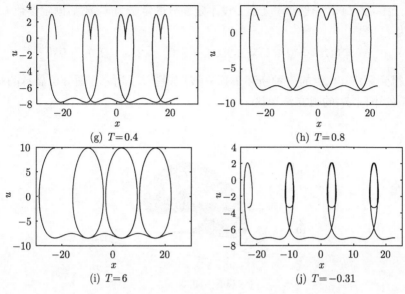

图 4.4(续)

4.3.2 环形孤立波激发

在解 (4.21) 中，令 $f(X)$ 和 $g(T)$ 如下

$$f(X) = a\,\text{sech}(kX), \quad g(T) = VT. \tag{4.41}$$

经计算可得

$$f'(X) = -ak\,\text{sech}\,(kX)\tanh(kX), \tag{4.42}$$

$$f''(X) = ak^2\,\text{sech}\,(kX)\tanh^2(kX) - ak^2\,\text{sech}\,(kX)\left(1-\tanh^2(kX)\right), \tag{4.43}$$

$$\begin{aligned}f'''(X) = &-ak^3\,\text{sech}\,(kX)\tanh^3(kX)\\&+5ak^3\,\text{sech}\,(kX)\tanh(kX)\left[1-\tanh^2(kX)\right],\end{aligned} \tag{4.44}$$

$$\frac{f'''(X)}{f'(X)} = \frac{k^2\left(\cosh^2(kX)-6\right)}{\cosh^2(kX)}, \tag{4.45}$$

$$\int \frac{f'''(X)}{f'(X)}\mathrm{d}X = k\left(kX - 6\frac{\sinh(kX)}{\cosh(kX)}\right), \tag{4.46}$$

$$\int f'^2(X)\mathrm{d}X = \frac{1}{3}\frac{a^2 k\sinh(kX)\left(\cosh^2(kX)-1\right)}{\cosh^3(kX)}. \tag{4.47}$$

将式 (4.42)~式 (4.47) 代入解 (4.21), 设不定积分的常数为零, 然后固定参数 k, V, C_1, C_2, δ_1 为

$$a = 0.7, k = 0.4, V = 0.9, C_1 = 3, C_2 = 2, \lambda = 2, \delta_1 = 0.6, \qquad (4.48)$$

我们能得到系统 (4.2) 的一种新环形孤立波, 如图 4.5 所示. 图 4.6 显示的是坐标 $u - x$ 下的不同 δ_1 的孤立波形状.

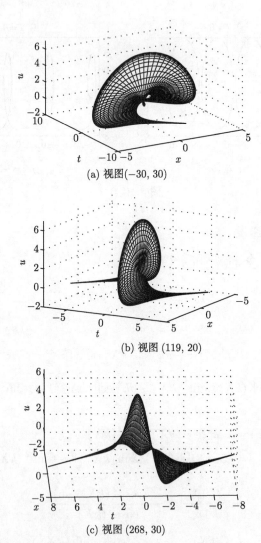

图 4.5 系统 (4.2) 不同视图下的孤立波. 解 (4.21) 中 $f(X), g(T)$ 取式 (4.41), $a, k, V, C_1, C_2, \lambda, \delta_1$ 取式 (4.48)

4.3 Vakhnenko 系统的激发孤立波

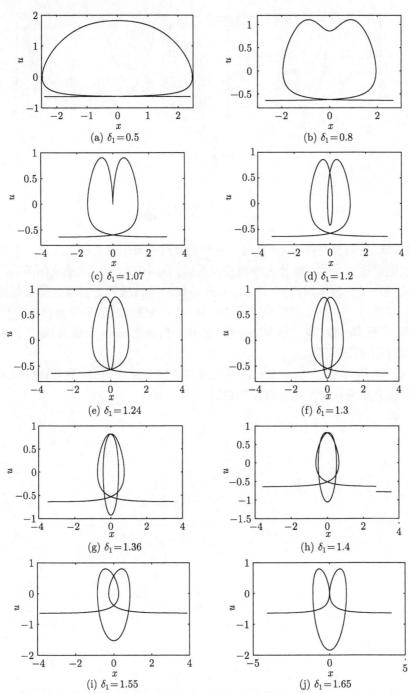

图 4.6 系统 (4.2) 的环孤立波. 解 (4.21) 中 $f(X), g(T)$ 取式 (4.41), $a, k, V, C_1, C_2, \lambda, \delta_1$ 取式 (4.48), δ_1 取不同值

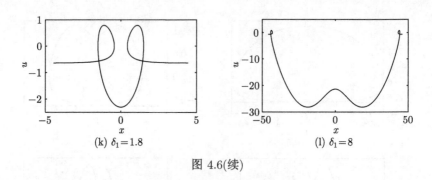

(k) $\delta_1 = 1.8$ (l) $\delta_1 = 8$

图 4.6(续)

4.4 本章小结

在本章, 我们首先将 (G'/G) 展开法中的线性行波变换扩展成为任意函数的变换, 通过选定该变换的某些特定分离变量形式, 获得 Vakhnenko 系统的多类广义行波解. 这些广义行波解对研究 Vakhnenko 系统的波传播的丰富特性是最基础性的工作. 本章的另一重点工作是研究了 Vakhnenko 系统的波的激发与传播控制问题. 我们选定了两类函数, 即三角周期函数 sin 和双曲函数 tanh 为例, 讨论了周期波和环孤立波对参数的依赖.

本章的结果丰富了 Vakhnenko 系统波传播的多样性研究. 随着计算技术的进步, 可能会有更为新奇的孤立波结构被发现.

第 5 章　扩展的 Riccati 映射法与一类广义 Vakhnenko 系统广义行波解

应用扩展的 Riccati 映射法获得一类带参数的 Vakhnenko 系统的广义行波解, 通过选取一类三角函数和一类 Jacobi 椭圆函数, 激发两类新颖的波传播形式; 分别讨论系统参数和激发解参数对波传播的控制问题. 结果表明, 参数能够决定波的传播形式.

5.1　Riccati 映射法

Malfiet 于 1992 年系统地提出构造非线性演化系统孤立波解的 Tanh 函数展开法. 范恩贵教授于 2001 年将其扩展, 提出了扩展的 Tanh 函数展开法. 随后, 人们在此基础上逐渐形成了更为系统化的 Riccati 映射法. 本节我们简要介绍 Tanh 函数展开法和 Riccati 映射法.

5.1.1　Tanh 函数展开法

对给定的非线性演化系统

$$F(u, u_x, u_t, u_{xx}, u_{xt}, u_{tt}, \cdots) = 0, \tag{5.1}$$

其中 $u = u(x, t)$, F 是关于 u 及 u 的各阶偏导数的多项式.

可设其有如下形式的孤立波解

$$u(x, t) = u(\xi) = \sum_{i=0}^{n} a_i (\tanh \xi)^i, \tag{5.2}$$

其中 $\xi = k(x - ct) + \xi_0$ 为行波变换, ξ_0 为任意常数, n 为待定的正整数, a_i $(i = 0, 1, 2, \cdots, n)$ 为待定常数.

接下来, 由齐次平衡原则平衡方程 (5.1) 中非线性项和最高阶导数项, 确定 n. 然后, 将式 (5.2) 代入方程 (5.1), 合并 $\tanh \xi$ 各阶幂次, 并令同幂次的系数为零, 得到一个关于 $k, c, a_0, a_1, a_2, \cdots, a_n$ 的代数方程组. 求解该代数方程组可确定 $k, c, a_0, a_1, a_2, \cdots, a_n$. 最后将 $k, c, a_0, a_1, a_2, \cdots, a_n$ 代入式 (5.2) 即可得到方程 (5.1) 的孤立波解.

5.1.2 Riccati 映射法

将 Tanh 函数展开法中的函数 Tanh 换成函数 ϕ, 而 ϕ 满足某一形式的 Riccati 方程, 再由已知的 Riccati 方程的解就能够构造出相应非线性演化系统的解.

下面简要介绍 Riccati 映射法的基本步骤.

对于给定的非线性演化系统 (5.1), 假设其有如下形式的解:

$$u(x,t) = u(\xi) = \sum_{i=0}^{n} a_i \phi^i(\xi), \quad \xi = k(x-ct) + \xi_0, \tag{5.3}$$

其中 ϕ 满足如下形式的 Riccati 方程

$$\phi' = \sigma + \phi^2, \tag{5.4}$$

这里的 σ 为任意常数, 而 k, c, a_i $(i=0,1,2,\cdots,n)$ 为待定常数.

先由齐次平衡原则确定式 (5.3) 中的 n, 然后将式 (5.3) 和式 (5.4) 代入原方程后合并 ϕ 的同幂次项, 并令其系数为零, 得到一个关于 k, c, a_i, σ 的代数方程组, 求解该代数方程组可确定式 (5.3) 中的系数.

对于 ϕ, 根据常数 σ 的不同取值范围确定如下三种类型的解.

(1) 当 $\sigma < 0$ 时,

$$\phi = -\sqrt{-\sigma} \tanh \sqrt{-\sigma} \xi$$

或

$$\phi = -\sqrt{-\sigma} \coth \sqrt{-\sigma} \xi;$$

(2) 当 $\sigma > 0$ 时,

$$\phi = \sqrt{\sigma} \tan \sqrt{\sigma} \xi$$

或

$$\phi = -\sqrt{\sigma} \cot \sqrt{\sigma} \xi;$$

(3) 当 $\sigma = 0$ 时,

$$\phi = -\frac{1}{\xi}.$$

最后, 将 ϕ 代入式 (5.3) 就可得到原方程的三种类型的解, 其中第一种为孤立波解, 第二种为周期函数解, 第三种为有理函数解.

下面举一个例子来说明 Riccati 映射法的使用.

考虑如下形式的 (1+1) 维 Burgers 方程

$$u_t + 2uu_x - u_{xx} = 0. \tag{5.5}$$

5.1 Riccati 映射法

首先设方程 (5.5) 有形如式 (5.3) 的解, 并且 ϕ 满足 Riccati 方程 (5.4).

应用齐次平衡原则平衡方程 (5.5) 中的 uu_x 和 u_{xx} 可得式 (5.3) 中的 $n=1$. 这样, 方程 (5.5) 的解可写为

$$u = a_0 + a_1\phi(\xi), \quad \xi = k(x-ct)+\xi_0. \tag{5.6}$$

经计算可得

$$u_t = -kca_1(\sigma+\phi^2),$$
$$2uu_x = 2ka_1(\sigma a_0 + \sigma a_1\phi + a_0\phi^2 + a_1\phi^3),$$
$$u_{xx} = 2k^2 a_1(\sigma\phi+\phi^3).$$

将 $u_t, 2uu_x, u_{xx}$ 代入方程 (5.5) 中, 合并 ϕ 的同幂次项并令其系数为零得到一个关于 k,c,a_0,a_1 方程组

$$\phi^3: \quad 2ka_1^2 - 2k^2 a_1 = 0, \tag{5.7}$$

$$\phi^2: \quad -kca_1 + 2ka_1 a_0 = 0, \tag{5.8}$$

$$\phi: \quad 2ka_1^2\sigma - 2k^2 a_1\sigma = 0, \tag{5.9}$$

$$\phi^0: \quad -kca_1\sigma + 2ka_1 a_0\sigma = 0. \tag{5.10}$$

解代数方程 (5.7)~方程 (5.10) 可得

$$a_0 = a_0, \quad a_1 = k, \quad c = 2a_0, \tag{5.11}$$

其中 a_0 和 k 为任意常数.

将式 (5.11) 代入到式 (5.6) 并结合方程 (5.4) 的解可得 (1+1) 维 Burgers 方程 (5.5) 的三种类型解.

情形 1 当 $\sigma<0$ 时, 方程 (5.5) 有如下孤立波解

$$u_1 = a_0 - k\sqrt{-\sigma}\tanh\left\{-\sqrt{-\sigma}[k(x-2a_0 t)+\xi_0]\right\},$$
$$u_2 = a_0 - k\sqrt{-\sigma}\coth\left\{-\sqrt{-\sigma}[k(x-2a_0 t)+\xi_0]\right\}.$$

情形 2 当 $\sigma>0$ 时, 方程 (5.5) 有如下周期波解

$$u_3 = a_0 + k\sqrt{\sigma}\tan\left\{\sqrt{\sigma}[k(x-2a_0 t)+\xi_0]\right\},$$
$$u_4 = a_0 - k\sqrt{\sigma}\cot\left\{\sqrt{\sigma}[k(x-2a_0 t)+\xi_0]\right\}.$$

情形 3 当 $\sigma=0$ 时, 方程 (5.5) 有如下有理函数解

$$u_5 = a_0 - \frac{k}{k(x-2a_0 t)+\xi_0}.$$

5.2　一类广义 Vakhnenko 系统的广义行波解

考虑如下的广义 Vakhnenko 系统

$$\frac{\partial}{\partial x}\left(\mathscr{D}^2 u + \frac{1}{2}pu^2\right) + p\mathscr{D}u = 0, \quad \mathscr{D} := \frac{\partial}{\partial t} + u\frac{\partial}{\partial x}, \tag{5.12}$$

其中 p 为任意非零常数.

现在我们应用扩展的 Riccati 映射法求系统 (5.12) 的非行波解.

首先, 我们还是先引用新变量和新函数, 将原方程进行变换. 引用独立变量 X 和 T,

$$x = T + \int_{-\infty}^{X} U(X', T)\mathrm{d}X' + x_0, \quad t = X, \tag{5.13}$$

其中 $u(x,t) = U(X,T)$, x_0 为常数. 再引用函数 W

$$W(X,T) = \int_{-\infty}^{X} U(X', T)\mathrm{d}X'. \tag{5.14}$$

由式 (5.13) 和式 (5.14) 可得

$$W_X(X,T) = U(X,T), \quad W_T = \int_{-\infty}^{X} U_T(X', T)\mathrm{d}X'. \tag{5.15}$$

$$\frac{\partial}{\partial X} = \frac{\partial}{\partial t} + u\frac{\partial}{\partial x}, \quad \frac{\partial}{\partial T} = (1 + W_T)\frac{\partial}{\partial x}. \tag{5.16}$$

在上述变换下, 系统 (5.12) 可转化为如下的新系统

$$W_{XXXT} + pW_X W_{XT} + pW_{XX} + pW_{XX} W_T = 0. \tag{5.17}$$

对系统 (5.17) 中的变量 X 积分一次, 并令积分常数为零, 可得

$$W_{XXT} + pW_X W_T + pW_X = 0. \tag{5.18}$$

设系统 (5.18) 的解可表示为

$$W(X,T) = \sum_{i=0}^{n} a_i(X,T)\phi^i(q), \tag{5.19}$$

其中 $a_i(X,T)$ $(i = 0,1,2,\cdots,n)$ 为所示变量的待定函数, 且 $a_n \neq 0$. $q = q(X,T)$ 为变量 X 和 T 的函数, $\phi(q)$ 满足如下的 Riccati 常微方程

$$\phi'(q) = \sigma + \phi^2(q), \tag{5.20}$$

5.2 一类广义 Vakhnenko 系统的广义行波解

其中 σ 为任意常数.

对系统 (5.18) 应用齐次平衡原则可得 $n+3 = 2(n+1) \Rightarrow n = 1$. 这样, 系统 (5.18) 的解 (5.19) 可重新写为

$$W(X,T) = a_0 + a_1\phi(q), \tag{5.21}$$

其中 $a_0 = a_0(X,T), a_1 = a_1(X,T) \neq 0, q = q(X,T)$.

我们仍采用下面的记号: $a_{iX} = \dfrac{\partial a_i(X,T)}{\partial X}, a_{iT} = \dfrac{\partial a_i(X,T)}{\partial T}, q_X = \dfrac{\partial q(X,T)}{\partial X},$ $q_T = \dfrac{\partial q(X,T)}{\partial T}$ $(i = 0,1)$ 等.

由式 (5.21) 我们可计算得到 $W_X, W_{XXT}, W_X W_T$. 然后将它们代入 (5.18), 合并 ϕ 的同类项, 再令每个关于 ϕ 项的系数为零, 我们可得到一个关于 a_0, a_1 的超定方程组

$$\phi^4 : 6a_1 q_X^2 q_T + p a_1^2 q_X q_T = 0, \tag{5.22}$$

$$\phi^3 : p(a_1 a_{1X} q_T + a_1 a_{1T} q_X) + 2(a_1 q_X^2)_T + 2q_T[(a_1 q_X)_X + a_{1X} q_X] = 0, \tag{5.23}$$

$$\phi^2 : (a_1 q_X)_{XT} + (a_{1X} q_X)_T + q_T(a_{1XX} + 2\sigma a_1 q_X^2) + 6\sigma a_1 q_X^2 q_T + p a_1 q_X$$
$$+ p[a_{1X} a_{1T} + a_1 q_T(a_{0X} + \sigma a_1 q_X) + a_1 q_X(a_{0T} + \sigma a_1 q_T)] = 0, \tag{5.24}$$

$$\phi : a_{1XXT} + 2\sigma(a_1 q_X^2)_T + 2\sigma q_T[(a_1 q_X)_X + a_{1X} q_X] + p a_{1X}$$
$$+ p[a_{1T}(a_{0X} + \sigma a_1 q_X) + a_{1X}(a_{0T} + \sigma a_1 q_T)] = 0, \tag{5.25}$$

$$\phi^0 : a_{0XXT} + \sigma(a_1 q_X)_{XT} + \sigma(a_{1X} q_X)_T + \sigma q_T(a_{1XX} + 2\sigma a_1 q_X^2)$$
$$+ p(a_{0X} + \sigma a_1 q_X)(a_{0T} + \sigma a_1 q_T) + p(a_{0X} + \sigma a_1 q_X) = 0. \tag{5.26}$$

我们考虑 q 为如下分离变量形式

$$q(X,T) = f(X) + VT, \tag{5.27}$$

其中 V 为常数.

求解方程 (5.22)$\sim$ 方程 (5.26) 可得关于 a_0, a_1 的一组解

$$a_0(X,T) = -T + \int\left[\frac{4\sigma}{p}f'^2(X) - \frac{1}{p}\frac{f'''(X)}{f'(X)}\right]dX, \quad a_1(X,T) = -\frac{6}{p}f'(X). \tag{5.28}$$

经计算可得到系统 (5.12) 的一组双曲函数解

$$\begin{cases} x = \displaystyle\int\left(-\frac{f'''(X)}{pf'(X)} + \frac{4\sigma}{p}f'^2(X)\right)dX - \frac{6}{p}f'(X)\phi(q) + x_0, \\ t = X, \\ u(x,t) = -\dfrac{f'''(X)}{pf'(X)} - \dfrac{2\sigma}{p}f'^2(X) - \dfrac{6}{p}f''(X)\phi(q) - \dfrac{6}{p}f'^2(X)\phi^2(q), \end{cases} \tag{5.29}$$

其中 x_0 为常数, $\phi(q)$ 满足

$$\phi(q) = \begin{cases} -\sqrt{-\sigma}\tanh(\sqrt{-\sigma}q), & \sigma < 0, \\ \sqrt{\sigma}\tanh(\sqrt{\sigma}q), & \sigma > 0, \end{cases} \tag{5.30}$$

其中 $q = f(X) + VT$.

用同样的方法也可计算得到系统 (5.12) 的三角函数解和有理函数解, 本章略去. 下面我们将考虑应用 $q = f(X) + VT$ 中函数 $f(X)$ 的任意性, 对系统 (5.12) 进行激发研究. 分为单环孤立波与双环孤立波两种情形.

5.3 单环孤立波激发

对于系统 (5.12) 的广义行波解 (5.29), 选定 $f(X)$ 为

$$f(X) = a\tanh(kX), \tag{5.31}$$

其中 a 和 k 为任意实常数.

将式 (5.31) 代入式 (5.29), 经计算可得

$$\begin{cases} x = -\dfrac{4k^2}{p}X + \dfrac{2k}{p}(3+2\sigma a^2)\tanh(kx) - \dfrac{4\sigma a^2 k}{3p}\tanh^3(kx) - \dfrac{6ak}{p}\text{sech}^2(kX)\phi(q), \\ t = X, \\ u(x,t) = -\dfrac{4k^2}{p} + \dfrac{6k^2}{p}\text{sech}^2(kX) - \dfrac{2\sigma a^2 k^2}{p}\text{sech}^4(kX) \\ \qquad\quad + \dfrac{12ak^2}{p}\tanh(kx)\text{sech}^2(kX)\phi(q) - \dfrac{6}{p}a^2 k^2\text{sech}^4(kx)\phi^2(q), \end{cases} \tag{5.32}$$

其中 $\phi(q)$ 由式 (5.30) 给出.

图 5.1 给出了解 (5.32) 的在坐标为 $x-t-u$ 下不同视角的图形. 图 5.2~图 5.4 为坐标 $x-u$ 下的图形. 所有图形显示解 (5.32) 为单环孤立波. 图 5.2 显示了在孤立波随变量 T 变化过程, 孤立波在发生位移变化的同时, 从对称变为非对称形状, 另外, 我们从图 5.3 看出, 式 (5.31) 中的参数 a 能影响孤立波传播, 不但对振幅影响较大, 同时对形状也有明显控制作用. 在文献 [103] 中, 单环孤立波均为图 5.3(a) 的形状, 而图 5.2 和图 5.3(b)~(c) 显示孤立波会在环状附近形成"下陷"现象, 这是我们发现系统 (5.12) 的一个新特征.

σ 对孤立波的传播有较大影响. 如图 5.8 所示, 当 σ 从小于零方向接近零时, 孤立波几乎为对称状, 但是, 随 σ 变小 (注意: σ 只能取负值), 孤立波的环快速缩小, 而同时在环的左侧形成越来越大的波谷, 这说明环孤立波的传播过程中有能量转换现象.

5.3 单环孤立波激发

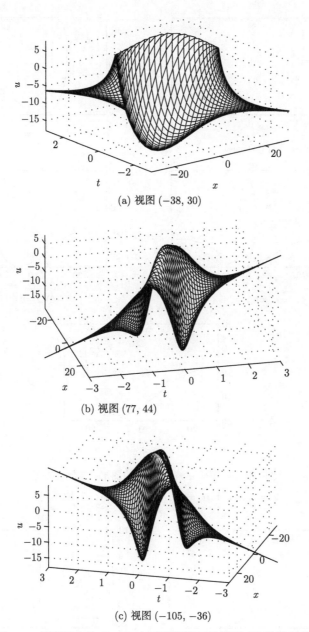

(a) 视图 (−38, 30)

(b) 视图 (77, 44)

(c) 视图 (−105, −36)

图 5.1　单环孤立波 (5.32) 在不同视图下的图形. 参数设置为 $V=1, k=1, p=0.5, \sigma=-3, a=0.8$

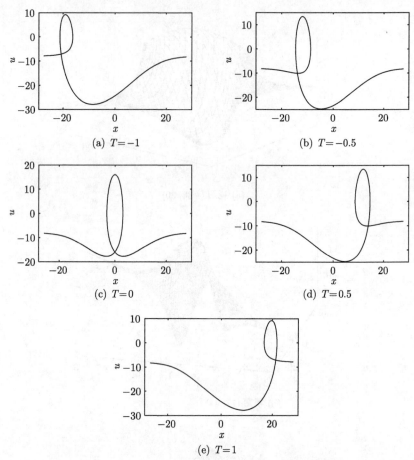

图 5.2 单环孤立波 (5.32) 的图形. 参数设置为
$V=1, k=1, p=0.5, \sigma=-3, a=1, T$ 取不同值

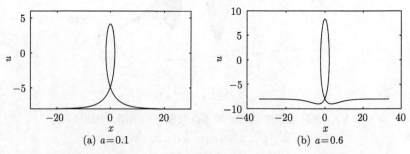

图 5.3 参数 a 对单环孤立波 (5.32) 的影响. 设置为
$V=1, k=1, p=0.5, \sigma=-3, T=0, a$ 取不同值

5.3 单环孤立波激发

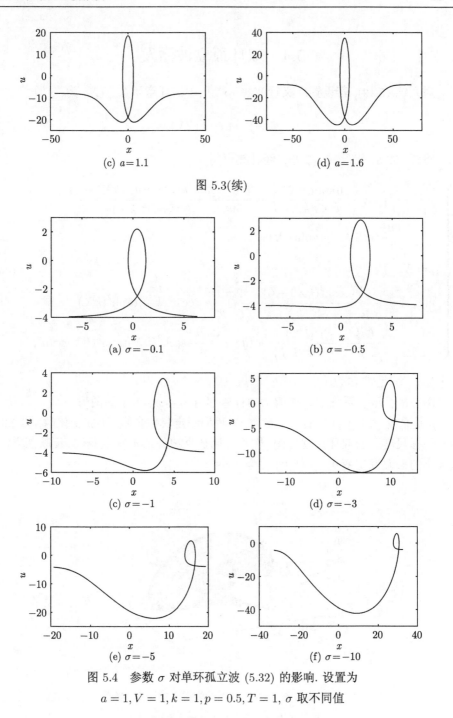

(c) $a=1.1$

(d) $a=1.6$

图 5.3(续)

(a) $\sigma=-0.1$

(b) $\sigma=-0.5$

(c) $\sigma=-1$

(d) $\sigma=-3$

(e) $\sigma=-5$

(f) $\sigma=-10$

图 5.4 参数 σ 对单环孤立波 (5.32) 的影响. 设置为 $a=1, V=1, k=1, p=0.5, T=1$, σ 取不同值

5.4 双环孤立波激发

对系统 (5.12), 若设置广义行波解 (5.29) 中的任意函数 $f(X)$ 为

$$f(X) = a\,\mathrm{sech}(kX). \tag{5.33}$$

将式 (5.33) 代入式 (5.29), 经计算可得

$$\begin{cases} x = -\dfrac{k}{p}\left(kX - \dfrac{6\sinh(kX)}{\cosh(kX)}\right) + \dfrac{4\sigma a^2 k}{3p}\dfrac{\sinh(kX)\left(\cosh^2(kX)-1\right)}{\cosh^2(kX)} \\ \qquad -\dfrac{6ak}{p}\mathrm{sech}(kX)\tanh(kX), \\ t = X, \\ u(x,t) = -\dfrac{k^2}{p}\dfrac{\left(\cosh^2(kX)-6\right)}{\cosh^2(kX)} - \dfrac{2\sigma a^2 k^2}{p}\mathrm{sech}^2(kX)\tanh^2(kX) \\ \qquad -\dfrac{6ak^2}{p}\dfrac{\cosh^2(kX)-2}{\cosh^2(kX)}\phi(q) - \dfrac{6a^2 k^2}{p}\mathrm{sech}^2(kX)\tanh^2(kX)\phi^2(q), \end{cases} \tag{5.34}$$

其中 $\phi(q)$ 满足式 (5.30).

图 5.5 显示了系统 (5.12) 解 (5.34) 在坐标 $u-x-t$ 下的图形.

p 是系统 (5.12) 自身的一个参数, 当我们固定其他参数, 让 p 变化时, 图 5.6 是相同坐标尺度下的双环孤立波图, 图形表明孤立波外形不发生变化, 反映孤立波能量大小的振幅发生变化. p 越大, 振幅越小.

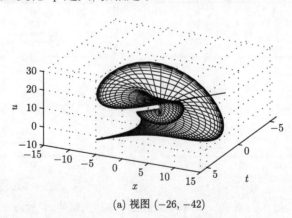

(a) 视图 $(-26, -42)$

图 5.5 双环孤立波 (5.34) 在不同视图下的图形. 参数设置为
$V=1, k=1, p=0.5, \sigma=-3, a=0.8$

5.4 双环孤立波激发

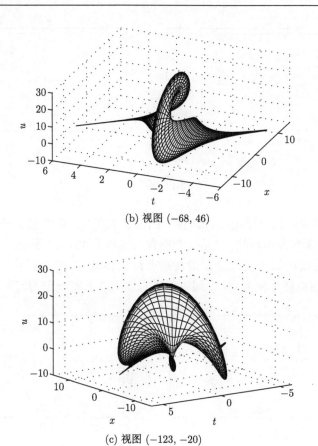

(b) 视图 $(-68, 46)$

(c) 视图 $(-123, -20)$

图 5.5(续)

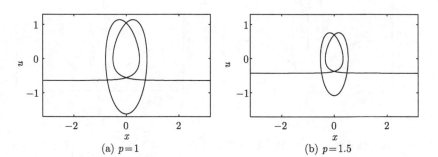

(a) $p=1$

(b) $p=1.5$

图 5.6 系统参数 p 对双环孤立波 (5.34) 的影响. 设置为 $a=0.5, V=1, k=1, \sigma=-8, T=0$, p 取不同值

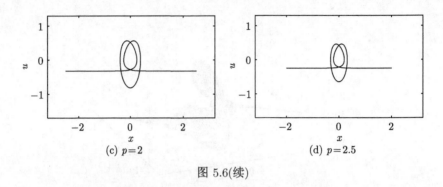

图 5.6(续)

变量 T 对双环孤立波 (5.34) 传播时的形状表现为: 随 T 变大, 孤立波被挤压, 并且由双环状渐变为单环状, 这是一个奇特的现象. 如图 5.7 所示.

参数 σ 对双环孤立波 (5.34) 的传播有较大影响. 如图 5.8 所示, 随着 σ 的变化, 孤立波可由单环分化为双环, 同时对孤立波的能量有一定的控制作用.

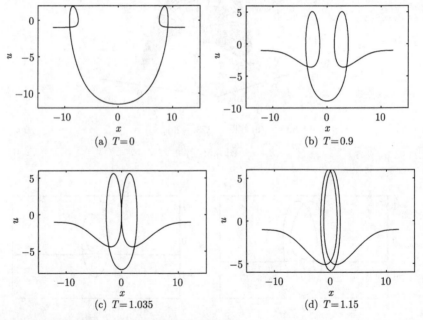

图 5.7 T 对双环孤立波 (5.34) 的影响. 设置为 $V=1, k=1, p=1, \sigma=-3, a=-1.6, T$ 取不同值

5.4 双环孤立波激发

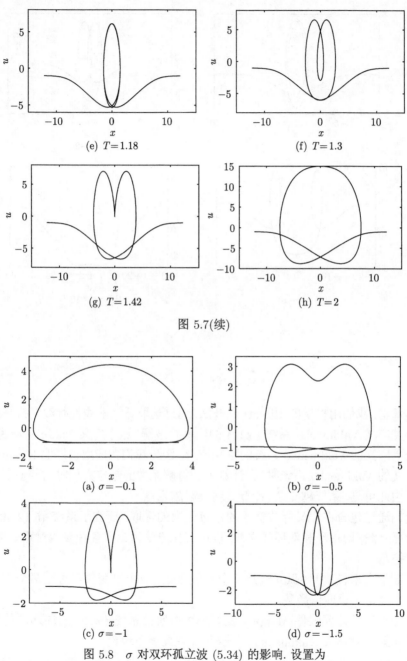

图 5.7(续)

图 5.8 σ 对双环孤立波 (5.34) 的影响. 设置为 $V=1, k=1, p=1, T=1, a=-1.6, \sigma$ 取不同值

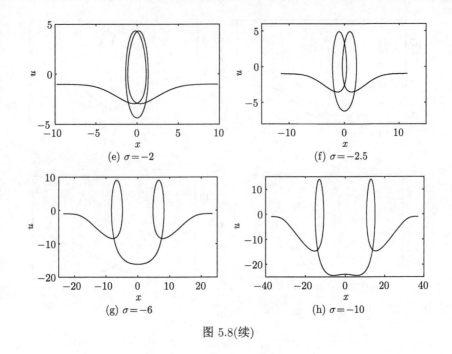

图 5.8(续)

5.5 本章小结

本章里, 我们用扩展的 Riccati 展开法, 通过选取适当非线性行波变换形式, 构造出一类广义 Vakhnenko 系统 (5.12) 的广义行波解. 这个广义 Vakhnenko 系统实际上是更广义的 Vakhnenko 系统的特殊情形. 因为我们在应用扩展的 Riccati 展开法到广义的 Vakhnenko 系统时, 在计算关于待解系数的超定方程时, 得到系统参数 $\beta = 0$. 由此可见, 系统越复杂, 计算其精确解越困难.

我们通过包含在广义行波解中的任意函数的选取, 研究了系统 (5.12) 的两类特殊的孤立波, 即单环和双环孤立波, 以可视化方法讨论了各种参数对系统孤立波的传播控制.

从数学上来说, 单环孤立波是一个双值函数 (一个自变量可对应两个因变量), 双环孤立波是一个四值函数.

借助于符号计算软件 Mapple, 我们还可以研究系统 (5.12) 的周期波传播, 这种情形与第 4 章研究 Vakhnenko 系统相似, 在此就不讨论了.

对于更为复杂的函数的激发与控制, 受限于广义行波解 (5.29) 中的函数 $f(X)$ 的积分计算, 已经无法得到其解析表达式, 因此用精确的方法暂时无法讨论.

第6章 改进的 Hirota 法与广义扩展 Vakhnenko 系统

引入改进的 Hirota 法, 获得扩展广义 Vakhnenko 系统的 N 孤立波. 通过设置适当的参数, 用可视化方法研究多孤立波的传播与交互过程, 较为全面地揭示该系统多孤立波的交互特征, 发现若干新的三孤立波交互形式.

6.1 Hirota 双线性法

日本科学家 Hirota 于 1971 年提出一种求解非线性演化系统多孤立波解的直接方法, 即 Hirota 双线性法. 本节首先引入 Hirota 双线性算子, 介绍 Hirota 双线性法和改进的 Hirota 双线性法, 然后将其应用于计算广义扩展 Vakhnenko 方程的多孤立波解.

6.1.1 Hirota 双线性算子及其性质

Hirota 首先引入了如下形式的微分算子

$$D_x^m D_t^n f \cdot g = (\partial_x - \partial_{x'})^m (\partial_t - \partial_{t'})^n f(x,t)g(x',t')|_{x'=x,t'=t}, \tag{6.1}$$

其中 $f(x,t), g(x,t)$ 是变量 x,t 的可微函数, m,n 为非负整数, D_x, D_t 称为 Hirota 双线性算子.

Hirota 双线性算子具有如下一些性质.

性质 1 若 $m+n$ 是奇数, 则

$$D_x^m D_t^n f \cdot f = 0.$$

性质 2

$$D_x^m D_t^n f \cdot g = (-1)^{m+n} D_x^m D_t^n g \cdot f.$$

性质 3

$$D_x f \cdot g = 0 \Leftrightarrow f = kg \quad (k \text{为常数}).$$

性质 4

$$D_t^s D_x^r (\eta_1 \eta_2 \cdots \eta_h e^{\xi_1}) \cdot (\eta_{h+1} \eta_{h+2} \cdots \eta_m e^{\xi_2})$$
$$= e^{(\xi_1+\xi_2)} \sum \prod_{p=1}^{h} (\eta_p + \alpha_p \partial_{k_1} + \beta_p \partial_{w_1})$$
$$\times \sum \prod_{q=h+1}^{m} (\eta_q + \alpha_q \partial_{k_2} + \beta_q \partial_{w_2})(w_1 - w_2)^s (k_1 - k_2)^r,$$

其中 $\xi_j = w_j t + k_j x + \xi_j^{(0)}, \eta_j = \beta_j t + \alpha_j x + \eta_j^{(0)} (j = 1, 2, \cdots, m)$，且 α_j, β_j 和 $\xi_j^{(0)}, \eta_j^{(0)}$ 都是实数.

特别地，当式 (6.1) 中取 $m=1, n=0$ 时有 $D_x(f \cdot g) = f_x g - f g_x$. 而普通算子 ∂_x 的定义为 $\partial_x(f \cdot g) = f_x g + f g_x$.

类似地，当式 (6.1) 中取 $m=2, n=0$ 或 $m=1, n=1$ 时来比较 Hirota 双线性算子与普通算子的区别.

6.1.2 Hirota 双线性法步骤

Hirota 双线性法求解非线性演化系统的第一步是双线性化，即通过引入适当的变量变换将原方程化为可用 D_x 和 D_t 表示的双线性形式. 常用的变换包括有理型变换、对数型变换和 Painlevé 截断展开型变换等. 第二步是对得到的双线性化的方程求解. 第三步是回代双线性化的变量变换，可得到原非线性演化系统的精确解.

6.1.3 改进的 Hirota 双线性法求解

改进的 Hirota 双线性法能够以更为直接的方式计算出非线性演化系统的多孤立波解.

对一般形式的非线性演化系统

$$F(u, u_t, u_x, u_{xx}, u_{xt}, \cdots) = 0, \tag{6.2}$$

其中 $u = u(x, t)$, F 是关于 u 及 u 的各阶偏导数的多项式.

将

$$u(x, t) = e^{2k_i(x - c_i t)} \tag{6.3}$$

代入到方程 (6.2) 的线性项中来确定 k_i 和 c_i ($i = 1, 2, \cdots, n$). 将方程 (6.2) 的单孤立波解

$$u(x, t) = A \frac{\partial^2 \ln f(x, t)}{\partial x^2} = A \frac{f f_{xx} - (f_x)^2}{f^2} \tag{6.4}$$

代入到方程 (6.2) 中，其中函数 f 为

$$f(x, t) = 1 + e^{2\eta_i}, \tag{6.5}$$

其中
$$\eta_i = k_i(x - c_i t), \quad i = 1, 2, \cdots, N. \tag{6.6}$$
A 为待定常数.

求解代入后可得到 A, 通过使用下列形式的 $f(x,t)$, 可计算得到方程 (6.2) 的多孤立波解.

(1) 对于耗散关系, 使用
$$u(x,t) = e^{2\eta_i}, \quad \eta_i = k_i(x - c_i t). \tag{6.7}$$

(2) 对于单孤立波解, 使用
$$f = 1 + e^{2\eta_1}. \tag{6.8}$$

(3) 对于双孤立波解, 使用
$$f = 1 + e^{2\eta_1} + e^{2\eta_2} + a_{12} e^{2(\eta_1 + \eta_2)}. \tag{6.9}$$

(4) 对于 3 孤立波解, 使用
$$\begin{aligned} f = {} & 1 + e^{2\eta_1} + e^{2\eta_2} + e^{2\eta_3} + a_{12} e^{2(\eta_1 + \eta_2)} \\ & + a_{13} e^{2(\eta_1 + \eta_3)} + a_{23} e^{2(\eta_2 + \eta_3)} + b_{123} e^{2(\eta_1 + \eta_2 + \eta_3)}. \end{aligned} \tag{6.10}$$

通过式 (6.7) 来确定耗散关系, 通过式 (6.9) 来确定 a_{12}, 进而确定 a_{ij}. 最后通过式 (6.10) 来确定 b_{123}, 并且在绝大多数情况下成立 $b_{123} = a_{12} a_{13} a_{23}$. 如果 3 孤立波解存在, 则能保证 N $(N > 3)$ 孤立波解也存在. 因此, 以同样的方法可获得方程 (6.2) 的 N 孤立波解.

下面我们先应用改进的 Hirota 双线性法来研究一个工程中的多孤立波应用问题.

6.2 改进的 Hirota 双线性法的一个应用

6.2.1 耗散 Zabolotskaya-Khokhlov 系统

下面是一个 (2+1) 维耗散 Zabolotskaya-Khokhlov 系统 (DZKS)
$$(u_t + u u_x - u_{xx})_x + u_{yy} = 0. \tag{6.11}$$

系统 (6.11) 可以模型化声波在无色散和吸收环境, 但伴有轻度非线性耗散因素的介质中传播过程[89-92], 有些学者对其进行了相关研究[93-98].

6.2.2 耗散 Zabolotskaya-Khokhlov 系统的光滑 N 孤立波

1. 光滑单孤立波

按照 6.1 节中引入的改进的 Hirota 双线性法，我们设

$$u = A\frac{f_x}{f}, \tag{6.12}$$

其中 A 为待定常数. f 为改进的 Hirota 双线性法中的函数，表示为

$$f = 1 + e^{\xi}, \tag{6.13}$$

其中 $\xi = kx + ly - ct$, k, l, c 均为常数.

将式 (6.13) 代入式 (6.12) 可得

$$u = A\frac{ke^{\xi}}{1+e^{\xi}} = \frac{1}{2}Ak\left(1 + \tanh\frac{\xi}{2}\right) \tag{6.14}$$

和

$$u_{tx} = \frac{1}{4}Ak^2 c\,\text{sech}^2\frac{\xi}{2}\tanh\frac{\xi}{2}, \tag{6.15}$$

$$u_{yy} = -\frac{1}{4}Akl^2\text{sech}^2\frac{\xi}{2}\tanh\frac{\xi}{2}, \tag{6.16}$$

$$u_{xxx} = -\frac{3}{8}Ak^4\text{sech}^4\frac{\xi}{2} + \frac{1}{4}Ak^4\text{sech}^2\frac{\xi}{2}, \tag{6.17}$$

$$(uu_x)_x = -\frac{1}{A}k^4\text{sech}^2\frac{\xi}{2}\tanh\frac{\xi}{2} + \frac{3}{16}A^2k^4\text{sech}^4\frac{\xi}{2} - \frac{1}{8}A^2k^4\text{sech}^2\frac{\xi}{2}. \tag{6.18}$$

将式 (6.15)～式 (6.18) 代入系统 (6.11)，我们有

$$\frac{3}{8}Ak^4\left(1+\frac{1}{2}A\right)\text{sech}^4\frac{\xi}{2} + \frac{1}{4}Ak\left(kc+\frac{1}{2}Ak^3-l^2\right)\text{sech}^2\frac{\xi}{2}\tanh\frac{\xi}{2}$$
$$-\frac{1}{4}Ak\left(1+\frac{1}{2}A\right)\text{sech}^2\frac{\xi}{2} = 0. \tag{6.19}$$

对于式 (6.19)，令 $\text{sech}^4\frac{\xi}{4}$, $\text{sech}^2\frac{\xi}{2}$ 和 $\text{sech}^2\frac{\xi}{2}\tanh\frac{\xi}{2}$ 的系数为零可得

$$1 + \frac{1}{2}A = 0, \tag{6.20}$$

$$kc + \frac{1}{2}Ak^3 - l^2 = 0. \tag{6.21}$$

解式 (6.20) 和式 (6.21) 可得

$$A = -2, \tag{6.22}$$

6.2 改进的 Hirota 双线性法的一个应用

$$c = \frac{1}{k}(l^2 - k^3). \tag{6.23}$$

因此，耗散 Zabolotskaya-Khokhlov 系统 (6.11) 的光滑单孤立波为

$$u(x,y,t) = -k - k\tanh\frac{1}{2}\left(kx + ly - \frac{l^2 - k^3}{k}t\right). \tag{6.24}$$

2. 光滑二孤立波

将 $u = -2\dfrac{f_x}{f}$ 代入系统 (6.11) 可得

$$\begin{aligned}&f^2(f_{xxxx} - f_{xxt} - f_{xyy}) + f(f_{xx}f_t + f_xf_{yy} - f_{xx}^2 \\ &+ 2f_xf_{xt} + 2f_yf_{xy} - 2f_xf_{xxx}) + 2f_x(f_xf_{xx} - f_xf_t - f_y^2) = 0,\end{aligned} \tag{6.25}$$

与计算单孤立波的过程类似，我们令

$$f = 1 + e^{\xi_1} + e^{\xi_2} + a_{12}e^{(\xi_1+\xi_2)}, \tag{6.26}$$

其中 $\xi_i = k_ix + l_iy - c_it$, $c_i = \dfrac{1}{k_i}(l_i^2 - k_i^3)$, $i = 1,2$.

为简化求解过程，我们设 $k_i = sl_i$, 即 $\xi_i = k_ix + sk_iy - (s^2k_i - k_i^2)t$. 经计算可得

$$f_y = sf_x,$$
$$f_{xy} = sf_{xx},$$
$$f_{yy} = s^2f_{xx},$$
$$f_{xyy} = s^2f_{xxx},$$
$$f_t = -s^2f_x + f_{xx} - 2k_1k_2a_{12}e^{\xi_1+\xi_2},$$
$$f_{xt} = -s^2f_{xx} + f_{xxx} - 2k_1k_2(k_1+k_2)a_{12}e^{\xi_1+\xi_2},$$
$$f_{xxt} = -s^2f_{xxx} + f_{xxxx} - 2k_1k_2(k_1+k_2)^2a_{12}e^{\xi_1+\xi_2}.$$

因此

$$f_{xxxx} - f_{xxt} - f_{xyy} = 2k_1k_2(k_1+k_2)^2a_{12}e^{\xi_1+\xi_2}, \tag{6.27}$$

$$\begin{aligned}&f_{xx}f_t + f_xf_{yy} - f_{xx}^2 + 2f_xf_{xt} + 2f_yf_{xy} - 2f_xf_{xxx} \\ &= -2k_1k_2[f_{xx} + 2(k_1+k_2)f_x]a_{12}e^{\xi_1+\xi_2},\end{aligned} \tag{6.28}$$

$$2f_xf_{xx} - 2f_xf_t - 2f_y^2 = 4k_1k_2a_{12}f_xe^{\xi_1+\xi_2}. \tag{6.29}$$

将式 (6.27)~ 式 (6.29) 代入式 (6.25) 可得

$$k_1k_2a_{12}e^{\xi_1+\xi_2}\{f[(k_1+k_2)^2f - f_{xx}] + 2f_x[f_x - (k_1+k_2)f]\} = 0. \tag{6.30}$$

注意到 $f[(k_1+k_2)^2 f - f_{xx}] + 2f_x[f_x - (k_1+k_2)f] \neq 0$, 我们可得

$$a_{12} = 0. \tag{6.31}$$

因此
$$a_{ij} = 0, \quad 1 \leqslant i < j \leqslant N. \tag{6.32}$$

耗散 Zabolotskaya-Khokhlov 系统 (6.11) 的二孤立波为

$$u(x,y,t) = -2\frac{k_1 \mathrm{e}^{\xi_1} + k_2 \mathrm{e}^{\xi_2}}{1 + \mathrm{e}^{\xi_1} + \mathrm{e}^{\xi_2}}, \tag{6.33}$$

其中 $\xi_i = k_i x + s k_i y - (s^2 - k_i) k_i t, i = 1,2, |k_1| \neq |k_2|$, s 为常数, 且 $s \neq 0$.

3. 光滑 N 孤立波

当 $N = 3$, 注意到式 (6.32), 设

$$f = 1 + \mathrm{e}^{\xi_1} + \mathrm{e}^{\xi_2} + \mathrm{e}^{\xi_3} + b_{123} \mathrm{e}^{\xi_1 + \xi_2 + \xi_3}, \tag{6.34}$$

其中 $\xi_i = k_i x + s k_i y - (s^2 - k_i) k_i t, i = 1,2,3, |k_1| \neq |k_2| \neq |k_3|$, s 为常数, 且 $s \neq 0$. 经计算可得

$$f_y = s f_x,$$
$$f_{xy} = s f_{xx},$$
$$f_{yy} = s^2 f_{xx},$$
$$f_{xyy} = s^2 f_{xxx},$$
$$f_t = -s^2 f_x + f_{xx} - 2(k_1 k_2 + k_1 k_3 + k_2 k_3) b_{123} \mathrm{e}^{\xi_1+\xi_2+\xi_3},$$
$$f_{xt} = -s^2 f_{xx} + f_{xxx} - 2(k_1+k_2+k_3)(k_1 k_2 + k_1 k_3 + k_2 k_3) b_{123} \mathrm{e}^{\xi_1+\xi_2+\xi_3},$$
$$f_{xxt} = -s^2 f_{xxx} + f_{xxxx} - 2(k_1+k_2+k_3)^2 (k_1 k_2 + k_1 k_3 + k_2 k_3) b_{123} \mathrm{e}^{\xi_1+\xi_2+\xi_3},$$

因此

$$f_{xxxx} - f_{xxt} - f_{xyy} = 2(k_1+k_2+k_3)^2(k_1 k_2 + k_1 k_3 + k_2 k_3) b_{123} \mathrm{e}^{\xi_1+\xi_2+\xi_3}, \tag{6.35}$$

$$\begin{aligned}&f_{xx} f_t + f_x f_{yy} - f_{xx}^2 + 2 f_x f_{xt} + 2 f_y f_{xy} - 2 f_x f_{3x} \\ &= -2(k_1 k_2 + k_1 k_3 + k_2 k_3)[f_{xx} + 2(k_1+k_2+k_3)f_x] b_{123} \mathrm{e}^{\xi_1+\xi_2+\xi_3}.\end{aligned} \tag{6.36}$$

将式 (6.35) 和式 (6.36) 代入式 (6.25) 可得

$$b_{123} = 0. \tag{6.37}$$

耗散 Zabolotskaya-Khokhlov 系统 (6.11) 的三孤立波为

$$u(x,y,t) = -2\frac{k_1 e^{\xi_1} + k_2 e^{\xi_2} + k_3 e^{\xi_3}}{1 + e^{\xi_1} + e^{\xi_2} + e^{\xi_3}}, \tag{6.38}$$

其中 $\xi_i = k_i x + s k_i y - (s^2 - k_i) k_i t, i = 1, 2, 3, |k_1| \neq |k_2| \neq |k_3|$, s 为常数, 且 $s \neq 0$.

我们得到 $b_{123} = a_{12} a_{13} a_{23} = 0$, 因此, 耗散 Zabolotskaya-Khokhlov 系统 (6.11) 的 N 孤立波 $(N > 3)$ 可用同样的方法计算可得.

6.2.3 耗散 Zabolotskaya-Khokhlov 系统的奇异 N 孤立波

与计算耗散 Zabolotskaya-Khokhlov 系统 (6.11) 光滑多孤立波解类似, 其奇异解可计算得到. 本书只给出简要结果.

1. 奇异单孤立波

当 $N = 1$ 时, 设 $u = A\dfrac{f_x}{f}$, 但 $f = 1 - e^\xi$, $\xi = k[x + sy - (s^2 - k)t]$, 易知 $A = -2$, 耗散 Zabolotskaya-Khokhlov 系统 (6.11) 的奇异单孤立波为

$$u(x,y,t) = k + k\coth\frac{1}{2}k[x + sy - (s^2 - k)t], \tag{6.39}$$

其中 s 为常数, $s \neq 0$.

2. 奇异二孤立波

当 $N = 2$, 设 $f = 1 - e^{\xi_1} - e^{\xi_2} + a_{12} e^{\xi_1 + \xi_2}$, $\xi_i = k_i x + s k_i y - (s^2 - k_i) k_i t,, i = 1, 2$, 耗散 Zabolotskaya-Khokhlov 系统 (6.11) 的奇异二孤立波为

$$u(x,y,tt) = 2\frac{k_1 e^{\xi_1} + k_2 e^{\xi_2}}{1 - e^{\xi_1} - e^{\xi_2}}, \tag{6.40}$$

其中 $\xi_i = k_i x + s k_i y - (s^2 - k_i) k_i t$, $i = 1, 2, |k_1| \neq |k_2|$, s 为常数, 且 $s \neq 0$.

3. 奇异 N 孤立波

当 $N = 3$, 设 $f = 1 - e^{\xi_1} - e^{\xi_2} - e^{\xi_3} + b_{123} e^{\xi_1 + \xi_2 + \xi_3}$, $\xi_i = k_i x + s k_i y - (s^2 - k_i) k_i t,, i = 1, 2, 3$, 耗散 Zabolotskaya-Khokhlov 系统 (6.11) 的奇异三孤立波为

$$u(x,y,t) = 2\frac{k_1 e^{\xi_1} + k_2 e^{\xi_2} + k_3 e^{\xi_3}}{1 - e^{\xi_1} - e^{\xi_2} - e^{\xi_3}}, \tag{6.41}$$

其中 $\xi_i = k_i x + s k_i y - (s^2 - k_i) k_i t$, $i = 1, 2, 3$, $|k_1| \neq |k_2| \neq |k_3|$, s 为常数, 且 $s \neq 0$.

由于 $b_{123} = a_{12} a_{13} a_{23} = 0$, 耗散 Zabolotskaya-Khokhlov 系统 (6.11) 的 $N(N>3)$ 奇异孤立波可计算得到.

6.2.4 耗散 Zabolotskaya-Khokhlov 系统的 N 孤立波演化与交互

多孤立波的演化及其交互是工程应用中很重要的内容. 我们以光滑三孤立波 (6.38) 为例来说明耗散 Zabolotskaya-Khokhlov 系统的 N 孤立波演化过程.

设参数 k_1, k_2, k_3 为

$$k_1 = 4, \quad k_2 = 6.6, \quad k_3 = 8.8, \tag{6.42}$$

令时间变量 t 取不同值, 三孤立波的演化与交互显示在图 6.1 中. 随着时间的变化, 三孤立波会逐渐融合, 先转化为两个激波, 最后成为一个激波.

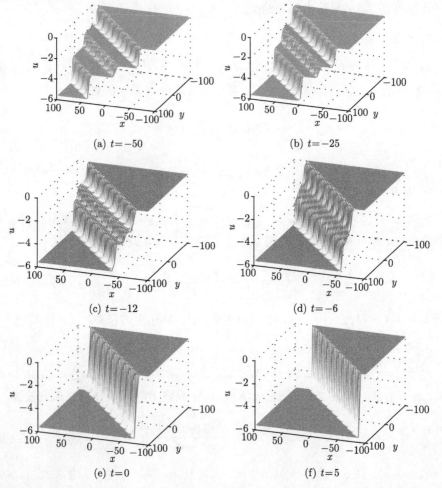

图 6.1 Zabolotskaya-Khokhlov 系统的三孤立波 (6.38) 演化与交互. 参数满足式 (6.42), t 取不同的值

接下来，我们将应用 6.1 节引入的改进的 Hirota 双线性法来求扩展广义的 Vakhnenko 的多孤立波解.

6.3　扩展广义 Vakhnenko 系统的多孤立波

扩展广义 Vakhnenko 系统的描述系统如下

$$\frac{\partial}{\partial x}(\mathscr{D}^2 u + \frac{1}{2}pu^2 + \beta u) + p\mathscr{D}u = 0, \quad \mathscr{D} := \frac{\partial}{\partial t} + u\frac{\partial}{\partial x}, \tag{6.43}$$

其中 p 和 β 为任意非零常数.

要处理系统 (6.43)，与前几章中引入的变量与函数变换类似，我们先对系统 (6.43) 引入新变量 X 和 T：

$$x = T + \int_{-\infty}^{X} U(X',T)\mathrm{d}X' + x_0, t = X, \tag{6.44}$$

其中 $u(x,t) = U(X,T)$，x_0 为积分常数. X 和 T 为两个独立变量. 这样，在变换 (6.44) 下，系统 (6.43) 变为

$$U_{XXT} + pUU_T - pU_X \int_X^{-\infty} U_T(X',T)\mathrm{d}X' + \beta U_T + pU_X = 0. \tag{6.45}$$

定义新函数 W 为

$$W(X,T) = \int_{-\infty}^{X} U(X',T)\mathrm{d}X', \tag{6.46}$$

则

$$W_X = U. \tag{6.47}$$

方程 (6.45) 变为

$$W_{XXXT} + p(W_X W_{XT} + W_{XX} W_T) + \beta W_{XT} + pW_{XX} = 0. \tag{6.48}$$

由 6.1 节中引入的改进的 Hirota 方法，我们设

$$W = A(\ln f)_X, \tag{6.49}$$

其中 A 为待定常数，f 为改进的 Hirota 法中的函数. 我们发现方程 (6.48) 能表示成下面的双线性方程

$$(D_X^3 D_T + pD_X^2 + \beta D_X D_T)(f \cdot f) = 0. \tag{6.50}$$

由式 (6.49) 和式 (6.47)，对方程 (6.50) 中的 f，得到 $W(X,T)$ 和 $U(X,T)$. 这样，原系统 (6.43) 的可用变量 X 和 T 表示为

$$u(x,t) = U(X,T), \quad x = T + W(X,T) + x_0, \quad t = X. \tag{6.51}$$

6.3.1 扩展广义 Vakhnenko 系统的单孤立波

由 6.1 节中的单孤立波形式 (6.8) 可知, 扩展广义 Vakhnenko 系统 (6.43) 的单孤立波可表示为

$$f = 1 + e^{2\eta}, \tag{6.52}$$

其中 $\eta = k(X - cT)$, k 和 c 均为常数.

将式 (6.52) 代入式 (6.49) 得到

$$W(X, T) = Ak(1 + \tanh\eta) \tag{6.53}$$

和

$$\begin{cases} W_\eta = Ak\operatorname{sech}^2\eta, \\ W_{2\eta} = -2Ak(\tanh\eta - \tanh^3\eta), \\ W_{3\eta} = -2Ak(3\operatorname{sech}^4\eta - 2\operatorname{sech}^2\eta), \end{cases} \tag{6.54}$$

其中 $W_\eta = \dfrac{dW}{d\eta}, W_{n\eta} = \dfrac{d^n W}{d\eta^n}, n = 1, 2, 3, \cdots$.

注意到 $\eta = k(X - cT)$, 方程 (6.45) 可表示为

$$-k^4 c W_{4\eta} - 2pk^3 c W_\eta W_{2\eta} + (p - \beta c)k^2 W_{2\eta} = 0. \tag{6.55}$$

对式 (6.55) 中的 η 积分一次并取积分常数为零可得

$$k^2 c W_{3\eta} + pkc W_\eta^2 + (\beta c - p) W_\eta = 0. \tag{6.56}$$

将式 (6.54) 代入式 (6.56) 可得

$$-2Ak^3 c(3\operatorname{sech}^4\eta - 2\operatorname{sech}^2\eta) + pkcA^2 k^2 \operatorname{sech}^4\eta + (\beta c - p)Ak\operatorname{sech}^2\eta = 0. \tag{6.57}$$

因此

$$pA^2 k^3 c - 6Ak^3 c = 0, \quad 4Ak^3 c + (\beta c - p)Ak = 0. \tag{6.58}$$

再由式 (6.58) 可知

$$A = \frac{6}{p}, \quad c = \frac{p}{\beta + 4k^2}. \tag{6.59}$$

由式 (6.59), 式 (6.53), 式 (6.44) 和式 (6.47), 系统 (6.43) 单孤立波解为

$$\begin{cases} x = T + \dfrac{6k}{p}\left\{1 + \tanh\left[k\left(t - \dfrac{p}{\beta + 4k^2}T\right)\right]\right\} + x_0, \\ u(x, t) = \dfrac{6k^2}{p}\operatorname{sech}^2\left[k\left(t - \dfrac{p}{\beta + 4k^2}T\right)\right]. \end{cases} \tag{6.60}$$

6.3 扩展广义 Vakhnenko 系统的多孤立波

若取 $x_0 = -\dfrac{6k}{p}$，则解 (6.60) 可写为

$$\begin{cases} x = T + \dfrac{6k}{p}\tanh\left[k\left(t - \dfrac{p}{\beta + 4k^2}T\right)\right], \\ u(x,t) = \dfrac{6k^2}{p}\mathrm{sech}^2\left[k\left(t - \dfrac{p}{\beta + 4k^2}T\right)\right]. \end{cases} \quad (6.61)$$

扩展广义 Vakhnenko 系统 (6.43) 单孤立波有三种形式: 环形、尖形和峰形. 下面我们设置单孤立波 (6.61) 中 t, k 分别为

$$t = 0, \quad k = 2. \quad (6.62)$$

图 6.2, 图 6.3 和 6.4 分别显示了 $\beta = -9, 8, 35$, 且 p 取不同值时的单孤立波图形. 由图可知系统 (6.43) 中的参数 β 决定单孤立波环形、尖形和峰形三种形状间的转化. 参数 p 只决定孤立波的振幅.

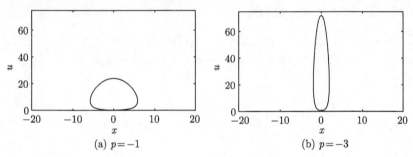

图 6.2 单环状孤立波. 单孤立波解 (6.61), 设置满足式 (6.62), $\beta = -9$, p 取不同值

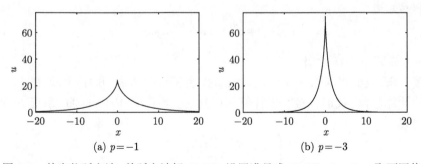

图 6.3 单尖状孤立波. 单孤立波解 (6.61), 设置满足式 (6.62), $\beta = 8$, p 取不同值

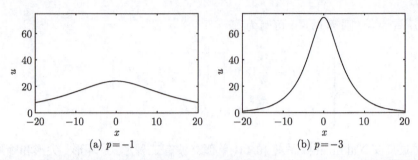

图 6.4 单峰状孤立波. 单孤立波解 (6.61), 设置满足式 (6.62), $\beta = 35$, p 取不同值

6.3.2 扩展广义 Vakhnenko 系统的二孤立波

对于扩展广义 Vakhnenko 系统 (6.43) 的二孤立波, 式 (6.49) 可写为

$$W = \frac{6}{p}(\ln f)_X. \tag{6.63}$$

将式 (6.9) 代入方程 (6.50), 我们有

$$a_{12} = \frac{(k_1 - k_2)[2(k_1c_1 - k_2c_2) + (k_1c_2 - k_2c_1)]}{(k_1 + k_2)[2(k_1c_1 + k_2c_2) + (k_1c_2 + k_2c_1)]}. \tag{6.64}$$

因此

$$a_{ij} = \frac{(k_i - k_j)[2(k_ic_i - k_jc_j) + (k_ic_j - k_jc_i)]}{(k_i + k_j)[2(k_ic_i + k_jc_j) + (k_ic_j + k_jc_i)]}, \quad 1 \leqslant i < j \leqslant N, \tag{6.65}$$

其中 $c_i = \dfrac{p}{\beta + 4k_i^2}, i = 1, 2, \cdots, N.$

容易知道

$$f(X,T) = 1 + e^{2\eta_1} + e^{2\eta_2} + a_{12}e^{2(\eta_1 + \eta_2)}, \tag{6.66}$$

其中 a_{12} 由式 (6.64) 给出.

接下来, 我们将式 (6.66) 代入式 (6.63), 然后使用方程 (6.47) 和式 (6.44), 略去中间的计算过程, 我们直接写出计算后得到的扩展广义 Vakhnenko 系统 (6.43) 的双孤立波

$$\begin{cases} x = T + \dfrac{6}{p}\dfrac{f_X}{f}, \\ u(x,t) = \dfrac{6}{p}\dfrac{G_1(X,T)}{f^2}, \end{cases} \tag{6.67}$$

其中

$$f_X(X,T) = 2[k_1 e^{2\eta_1} + k_2 e^{2\eta_2} + (k_1 + k_2)a_{12}e^{2(\eta_1 + \eta_2)}],$$

6.3 扩展广义 Vakhnenko 系统的多孤立波

$$\begin{aligned}G_1(X,T) &= ff_{XX} - f_X^2 \\ &= 4\{k_1^2 e^{2\eta_1} + k_2^2 e^{2\eta_2} + [(k_1-k_2)^2 + (k_1+k_2)^2 a_{12}]e^{2(\eta_1+\eta_2)} \\ &\quad + k_2^2 a_{12} e^{2(2\eta_1+\eta_2)} + k_1^2 a_{12} e^{2(\eta_1+2\eta_2)}\}.\end{aligned} \quad (6.68)$$

前面我们已经看到扩展广义 Vakhnenko 系统 (6.43) 有环形、尖形和峰形三种情形. 对于双环孤立波, 在适当的参数设置下, 系统 (6.43) 的双孤立波有六种可能形式, 分别是环环形、尖尖形、峰峰形、环尖形、环峰形和尖峰形等.

设置 $t = 0.5, p = 5$, 并设参数 k_1, k_2 和 β 为不同值的组合, 我们得到了系统 (6.43) 孤立波的六种形态, 如图 6.5 所示.

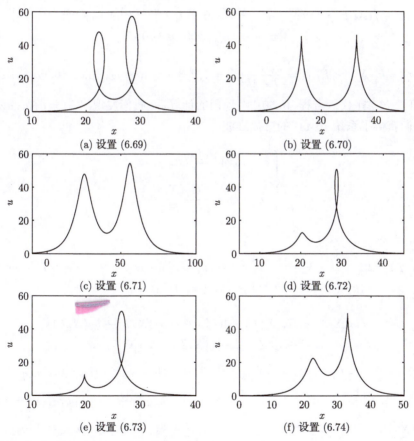

图 6.5 系统 (6.43) 双孤立波的六种形态. 解为式 (6.67), k_1, k_2 和 β 取不同值

k_1, k_2 和 β 的设置分别为

$$k_1 = 6, k_2 = 7, \beta = 2, \quad (6.69)$$

$$k_1 = 6, k_2 = 6.3, \beta = 75, \quad (6.70)$$

$$k_1 = 6, k_2 = 7, \beta = 260, \tag{6.71}$$

$$k_1 = 3, k_2 = 6.5, \beta = 40, \tag{6.72}$$

$$k_1 = 3, k_2 = 6.5, \beta = 18, \tag{6.73}$$

$$k_1 = 4, k_2 = 6.5, \beta = 82. \tag{6.74}$$

6.3.3 扩展广义 Vakhnenko 系统的三孤立波

与双孤立波类似, 对于扩展广义 Vakhnenko 系统 (6.43) 的三孤立波, 我们设

$$f(X,T) = 1 + e^{2\eta_1} + e^{2\eta_2} + e^{2\eta_3} + a_{12}e^{2(\eta_1+\eta_2)} + a_{23}e^{2(\eta_2+\eta_3)} \\ + a_{13}e^{2(\eta_1+\eta_3)} + b_{123}e^{2(\eta_1+\eta_2+\eta_3)}, \tag{6.75}$$

其中 $\eta_i = k_i(X - c_iT), c_i = \dfrac{p}{\beta + 4k_i^2}, i = 1,2,3, a_{12}, a_{13}, a_{23}$ 由式 (6.65) 给出.

将式 (6.75) 代入方程 (6.50), 经烦琐的计算后, 我们发现 $b_{123} = a_{12}a_{13}a_{23}$. 这样, 我们获得了系统 (6.43) 的三孤立波

$$\begin{cases} x = T + \dfrac{6}{p}\dfrac{f_X}{f}, \\ u(x,t) = \dfrac{6}{p}\dfrac{G_2(X,T)}{f^2}, \end{cases} \tag{6.76}$$

其中

$$f_X(X,T) = 2[k_1e^{2\eta_1} + k_2e^{2\eta_2} + k_3e^{2\eta_3} + (k_1+k_2)a_{12}e^{2(\eta_1+\eta_2)} + (k_1+k_3)a_{13}e^{2(\eta_1+\eta_3)} \\ + (k_2+k_3)a_{23}e^{2(\eta_2+\eta_3)} + (k_1+k_2+k_3)a_{23}e^{2(\eta_1+\eta_2+\eta_3)}]$$

$$G_2(X,T) = G_1(X,T) + 4(k_3^2e^{2\eta_3} + h_1(X,T) + h_2(X,T) \\ + h_3(X,T) + h_4(X,T) + h_5(X,T)),$$

$$h_1(X,T) = [(k_1-k_3)^2 + (k_1+k_3)^2 a_{13}]e^{2(\eta_1+\eta_3)} + [(k_2-k_3)^2 + (k_2+k_3)^2 a_{23}]e^{2(\eta_2+\eta_3)},$$

$$h_2(X,T) = k_3^2 a_{13}e^{2(2\eta_1+\eta_3)} + k_3^2 a_{23}e^{2(2\eta_2+\eta_3)} + k_2^2 a_{23}e^{2(\eta_2+2\eta_3)} + k_1^2 a_{13}e^{2(\eta_1+2\eta_3)},$$

$$h_3(X,T) = \{(k_1+k_2+k_3)^2 b_{123} + [(k_1^2+k_2^2+k_3^2) + 2(k_1k_2 - k_1k_3 - k_2k_3)]a_{12} \\ + [(k_1^2+k_2^2+k_3^2) + 2(k_2k_3 - k_1k_2 - k_1k_3)]a_{23} \\ + [(k_1^2+k_2^2+k_3^2) + 2(k_1k_3 - k_1k_2 - k_2k_3)]a_{13}\}e^{2(\eta_1+\eta_2+\eta_3)},$$

$$h_4(X,T) = [(k_2+k_3)^2 b_{123} + (k_2-k_3)^2 a_{12}a_{13}]e^{2(2\eta_1+\eta_2+\eta_3)} \\ + [(k_1+k_3)^2 b_{123} + (k_1-k_3)^2 a_{12}a_{23}]e^{2(\eta_1+2\eta_2+\eta_3)} \\ + [(k_1+k_2)^2 b_{123} + (k_1-k_2)^2 a_{13}a_{23}]e^{2(\eta_1+\eta_2+2\eta_3)},$$

$h_5(X,T) = k_3^2 a_{12} b_{123} e^{2(2\eta_1 + 2\eta_2 + \eta_3)} + k_2^2 a_{13} b_{123} e^{2(2\eta_1 + \eta_2 + 2\eta_3)} + k_1^2 a_{23} b_{123} e^{2(\eta_1 + 2\eta_2 + 2\eta_3)}$,

且 $G_1(X,T)$ 由式 (6.68) 给出.

与双孤立波类似, 三孤立波可由环形、尖形和峰形组成十二种可能的组合形式, 但由于设置和调整参数相对麻烦, 这里我们只图示其中两种.

设置变量 t 及参数 p, k_1, k_2, β 分别为

$$t = 0.5, p = 3, k_1 = 4, k_2 = 5, k_3 = 6, \beta = 3, \tag{6.77}$$

$$t = 0.5, p = 3, k_1 = 3, k_2 = 5, k_3 = 6, \beta = 43. \tag{6.78}$$

图 6.6 显示了三环形和环尖峰形两种孤立波.

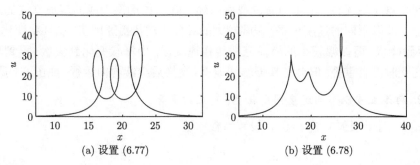

(a) 设置 (6.77) (b) 设置 (6.78)

图 6.6　系统 (6.43) 三孤立波的形态示例. 解为式 (6.76), 参数 p, k_1, k_2, β 不同

根据已有文献的证明 (参见文献 [113], [117]), 当 $b_{123} = a_{12} a_{13} a_{23}$ 时, 系统存在 $N > 3$ 的 N 孤立波. 由于当 N 增加时, 获得 N 孤立波解的计算量呈几何级增加, 一般理论研究到三孤立波. 但是, 多孤立波及其交互作用的工程中有广泛的应用.

6.4　扩展广义 Vakhnenko 系统孤立波间的交互

多孤立波传播在许多工程中有应用价值. 如光纤中的多光孤子的连续传播可表示不同的信道, 海洋潮汐孤子波可对海岸和海中的船舶产生拍击和磨损等. 本节我们将研究扩展广义 Vakhnenko 系统孤立波间的交互作用.

6.4.1　双孤立波交互

在正式讨论多孤立波的交互之前, 我们先回顾一下已有的相关工作. 在文献 [72], [73] 中, Vakhnenko 和 Parkes 讨论了 Vakhnenko 系统的两环孤立波相向传播 (即相对逆向) 的交互过程, 发现有三种交互形式.

(1) 在两个环状孤立波的传播过程中, 彼此交换振幅, 但不重叠.

(2) 两个环孤立波以不同的速度传播, 不交换振幅, 交互过程中部分重叠.

(3) 两个振幅明显差异的环孤立波以不同的速度传播,振幅较大的环孤立波 "吞噬" 较小的环孤立波, 振幅较小的孤立波内切较大孤立波顺时针旋转一圈, 被较大孤立波 "吐出", 然后两个环孤立波继续相向传播.

接下来我们讨论扩展广义 Vakhnenko 系统 (6.43) 的双环孤立波传播与交互问题. 下面讨论由一环状与一峰状构成的双孤立波沿同向传播的交互形式.

1. 两孤立波以不同速度同向传播, 交互时不重叠

首先, 对于双孤立波 (6.67), 设置参数如下

$$k_1 = 3.5, k_2 = 6.6, p = 5.5, \beta = 40, \tag{6.79}$$

令时间变量 t 取不同值. 我们通过观察由环与峰两种形态构成的双孤立波的演化, 两个孤立波以不同的速度传播, 振幅较大的环孤立波传播速度快, 由环状变化到尖状, 再到峰状, 而振幅较小的峰孤立波传播速度慢, 由峰状变化到尖状, 再到环状, 两者交互时没有重叠, 但会交换振幅和速度, 交换后继续同向运行, 如图 6.7 所示.

2. 两孤立波以不同速度同向传播, 交互时重叠

其次, 对于双孤立波 (6.67), 设置参数如下

$$k_1 = 2.5, k_2 = 6.6, p = 5.5, \beta = 15, \tag{6.80}$$

令时间变量 t 变化, 可观察到有趣的两孤立演化与交互过程. 环与峰两种形态构成的双孤立波以不同的速度传播, 振幅较大的环孤立波传播速度快, 由环状变化到尖状, 再到峰状, 而振幅较小的峰孤立波传播速度慢, 由峰状变化到尖状, 再到环状, 两者交互时会发生重叠, 振幅较大的孤立波会 "吞噬" 较小的环孤立波, 振幅较小的孤立波沿较大孤立波的内切方向顺时针旋转一圈, 然后被较大孤立波 "吐出", 最后两个环孤立继续向前传播, 如图 6.8 所示.

6.4.2 三孤立波交互

对扩展广义 Vakhnenko 系统 (6.43) 的三孤立波 (6.76), 其动力行为要复杂得多, 我们仅讨论其中几种有代表性的演化与交互过程 (图 6.9～图 6.11).

1. 交换振幅和波速, 但不重叠

设置三孤立波 (6.76) 中的参数 k_1, k_2, k_3, p 和 β 如下

$$k_1 = 4.2, k_2 = 5.0, k_3 = 6.0, p = 5, \beta = 3, \tag{6.81}$$

$$k_1 = 3.2, k_2 = 5.3, k_3 = 6.5, p = 5, \beta = 38, \tag{6.82}$$

6.4 扩展广义 Vakhnenko 系统孤立波间的交互

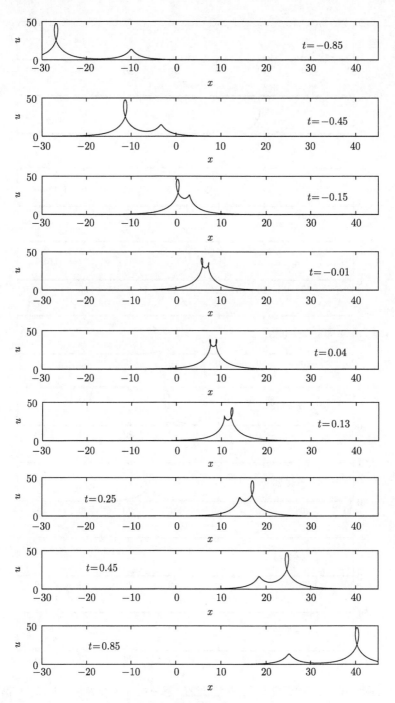

图 6.7 系统 (6.43) 双孤立波演化与交互过程. 解为式 (6.67), 参数 p, k_1, k_2, β 满足设置 (6.79)

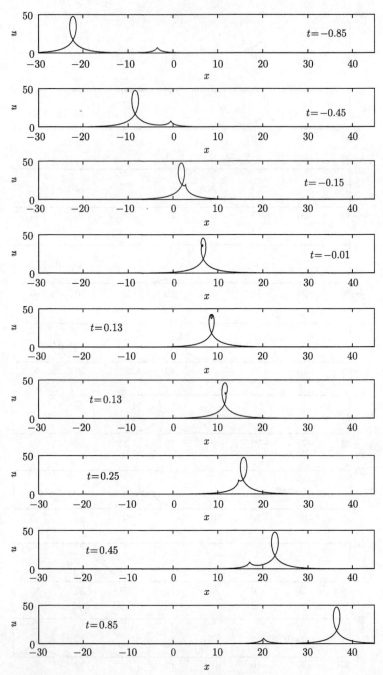

图 6.8 系统 (6.43) 双孤立波演化与交互过程. 解为式 (6.67), 参数 p, k_1, k_2, β 满足设置 (6.80)

6.4 扩展广义 Vakhnenko 系统孤立波间的交互

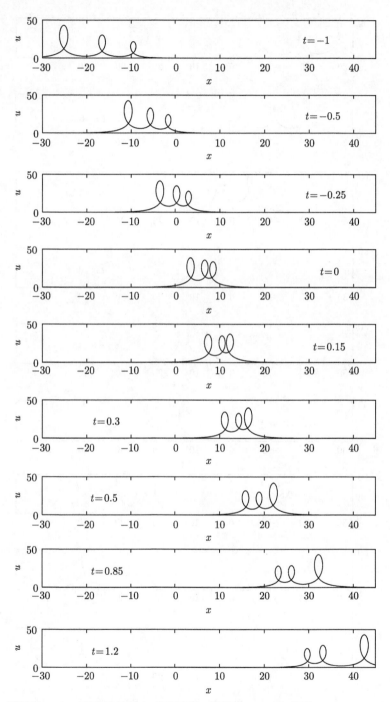

图 6.9 系统 (6.43) 三孤立波演化与交互过程. 解为式 (6.76), 参数 p, k_1, k_2, k_3, β 满足设置 (6.81)

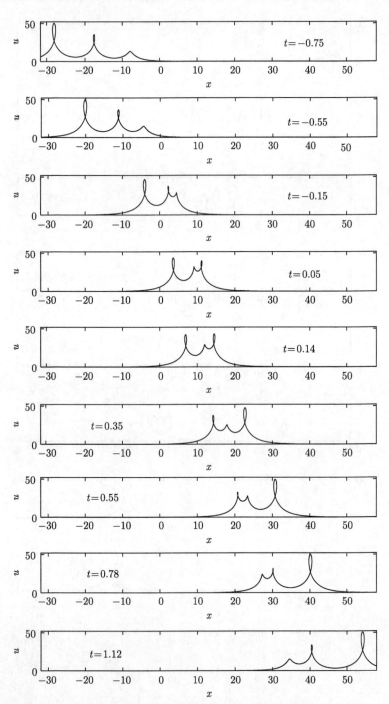

图 6.10 系统 (6.43) 三孤立波演化与交互过程. 解为式 (6.76), 参数 p, k_1, k_2, k_3, β 满足设置 (6.82)

6.4 扩展广义 Vakhnenko 系统孤立波间的交互

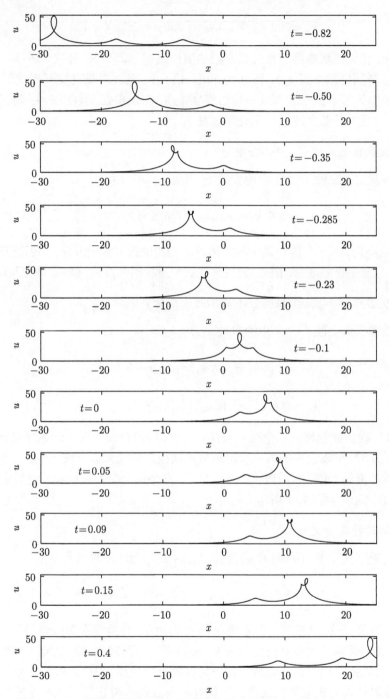

图 6.11 系统 (6.43) 三孤立波演化与交互过程. 解为式 (6.76), 参数 p, k_1, k_2, k_3, β 满足设置 (6.83)

$$k_1 = 3.0, k_2 = 7.0, k_3 = 3.3, p = 5.7, \beta = 40, \tag{6.83}$$

令 t 变化，我们能观察到三种三孤立波的演化过程，即环–环–环状、环–环–峰、环–峰–峰状，分别显示在图 6.9、图 6.10 和图 6.11 中. 这三种演化交互形式的特点是: 三孤立波中的每个孤立波都以不同的速度传播，交换振幅，且在环–尖–峰三种相位间切变，交互中各孤立波没有重叠现象发生.

2. 交换振幅和波速，但部分重叠

若设置三孤立波 (6.76) 中的参数 k_1, k_2, k_3, p 和 β 如下

$$k_1 = 5.6, k_2 = 8.0, k_3 = 5.0, p = 7.5, \beta = 1, \tag{6.84}$$

且令 t 取不同值，三个传播速度和振幅都不相同的孤立波交互时，不但交换振幅和波速，而且发生重叠现象，图 6.12 显示了三个环状孤立波的这种重叠交互现象.

3. 交换振幅和波速，振幅较小的孤立波顺时针旋转

若设置三孤立波 (6.76) 中的参数 k_1, k_2, k_3, p 和 β 如下

$$k_1 = 2.6, k_2 = 6.0, k_3 = 6.5, p = 5, \beta = 20, \tag{6.85}$$

$$k_1 = 3.6, k_2 = 8.0, k_3 = 3.5, p = 7.5, \beta = 20, \tag{6.86}$$

令 t 变化，我们能观察到三个孤立波在交互时，振幅较大的孤立波逐渐追赶上振幅较小的孤立波，振幅较小的孤立波将先后两次被振幅较大孤立波"吞噬"，并沿内切方向顺时针旋转一圈，然后被"吐出"，最后，三个孤立交换振幅和波速后继续向前传播，如图 6.13 和图 6.14 所示.

4. 顺时针嵌套交互

若设置三孤立波 (6.76) 中的参数 k_1, k_2, k_3, p 和 β 如下

$$k_1 = 8.0, k_2 = 2.0, k_3 = 4.5, p = 7.5, \beta = -5, \tag{6.87}$$

令 t 取不同值，三孤立波的交互效果如图 6.15 所示，传播速度的振幅都不相同的三个环孤立波，振幅最大孤立波先"吞噬"振幅第二的孤立波，再"吞噬"振幅最小孤立波，而且在振幅最小孤立波顺时针内切振幅第二的孤立波的同时，振幅第二的孤立波也顺时针内切振幅最大的孤立波绕行一周后被"吐出"，这是一个非常有趣的现象.

6.4 扩展广义 Vakhnenko 系统孤立波间的交互

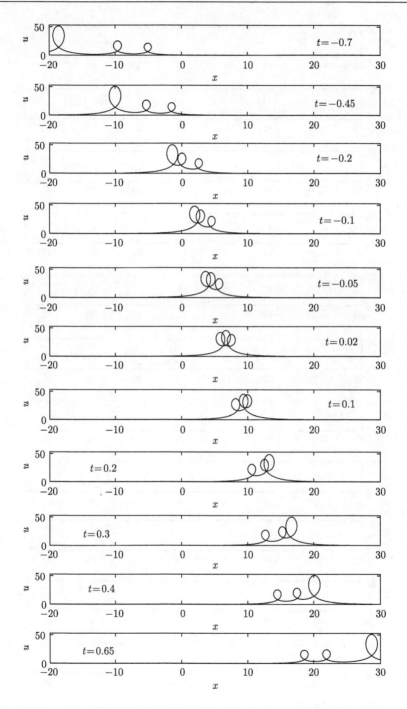

图 6.12 系统 (6.43) 三孤立波演化与交互过程. 解为式 (6.76), 参数 p, k_1, k_2, k_3, β 满足设置 (6.84)

第 6 章 改进的 Hirota 法与广义扩展 Vakhnenko 系统

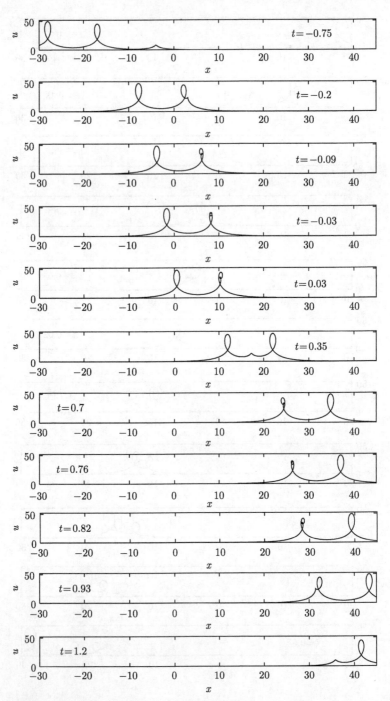

图 6.13 系统 (6.43) 三孤立波演化与交互过程. 解为式 (6.76), 参数 p, k_1, k_2, k_3, β 满足设置 (6.85)

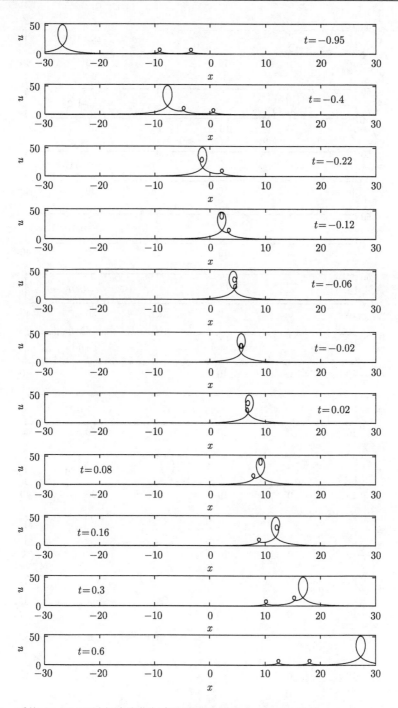

图 6.14 系统 (6.43) 三孤立波演化与交互过程. 解为式 (6.76), 参数 p, k_1, k_2, k_3, β 满足设置 (6.86)

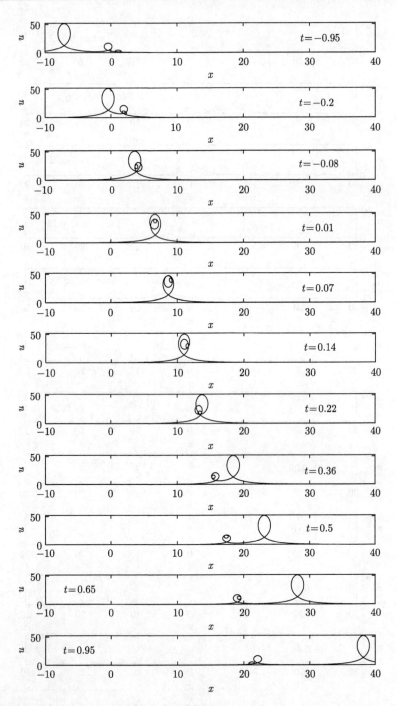

图 6.15 系统 (6.43) 三孤立波演化与交互过程. 解为式 (6.76), 参数 p, k_1, k_2, k_3, β 满足设置 (6.87)

6.5 本章小结

多孤立波是非线性演化系统中的一个重要特征, 在工程技术中应用广泛. 然而, 构造和计算多孤立波却十分困难, 使得分析多孤立波的动力学特征, 特别是多孤立波的传播与交互中的控制问题, 显得更为艰巨.

本章通过引用改进的 Hirota 法, 得到扩展广义 Vakhnenko 系统 (6.43) 的 N 孤立波解, 通过设置适当的参数, 用可视化方法研究了多孤立波的传播与交互过程, 较为全面地揭示了该系统多孤立波的交互特征, 有较好的理论和应用价值.

第7章 F-展开法与修正广义 Vakhnenko 系统的包络解

应用 F-展开法获得修正广义 Vakhnenko 系统的 Jacobi 函数的倍周期行波包络解, 当 Jacobi 函数中的模数 m 趋于 1 时, 行波退化为孤立波, 进而研究这些行波与孤立波的特征.

7.1 F-展开法

1996 年, Porubov 等提出了使用 Weierstrass 椭圆函数来构造非线性演化系统的周期解, 但求解过程相对烦琐. 2001 年, 刘式适等提出了 Jacobi 椭圆函数展开法, 该方法可以求解一类非线性演化系统的 Jacobi 椭圆函数周期波解, 而当周期波解中的 Jacobi 椭圆函数的模数趋于 1 时, 周期解退化为孤立波解, 模数趋于 0 时, 周期解退化为三角函数周期解. 2003 年, 王明亮等又将 Jacobi 椭圆函数展开法拓展并凝练为 F-展开法, 不需要重复计算 Jacobi 函数, 只需要求解一个非线性代数方程组, 就能够获得一类非线性演化系统更为丰富的 Jacobi 函数解族, 这一解族也称为包络解. 由于 F-展开法是通过假设方程的解满足一个用 F 表示的方程, 其中 F 代表一个 Jacobi 椭圆函数, 有时也称为辅助方程法.

7.1.1 F-展开法的求解步骤

对给定的非线性演化系统

$$F(u, u_x, u_t, u_{xx}, u_{xt}, u_{tt}, \cdots) = 0, \tag{7.1}$$

其中 $u = u(x,t)$, F 是关于 u 及 u 的各阶偏导数的多项式.

作行波变换

$$u(x,t) = u(\xi), \quad \xi = k(x - ct), \tag{7.2}$$

方程 (7.1) 约化为含 ξ 的常微分方程

$$Q(u, -kcu', ku', k^2 u'', k^2 c^2 u'', -k^2 cu'', k^3 u''', \cdots) = 0, \tag{7.3}$$

其中 k 和 c 分别为波数和波速.

下面介绍 F-展开法的主要步骤.

首先假设方程 (7.1) 的解可表示为如下形式

$$u(\xi) = \sum_{i=0}^{n} a_i f^i(\xi), \tag{7.4}$$

其中 $f(\xi)$ 满足

$$[f'(\xi)]^2 = h_0 + h_2 f^2(\xi) + h_4 f^4(\xi), \quad f''(\xi) = h_2 f(\xi) + 2h_4 f^3(\xi), \tag{7.5}$$

其中 $a_i, h_j (i = 0, 1, 2, \cdots, n; j = 0, 2, 4)$ 为常数.

将方程 (7.4) 和方程 (7.5) 代入方程 (7.3), 平衡方程 (7.3) 中的最高阶导数项和非线性项后可确定正整数 n. 再将确定正整数 n 后的方程 (7.4) 代入方程 (7.3), 合并 f 的同幂次项并令其系数为零得到一个有关 $k, c, a_i, h_j (i = 0, 1, 2, \cdots, n; j = 0, 2, 4)$ 的代数方程组. 求解该代数方程组就可得到 k, c, a_i, h_j. 而方程 (7.5) 的系列解已知, 这样就可计算得方程 (7.1) 的解列.

根据参数 h_0, h_2, h_4 的不同, 我们列出方程 (7.5) 的 10 组系列解.

情形 1a 当 $h_0 = 1, h_2 = -(1+m^2), h_4 = m^2$ 时, 有

$$f(\xi) = \mathrm{sn}\xi. \tag{7.6}$$

情形 1b 当 $h_0 = 1-m^2, h_2 = 2m^2-1, h_4 = -m^2$ 时, 有

$$f(\xi) = \mathrm{cn}\xi. \tag{7.7}$$

情形 1c 当 $h_0 = m^2-1, h_2 = 2-m^2, h_4 = -1$ 时, 有

$$f(\xi) = \mathrm{dn}\xi. \tag{7.8}$$

情形 2 当 $h_0 = -\dfrac{1}{4}(1-m^2)^2, h_2 = \dfrac{1+m^2}{2}, h_4 = -\dfrac{1}{4}$ 时, 有

$$f(\xi) = m\mathrm{cn}\xi + \mathrm{dn}\xi. \tag{7.9}$$

情形 3a 当 $h_0 = m^2, h_2 = -(1+m^2), h_4 = 1$ 时, 有

$$f(\xi) = \dfrac{1}{\mathrm{sn}\xi}. \tag{7.10}$$

情形 3b 当 $h_0 = 1-m^2, h_2 = 2-m^2, h_4 = 1$ 时, 有

$$f(\xi) = \dfrac{\mathrm{cn}\xi}{\mathrm{sn}\xi}. \tag{7.11}$$

情形 3c 当 $h_0 = m^2(m^2-1), h_2 = 2m^2 - 1, h_4 = 1$ 时,有

$$f(\xi) = \frac{\mathrm{dn}\xi}{\mathrm{sn}\xi}. \tag{7.12}$$

情形 4 当 $h_0 = \dfrac{1}{4}, h_2 = \dfrac{1-2m^2}{2}, h_4 = \dfrac{1}{4}$ 时,有

$$f(\xi) = \frac{1+\varepsilon\mathrm{cn}\xi}{\mathrm{sn}\xi} = \frac{\mathrm{sn}\xi}{1-\varepsilon\mathrm{cn}\xi}, \quad \varepsilon = (-1)^j, j = 0,1. \tag{7.13}$$

情形 5 当 $h_0 = \dfrac{m^4}{4}, h_2 = \dfrac{m^2-2}{2}, h_4 = \dfrac{1}{4}$ 时,有

$$f(\xi) = \frac{1+\varepsilon\mathrm{dn}\xi}{\mathrm{sn}\xi}, \quad \varepsilon = (-1)^j, j = 0,1. \tag{7.14}$$

情形 6 当 $h_0 = \dfrac{1}{4}, h_2 = \dfrac{m^2-2}{2}, h_4 = \dfrac{m^2}{4}$ 时,有

$$f(\xi) = \frac{\mathrm{sn}\xi}{1-\varepsilon\mathrm{dn}\xi}, \quad \varepsilon = (-1)^j, j = 0,1. \tag{7.15}$$

情形 7a 当 $h_0 = -1, h_2 = 2 - m^2, h_4 = m^2 - 1$ 时,有

$$f(\xi) = \frac{1}{\mathrm{dn}\xi}. \tag{7.16}$$

情形 7b 当 $h_0 = 1, h_2 = -1 - m^2, h_4 = m^2$ 时,有

$$f(\xi) = \frac{\mathrm{cn}\xi}{\mathrm{dn}\xi}. \tag{7.17}$$

情形 7c 当 $h_0 = 1, h_2 = 2m^2 - 1, h_4 = m^2(m^2 - 1)$ 时,有

$$f(\xi) = \frac{\mathrm{sn}\xi}{\mathrm{dn}\xi}. \tag{7.18}$$

情形 8 当 $h_0 = \dfrac{1-m^2}{4}, h_2 = \dfrac{1+m^2}{2}, h_4 = \dfrac{1-m^2}{4}$ 时,有

$$f(\xi) = \frac{1+\varepsilon\mathrm{sn}\xi}{\mathrm{cn}\xi} = \frac{\varepsilon\mathrm{cn}\xi}{1-\varepsilon\mathrm{sn}\xi}, \quad \varepsilon = (-1)^j, j = 0,1. \tag{7.19}$$

情形 9 当 $h_0 = \dfrac{m^2-1}{4}, h_2 = \dfrac{1+m^2}{2}, h_4 = \dfrac{m^2-1}{4}$ 时,有

$$f(\xi) = \frac{\mathrm{dn}\xi}{1+\varepsilon m\mathrm{sn}\xi} = \frac{1-\varepsilon m\mathrm{sn}\xi}{\mathrm{dn}\xi}, \quad \varepsilon = (-1)^j, j = 0,1. \tag{7.20}$$

情形 10 当 $h_0 = \dfrac{m^2}{4}, h_2 = \dfrac{m^2-2}{2}, h_4 = \dfrac{m^2}{4}$ 时，有

$$f(\xi) = \mathrm{sn}\xi + \mathrm{i}\varepsilon\mathrm{cn}\xi, \quad \varepsilon = (-1)^j, \quad j = 0, 1. \tag{7.21}$$

$\mathrm{sn}\xi, \mathrm{cn}\xi, \mathrm{dn}\xi$ 为 Jacobi 椭圆函数，m $(0 < m < 1)$ 为 Jacobi 椭圆函数的模数. 并且，当 $m \to 1$ 时，Jacobi 椭圆函数退化为双曲函数，即

$$\mathrm{sn}\xi \to \tanh\xi, \quad \mathrm{cn}\xi \to \mathrm{sech}\xi, \quad \mathrm{dn}\xi \to \mathrm{sech}\xi. \tag{7.22}$$

当 $m \to 0$ 时，Jacobi 椭圆函数退化为三角函数，即

$$\mathrm{sn}\xi \to \sin\xi, \quad \mathrm{cn}\xi \to \cos\xi, \quad \mathrm{dn}\xi \to 1. \tag{7.23}$$

7.2 修正广义 Vakhnenko 系统的 Jacobi 函数包络解

考虑如下的修正广义 Vakhnenko 系统 (modified generalized Vakhnenko equation, mGVE).

$$\frac{\partial}{\partial x}(\mathscr{D}^2 u + \frac{1}{2}pu^2 + \beta u) + q\mathscr{D}u = 0, \quad \mathscr{D} := \frac{\partial}{\partial t} + u\frac{\partial}{\partial x}, \tag{7.24}$$

其中 p, q 和 β 为任意常数.

非线性修正广义 Vakhnenko 系统 (7.24) 由著名的非线性 Vakhnenko 系统导出，也是描述高频波在稀松介质中传播的重要非线性模型. 虽然已有文献对修正广义 Vakhnenko 系统 (7.24) 进行了研究，如 Liu 等应用 Jacobi 椭圆函数法研究了其 Jacobi 函数解[79]. 然而，由于该系统中的参数较多，获得其精确行波解十分困难，下面我们应用 F- 展开法来研究其行波解和解的特性.

为使用齐次平衡原则，可使用与前几章中类似的变换，将系统 (7.24) 转化为不含有微分算子 $\mathscr{D}$ 的系统.

我们引入独立变量 X 和 T，其定义为

$$x = T + \int_{-\infty}^{X} U(X', T)\mathrm{d}X' + x_0, \quad t = X, \tag{7.25}$$

其中 $u(x, t) = U(X, T)$ 和 x_0 为常数.

再引入一个新函数 W

$$W(X, T) = \int_{-\infty}^{X} U(X', T)\mathrm{d}X', \tag{7.26}$$

则有

$$W_X(X, T) = U(X, T), \quad W_T = \int_{-\infty}^{X} U_T(X', T)\mathrm{d}X'. \tag{7.27}$$

由式 (7.25) 可得

$$\frac{\partial}{\partial x} = \frac{1}{1+W_T}\frac{\partial}{\partial T}, \quad \mathscr{D}u = U_X, \quad \mathscr{D}^2 u = U_{XX}. \tag{7.28}$$

将式 (7.28) 和式 (7.27) 代入式 (7.25) 可得

$$W_{XXXT} + pW_X W_{XT} + qW_T W_{XX} + \beta W_{XT} + qW_{XX} = 0. \tag{7.29}$$

再定义行波变换变量 $\xi = k(X - cT)$, 则

$$W(X,T) = W(\xi), \quad W_X = kW_\xi, \quad W_T = -kcW_\xi. \tag{7.30}$$

将式 (7.30) 代入式 (7.29) 并且积分一次, 令积分常数为零可得

$$-k^2 cW_{3\xi} - kc\frac{p+q}{2}W_\xi^2 + (q-\beta c)W_\xi = 0. \tag{7.31}$$

令 $V(\xi) = W_\xi$ 可得

$$k^2 cV_{2\xi} + kc\frac{p+q}{2}V^2 + (\beta c - q)V = 0. \tag{7.32}$$

假设方程 (7.32) 的解为

$$V(\xi) = \sum_{i=0}^{n} a_i f^i(\xi), \tag{7.33}$$

其中 $f(\xi)$ 满足方程 (7.5). 将式 (7.33) 和方程 (7.5) 代入方程 (7.32), 平衡 V'' 和 V^2 可得: $n = 2$. 因此, 式 (7.33) 可重新写为

$$V(\xi) = a_0 + a_1 f(\xi) + a_2 f^2(\xi), \tag{7.34}$$

其中 a_0, a_1, a_2 为待定常数, $f(\xi)$ 满足方程 (7.5). 将式 (7.34) 代入方程 (7.32), 合并 $f(\xi)$ 的同幂次项, 令其系数为零可得如下的有关 $a_0, a_1, a_2, k, c, h_i (i = 0, 2, 4)$ 代数方程组.

$$f^4(\xi): \quad k^2 c \cdot 6a_2 h_4 + \frac{p+q}{2}kc \cdot a_2^2 = 0, \tag{7.35}$$

$$f^3(\xi): \quad k^2 c \cdot 2a_1 h_4 + \frac{p+q}{2}kc \cdot 2a_1 a_2 = 0, \tag{7.36}$$

$$f^2(\xi): \quad k^2 c \cdot 4a_2 h_2 + \frac{p+q}{2}kc \cdot (a_1^2 + 2a_0 a_2) + (\beta c - q) \cdot a_2 = 0, \tag{7.37}$$

$$f(\xi): \quad k^2 c \cdot a_1 h_2 + (p+q)kc \cdot a_0 a_1 + (\beta c - q)a_1 = 0, \tag{7.38}$$

$$f^0(\xi): \quad k^2 c \cdot 2a_2 h_0 + \frac{p+q}{2}kc \cdot a_0^2 + (\beta c - q)a_0 = 0. \tag{7.39}$$

7.2 修正广义 Vakhnenko 系统的 Jacobi 函数包络解

求解代数方程组: 方程 (7.35)～ 方程 (7.39), 可得

$$\begin{cases} a_0 = \dfrac{4k(-h_2 + \sqrt{h_2^2 - 3h_0 h_4})}{p+q}, & a_1 = 0, \\ a_2 = \dfrac{-12k h_4}{p+q}, & c = \dfrac{q}{\beta + 4k^2\sqrt{h_2^2 - 3h_0 h_4}}, \end{cases} \tag{7.40}$$

$$\begin{cases} a_0 = \dfrac{4k(-h_2 - \sqrt{h_2^2 - 3h_0 h_4})}{p+q}, & a_1 = 0, \\ a_2 = \dfrac{-12k h_4}{p+q}, & c = \dfrac{q}{\beta - 4k^2\sqrt{h_2^2 - 3h_0 h_4}}, \end{cases} \tag{7.41}$$

其中 h_0, h_2, h_4 为待定常数.

将方程 (7.5) 的解代入方程 (7.32), 同时使用式 (7.25), 式 (7.27), 式 (7.30), 方程组 (7.40), 方程组 (7.41) 和 $V(\xi) = W_\xi(\xi)$, 经过计算后可得修正广义 Vakhnenko 系统 (7.24) 的如下 10 组解.

情形 1 当辅助方程 (7.5) 的解 $f(\xi)$ 满足情形 1a 时, 由解 (7.6) 可知

$$c = \frac{q}{\beta \pm 4k^2\sqrt{m^4 - m^2 + 1}},$$

$$V(\xi) = \frac{4k}{p+q}(m^2 + 1 \pm \sqrt{m^4 - m^2 + 1} - 3m^2 \mathrm{sn}^2 \xi),$$

$$u(x,t) = U(X,T) = W_X(X,T) = kW_\xi, \quad W_\xi = V(\xi), \quad u(x,t) = kV(\xi), \tag{7.42}$$

$$x = T + \int_{-\infty}^{x} U(X',T)\mathrm{d}X' + x_0 = T + \int_{-\infty}^{\xi} V(\xi')\mathrm{d}\xi' + \xi_0, \tag{7.43}$$

$$\xi = k(X - cT), \quad X = t. \tag{7.44}$$

而

$$\begin{aligned}
\int_{-\infty}^{\xi} V(\xi')\mathrm{d}\xi' + \xi_0 &= \int_{-\infty}^{\xi} \frac{4k}{p+q}(m^2 + 1 \pm \sqrt{m^4 - m^2 + 1} - 3m^2 \mathrm{sn}^2 \xi')\mathrm{d}\xi' + \xi_0 \\
&= \frac{4k}{p+q} \int_{-\infty}^{\xi} \frac{4k}{p+q}(m^2 - 2 \pm \sqrt{m^4 - m^2 + 1} + 3\mathrm{dn}^2 \xi')\mathrm{d}\xi' + \xi_0 \\
&= \frac{4k}{p+q}\left\{[m^2 - 2 \pm \sqrt{m^4 - m^2 - 2}]\xi + 3E(\mathrm{sn}(\xi, m), m)\right\}.
\end{aligned} \tag{7.45}$$

将式 (7.45) 代入式 (7.42)～ 式 (7.44) 可得

$$\begin{cases} x = T + \dfrac{4k}{p+q}(m^2 - 2 \pm \sqrt{m^4 - m^2 + 1})\xi + \dfrac{12k}{p+q}E(\mathrm{sn}(\xi, m), m), \\ u_{1,2} = \dfrac{4k^2}{p+q}(m^2 + 1 \pm \sqrt{m^4 - m^2 + 1} - 3m^2 \mathrm{sn}^2 \xi), \\ \xi = k\left(t - \dfrac{qT}{\beta \pm 4k^2\sqrt{m^4 - m^2 + 1}}\right), \end{cases} \tag{7.46}$$

其中 E 为 Jacobi 椭圆函数. 当 $m \to 1$ 时, 注意到式 (7.22), 倍周期解 (7.46) 分别退化为孤立波解.

$$\begin{cases} x = T + \dfrac{4k}{p+q}[(-1 \pm 1)\xi + 3\tanh\xi], \\ u_{1s,2s} = \dfrac{4k^2}{p+q}(-1 \pm 1 + 3\mathrm{sech}^2\xi), \\ \xi = k\left(t - \dfrac{qT}{\beta \pm 4k^2}\right). \end{cases} \quad (7.47)$$

当 $m \to 0$ 时, 注意到式 (7.23), 倍周期解 (7.46) 分别退化为三角函数解.

当辅助方程 (7.5) 的解 $f(\xi)$ 满足情形 1b (即 $f(\xi)$ 满足式 (7.7)) 和情形 1c (即 $f(\xi)$ 满足式 (7.8)) 时, 解的计算与上述情形的计算过程相仿, 本书略去.

情形 2 当辅助方程 (7.5) 的解 $f(\xi)$ 满足情形 2 时, 由式 (7.9) 可知

$$c = \frac{q}{\beta \pm k^2\sqrt{m^4 + 14m^2 + 1}},$$

$$V(\xi) = \frac{k}{p+q}(m^2 - 5 \pm \sqrt{m^4 + 14m^2 + 1} + 6\mathrm{dn}^2\xi + 6m\mathrm{cn}\xi\mathrm{dn}\xi),$$

因此

$$\begin{aligned}&\int_{-\infty}^{\xi} V(\xi')\mathrm{d}\xi' + \xi_0 \\ &= \frac{k}{p+q}\left[(m^2 - 5 \pm \sqrt{m^4 + 14m^2 + 1})\xi + 6E(\mathrm{sn}(\xi, m), m) + 6m\mathrm{sn}\xi\right]. \end{aligned} \quad (7.48)$$

将式 (7.48) 代入式 (7.42)~ 式 (7.44) 可得

$$\begin{cases} x = T + \dfrac{k}{p+q}[(m^2 - 5 \pm \sqrt{m^4 + 14m^2 + 1})\xi + 6E(\mathrm{sn}(\xi,m),m) + 6m\mathrm{sn}\xi], \\ u_{3,4} = \dfrac{k^2}{p+q}(m^2 + 1 \pm \sqrt{m^4 + 14m^2 + 1} - 6m^2\mathrm{sn}^2\xi + 6m\mathrm{cn}\xi\mathrm{dn}\xi), \\ \xi = k\left(t - \dfrac{qT}{\beta \pm k^2\sqrt{m^4 + 14m^2 + 1}}\right). \end{cases} \quad (7.49)$$

当 $m \to 1$ 时, 倍周期解 (7.49) 也分别退化为孤立波解 (7.47). 当 $m \to 0$ 时, 倍周期解 (7.49) 退化为三角函数解.

情形 3 当辅助方程 (7.5) 的解 $f(\xi)$ 满足情形 3a 时, 由解 (7.10) 可知

$$c = \frac{q}{\beta \pm 4k^2\sqrt{m^4 - m^2 + 1}},$$

$$V(\xi) = \frac{4k}{p+q}(m^2 + 1 \pm \sqrt{m^4 - m^2 + 1} - 3m^2\mathrm{sn}^2\xi),$$

而
$$\int_{-\infty}^{\xi} V(\xi')\mathrm{d}\xi' + \xi_0$$
$$= \frac{4k}{p+q}\left[(m^2+1\pm\sqrt{m^4-m^2+1})\xi - 3\xi + 3\frac{\mathrm{dn}\xi\mathrm{cn}\xi}{\mathrm{sn}\xi} + 3E(\mathrm{sn}(\xi,m),m)\right] \quad (7.50)$$
$$= \frac{4k(m^2-2\pm\sqrt{m^4-m^2+1})}{p+q}\xi + \frac{12k}{p+q}\left[E(\mathrm{sn}(\xi,m),m) + \frac{\mathrm{dn}\xi\mathrm{cn}\xi}{\mathrm{sn}\xi}\right].$$

将式 (7.50) 代入式 (7.42)~式 (7.44) 可得

$$\begin{cases} x = T + \dfrac{4k(m^2-2\pm\sqrt{m^4-m^2+1})}{p+q}\xi + \dfrac{12k}{p+q}\left[E(\mathrm{sn}(\xi,m),m) + \dfrac{\mathrm{dn}\xi\mathrm{cn}\xi}{\mathrm{sn}\xi}\right], \\ u_{5,6} = \dfrac{4k^2}{p+q}\left(m^2+1\pm\sqrt{m^4-m^2+1} - \dfrac{3}{\mathrm{sn}^2\xi}\right), \\ \xi = k\left(t - \dfrac{qT}{\beta\pm 4k^2\sqrt{m^4-m^2+1}}\right). \end{cases} \quad (7.51)$$

当辅助方程 (7.5) 解 $f(\xi)$ 满足情形 3b (即 $f(\xi)$ 满足式 (7.11)) 和情形 3c (即 $f(\xi)$ 满足式 (7.12)) 时, 求解计算过程与上述情形相仿, 本书略去.

情形 4 当辅助方程 (7.5) 的解 $f(\xi)$ 满足情形 4 时, 由式 (7.13) 可知

$$c = \frac{q}{\beta \pm k^2\sqrt{16m^4-16m^2+1}},$$

$$V(\xi) = \frac{4k}{p+q}\left[m^2-2\pm\sqrt{16m^4-16m^2+1} - 3\frac{(1+\varepsilon\mathrm{cn}\xi)^2}{\mathrm{sn}^2\xi}\right]$$
$$= \frac{k}{p+q}\left[4m^2-5\pm\sqrt{16m^4-16m^2+1} - \frac{6\varepsilon(1+\varepsilon\mathrm{cn}\xi)\mathrm{cn}\xi}{\mathrm{sn}^2\xi}\right],$$

且

$$\int \frac{\mathrm{cn}\xi}{\mathrm{sn}^2\xi}\mathrm{d}\xi = -\frac{\mathrm{dn}\xi}{\mathrm{cn}\xi} + C, \qquad \int \frac{\mathrm{cn}^2\xi}{\mathrm{sn}^2\xi}\mathrm{d}\xi = -\mathrm{dn}\xi\frac{\mathrm{cn}\xi}{\mathrm{sn}\xi} - E(\mathrm{sn}(\xi,m),m) + C,$$

而

$$\int_{-\infty}^{\xi} V(\xi')\mathrm{d}\xi' + \xi_0$$
$$= \frac{k}{p+q}\left[-4m^2-5\pm\sqrt{16m^4-16m^2+1} + 6E(\mathrm{sn}(\xi,m),m) + \frac{6\mathrm{dn}\xi(\varepsilon+\mathrm{cn}\xi)}{\mathrm{sn}^2\xi}\right].$$
$$(7.52)$$

将式 (7.52) 代入式 (7.42)~式 (7.44) 可得

$$\begin{cases} x = T + \dfrac{k(4m^2 - 5 \pm \sqrt{16m^4 - 16m^2 + 1})}{p+q}\xi \\ \qquad + \dfrac{6k}{p+q}\left[E(\mathrm{sn}(\xi,m),m) + \dfrac{\mathrm{dn}\xi(\mathrm{cn}\xi + \varepsilon)}{\mathrm{sn}\xi}\right], \\ u_{7,8} = \dfrac{k^2}{p+q}\left[4m^2 - 2 \pm \sqrt{16m^4 - 16m^2 + 1} - 3\dfrac{(1+\varepsilon\mathrm{cn}\xi)^2}{\mathrm{sn}^2\xi}\right], \\ \xi = k\left(t - \dfrac{qT}{\beta \pm k^2\sqrt{16m^4 - 16m^2 + 1}}\right), \quad \varepsilon = (-1)^j, \quad j = 0,1. \end{cases} \quad (7.53)$$

情形 5 当辅助方程 (7.5) 的解 $f(\xi)$ 满足情形 5 时, 由式 (7.14) 可知

$$c = \frac{q}{\beta \pm k^2\sqrt{m^4 - 16m^2 + 16}},$$

$$V(\xi) = \frac{k}{p+q}\left[4 - 2m^2 \pm \sqrt{m^4 - 16m^2 + 16} - 3\frac{(1+\varepsilon\mathrm{dn}\xi)^2}{\mathrm{sn}^2\xi}\right]$$
$$= \frac{k}{p+q}\left[4 + m^2 - 5 \pm \sqrt{m^4 - 16m^2 + 16} - 6\frac{1+\varepsilon\mathrm{dn}\xi}{\mathrm{sn}^2\xi}\right],$$

且

$$\int \frac{1}{\mathrm{sn}^2\xi}\mathrm{d}\xi = \xi - E(\mathrm{sn}(\xi,m),m) - \mathrm{dn}\xi\frac{\mathrm{cn}\xi}{\mathrm{sn}\xi} + C, \quad \int \frac{\mathrm{dn}\xi}{\mathrm{sn}^2\xi}\mathrm{d}\xi = -\frac{\mathrm{cn}\xi}{\mathrm{sn}\xi} + C,$$

将 $\int_{-\infty}^{\xi} V(\xi')\mathrm{d}\xi' + \xi_0$ 计算后代入式 (7.42)~式 (7.44) 可得

$$\begin{cases} x = T + \dfrac{k(m^2 - 2 \pm \sqrt{m^4 - 16m^2 + 16})}{p+q}\xi \\ \qquad + \dfrac{6k}{p+q}\left[E(\mathrm{sn}(\xi,m),m) + \dfrac{\mathrm{cn}\xi(\mathrm{dn}\xi + \varepsilon)}{\mathrm{sn}\xi}\right], \\ u_{9,10} = \dfrac{k^2}{p+q}(4 - 2m^2 \pm \sqrt{m^4 - 16m^2 + 16}) - \dfrac{3k^2}{p+q}\dfrac{(1+\varepsilon\mathrm{dn}\xi)^2}{\mathrm{sn}^2\xi}, \\ \xi = k\left(t - \dfrac{qT}{\beta \pm k^2\sqrt{m^4 - 16m^2 + 16}}\right). \end{cases} \quad (7.54)$$

情形 6 当辅助方程 (7.5) 的解 $f(\xi)$ 满足情形 6 时, 由式 (7.15) 可知

$$c = \frac{q}{\beta \pm k^2\sqrt{4m^4 - 19m^2 + 16}},$$

$$V(\xi) = \frac{k}{p+q}\left[7 - 2m^2 \pm \sqrt{4m^4 - 19m^2 + 16} - \frac{6}{1 - \varepsilon\mathrm{dn}\xi}\right],$$

7.2 修正广义 Vakhnenko 系统的 Jacobi 函数包络解

且

$$\int \frac{1}{1-\varepsilon \mathrm{dn}\xi} \mathrm{d}\xi = \int \frac{1+\varepsilon \mathrm{dn}\xi}{1-\mathrm{dn}^2\xi} \mathrm{d}\xi = \frac{1}{m^2} \int \frac{1+\varepsilon \mathrm{dn}\xi}{\mathrm{sn}^2\xi} \mathrm{d}\xi$$

$$= \frac{1}{m^2}\left[\xi - E(\mathrm{sn}(\xi,m),m) - \mathrm{dn}\xi\frac{\mathrm{cn}\xi}{\mathrm{sn}\xi} - \varepsilon\frac{\mathrm{cn}\xi}{\mathrm{sn}\xi}\right] + C,$$

而

$$\int_{-\infty}^{\xi} V(\xi')\mathrm{d}\xi' + \xi_0 = \frac{k}{m^2(p+q)}(-2m^4 + 7m^2 - 6 \pm m^2\sqrt{4m^4 - 19m^2 + 16})\xi$$

$$+ \frac{6k}{m^2(p+q)}\left[E(\mathrm{sn}(\xi,m),m) + \frac{(\varepsilon + \mathrm{dn}\xi)\mathrm{cn}\xi}{\mathrm{sn}\xi}\right]. \tag{7.55}$$

将式 (7.55) 代入式 (7.42)~ 式 (7.44) 可得

$$\begin{cases} x = T + \dfrac{k(7m^2 - 2m^4 - 6 \pm m^2\sqrt{4m^4 - 19m^2 + 16})}{m^2(p+q)}\xi \\ \quad + \dfrac{6k}{m^2(p+q)}\left[E(\mathrm{sn}(\xi,m),m) + \dfrac{\mathrm{cn}\xi(\mathrm{dn}\xi + \varepsilon)}{\mathrm{sn}\xi}\right], \\ u_{11,12} = \dfrac{k^2}{p+q}(7 - 2m^2 \pm \sqrt{4m^4 - 19m^2 + 16}) - \dfrac{6k^2}{p+q}\dfrac{1}{(1-\varepsilon \mathrm{dn}\xi)}, \\ \xi = k\left(t - \dfrac{qT}{\beta \pm k^2\sqrt{4m^4 - 19m^2 + 16}}\right), \quad \varepsilon = (-1)^j, \quad j = 0, 1. \end{cases} \tag{7.56}$$

对于倍周期解 (7.51), 倍周期解 (7.53) 及倍周期解 (7.54) 和 (7.56), 当 $m \to 1$ 时, 分别退化为相应的孤立波解; 当 $m \to 0$ 时, 分别退化为三角函数解.

情形 7 当辅助方程 (7.5) 的解 $f(\xi)$ 满足情形 7a 时, 由式 (7.16) 可知

$$c = \frac{q}{\beta \pm 4k^2\sqrt{m^4 - m^2 + 1}},$$

$$V(\xi) = \frac{4k}{p+q}\left[m^2 - 2 \pm \sqrt{m^4 - m^2 + 1} + \frac{3(1-m^2)}{\mathrm{dn}^2\xi}\right],$$

且

$$\int \frac{1}{\mathrm{dn}^2\xi}\mathrm{d}\xi = \frac{1}{1-m^2}\left[E(\mathrm{sn}(\xi,m),m) - m^2\frac{\mathrm{sn}\xi\mathrm{cn}\xi}{\mathrm{dn}\xi}\right] + C,$$

而

$$\int_{-\infty}^{\xi} V(\xi')\mathrm{d}\xi' + \xi_0 = \frac{4k}{p+q}(m^2 - 2 \pm m^2\sqrt{m^4 - m^2 + 1})\xi$$

$$+ \frac{12k}{p+q}\left[E(\mathrm{sn}(\xi,m),m) - m^2\frac{\mathrm{sn}\xi\mathrm{cn}\xi}{\mathrm{dn}\xi}\right]. \tag{7.57}$$

将式 (7.57) 代入式 (7.42)~式 (7.44) 即得

$$\begin{cases} x = T + \dfrac{4k(m^2 - 2 \pm \sqrt{m^4 - m^2 + 1})}{p+q}\xi \\ \qquad + \dfrac{12k}{p+q}\left[E(\mathrm{sn}(\xi,m),m) - m^2\dfrac{\mathrm{sn}\xi\mathrm{cn}\xi}{\mathrm{dn}\xi}\right], \\ u_{13,14} = \dfrac{4k^2}{p+q}\left[m^2 - 2 \pm \sqrt{m^4 - m^2 + 1} + 3(1-m^2)\dfrac{1}{\mathrm{dn}^2(\xi)}\right], \\ \xi = k\left(t - \dfrac{qT}{\beta \pm 4k^2\sqrt{m^4 - m^2 + 1}}\right). \end{cases} \quad (7.58)$$

当辅助方程 (7.5) 的解 $f(\xi)$ 分别满足情形 7b (即 $f(\xi)$ 满足式 (7.17)) 和情形 7c (即 $f(\xi)$ 满足式 (7.18)) 时, 求解计算过程与上述情形相仿, 本书略去.

情形 8　当辅助方程 (7.5) 的解 $f(\xi)$ 满足情形 8 时, 由式 (7.19) 可知

$$c = \dfrac{q}{\beta \pm k^2\sqrt{m^4 + 14m^2 + 1}},$$

$$V(\xi) = \dfrac{k}{p+q}\left[1 - 5m^2 \pm \sqrt{m^4 + 14m^2 + 1} - 6(1-m^2)\dfrac{1+\varepsilon\mathrm{sn}\xi}{\mathrm{cn}^2\xi}\right],$$

且

$$\int \dfrac{1}{\mathrm{cn}^2\xi}\mathrm{d}\xi = \xi - \dfrac{1}{1-m^2}\left[E(\mathrm{sn}(\xi,m),m) - \mathrm{dn}\xi\dfrac{\mathrm{sn}\xi}{\mathrm{cn}\xi}\right] + C,$$

$$\int \dfrac{\varepsilon\mathrm{sn}\xi}{\mathrm{cn}^2\xi}\mathrm{d}\xi = \dfrac{\varepsilon}{1-m^2}\dfrac{\mathrm{dn}\xi}{\mathrm{cn}\xi} + C,$$

而

$$\begin{aligned}\int_{-\infty}^{\xi} V(\xi')\mathrm{d}\xi' + \xi_0 &= \dfrac{k}{p+q}(m^2 - 5 \pm \sqrt{m^4 + 14m^2 + 1})\xi \\ &\quad + \dfrac{6k}{p+q}\left[E(\mathrm{sn}(\xi,m),m) - \dfrac{(\varepsilon+\mathrm{sn}\xi)\mathrm{dn}\xi}{\mathrm{cn}\xi}\right].\end{aligned} \quad (7.59)$$

将式 (7.59) 代入式 (7.42)~式 (7.44) 即得

$$\begin{cases} x = T + \dfrac{k(m^2 - 5 \pm \sqrt{m^4 + 14m^2 + 1})}{p+q}\xi \\ \qquad + \dfrac{6k}{p+q}\left[E(\mathrm{sn}(\xi,m),m) - \dfrac{\mathrm{dn}\xi}{\mathrm{cn}\xi}(\mathrm{sn}\xi + \varepsilon)\right], \\ u_{15,16} = \dfrac{k^2}{p+q}\left[1 - 5m^2 \pm \sqrt{m^4 + 14m^2 + 1} - 6(1-m^2)\dfrac{1}{1-\varepsilon\mathrm{sn}(\xi)}\right], \\ \xi = k\left(t - \dfrac{qT}{\beta \pm k^2\sqrt{m^4 + 14m^2 + 1}}\right), \quad \varepsilon = (-1)^j, \quad j = 0, 1. \end{cases} \quad (7.60)$$

情形 9   当辅助方程 (7.5) 的解 $f(\xi)$ 满足情形 9 时，由式 (7.20) 可知

$$c = \frac{q}{\beta \pm k^2\sqrt{m^4 + 14m^2 + 1}},$$

$$V(\xi) = \frac{k}{p+q}\left[m^2 - 5 \pm \sqrt{m^4 + 14m^2 + 1} + 6(1-m^2)\frac{1}{1+\varepsilon m \operatorname{sn}\xi}\right],$$

且

$$\int \frac{1}{1+\varepsilon m \operatorname{sn}\xi}\mathrm{d}\xi = \int \frac{1-\varepsilon m \operatorname{sn}\xi}{1-m^2\operatorname{sn}^2\xi}\mathrm{d}\xi = \int \frac{1-\varepsilon m \operatorname{sn}\xi}{\operatorname{dn}^2\xi}\mathrm{d}\xi$$

$$= \frac{1}{1-m^2}E(\operatorname{sn}(\xi,m),m) - \frac{m^2}{1-m^2}\operatorname{sn}\xi\frac{\operatorname{cn}\xi}{\operatorname{dn}\xi} - \varepsilon m \int \frac{\operatorname{sn}\xi}{\operatorname{dn}^2\xi}\mathrm{d}\xi$$

$$= \frac{1}{1-m^2}E(\operatorname{sn}(\xi,m),m) + \frac{\varepsilon m}{1-m^2}\frac{\operatorname{cn}\xi}{\operatorname{dn}\xi} - \frac{m^2}{1-m^2}\frac{\operatorname{sn}\xi\operatorname{cn}\xi}{\operatorname{dn}\xi}$$

$$= \frac{1}{1-m^2}\left[E(\operatorname{sn}(\xi,m),m) + \varepsilon m \frac{(1-\varepsilon \operatorname{sn}\xi)\operatorname{cn}\xi}{\operatorname{dn}\xi}\right],$$

而

$$\int_{-\infty}^{\xi} V(\xi')\mathrm{d}\xi' + \xi_0 = \frac{k}{p+q}(m^2 - 5 \pm \sqrt{m^4 + 14m^2 + 1})\xi$$

$$+ \frac{6k}{p+q}\left[E(\operatorname{sn}(\xi,m),m) + \varepsilon m \frac{(1-\varepsilon m\operatorname{sn}\xi)\operatorname{cn}\xi}{\operatorname{dn}\xi}\right]. \quad (7.61)$$

将式 (7.61) 代入式 (7.42)~式 (7.44) 即得

$$\begin{cases} x = T + \dfrac{k(m^2 - 5 \pm \sqrt{m^4 + 14m^2 + 1})}{p+q}\xi \\ \qquad + \dfrac{6k}{p+q}\left[E(\operatorname{sn}(\xi,m),m) + \varepsilon m \dfrac{\operatorname{cn}\xi}{\operatorname{dn}\xi}(1-\varepsilon m\operatorname{sn}\xi)\right], \\ u_{17,18} = \dfrac{k^2}{p+q}\left[m^2 - 5 \pm \sqrt{m^4 + 14m^2 + 1} + 6(1-m^2)\dfrac{1}{1+\varepsilon m\operatorname{sn}(\xi)}\right], \\ \xi = k\left(t - \dfrac{qT}{\beta \pm k^2\sqrt{m^4 + 14m^2 + 1}}\right), \quad \varepsilon = (-1)^j, \quad j = 0,1. \end{cases} \quad (7.62)$$

对于解 (7.58), 解(7.60) 和解 (7.62)，当 $m \to 1$ 时，分别退化为常数解 $u = 0$ 和 $u = -\dfrac{8k^2}{p+q}$.

情形 10   当辅助方程 (7.5) 的解 $f(\xi)$ 满足情形 10 时，由式 (7.21) 可知

$$c = \frac{q}{\beta \pm k^2\sqrt{m^4 - 16m^2 + 16}},$$

$$V(\xi) = \frac{k}{p+q}(4 - 2m^2 \pm \sqrt{m^4 - 16m^2 + 16}) - \frac{3km^2}{p+q}(\mathrm{sn}\xi + \mathrm{i}\varepsilon\mathrm{cn}\xi)^2,$$

且

$$\int (\mathrm{sn}\xi + \mathrm{i}\varepsilon\mathrm{cn}\xi)^2 \mathrm{d}\xi = \frac{1}{m^2}[(2-m^2)\xi - 2E(\mathrm{sn}(\xi,m),m) - 2\mathrm{i}\varepsilon\mathrm{dn}\xi] + C,$$

而

$$\begin{aligned}&\int_{-\infty}^{\xi} V(\xi')\mathrm{d}\xi' + \xi_0 \\ &= \frac{k}{p+q}(m^2 - 2 \pm \sqrt{m^4 - 16m^2 + 16})\xi + \frac{6k}{p+q}[E(\mathrm{sn}(\xi,m),m) + \mathrm{i}\varepsilon\mathrm{dn}\xi].\end{aligned} \quad (7.63)$$

将式 (7.63) 代入式 (7.42)~ 式 (7.44) 即得

$$\begin{cases} x = T + \dfrac{k(m^2 - 2 \pm \sqrt{m^4 - 16m^2 + 16})}{p+q}\xi + \dfrac{6k}{p+q}[E(\mathrm{sn}(\xi,m),m) + \mathrm{i}\varepsilon\mathrm{dn}\xi], \\ u_{19,20} = \dfrac{k^2}{p+q}(4 - 2m^2 \pm \sqrt{m^4 - 16m^2 + 16}) - \dfrac{3k^2m^2}{p+q}(\mathrm{sn}\xi + \mathrm{i}\varepsilon\mathrm{cn}\xi)^2, \\ \xi = k\left(t - \dfrac{qT}{\beta \pm k^2\sqrt{m^4 - 16m^2 + 16}}\right), \quad \varepsilon = (-1)^j, \quad j = 0, 1. \end{cases} \quad (7.64)$$

解 (7.64) 为复数形式, 其中实部和虚部分别由倍周期 Jacobi 函数组成, 而且当 $m \to 1$ 时, 实部和虚部分别退化为孤立波解.

$$\begin{cases} x = T + \dfrac{k(-1 \pm 1)}{p+q}\xi + \dfrac{6k}{p+q}(\tanh\xi + \mathrm{i}\varepsilon\mathrm{sech}\xi), \\ u_{19s,20s} = \dfrac{k^2}{p+q}(-1 \pm 1) + \dfrac{6k^2}{p+q}(\mathrm{sech}^2\xi - \mathrm{i}\varepsilon\mathrm{sech}\xi\tanh\xi), \\ \xi = k\left(t - \dfrac{qT}{\beta \pm k^2}\right). \end{cases} \quad (7.65)$$

这里, 式 (7.65) 中 $u_{19s,20s}$ 表示孤立波解.

上述计算过程中要使用 Jacobi 椭圆函数积分公式, 可参阅文献 [6].

7.3 修正广义 Vakhnenko 系统的行波与孤立波特性

下面我们通过将修正广义 Vakhnenko 系统 (7.24) 的行波与孤立波解进行可视化, 来说明含 Jacobi 椭圆函数周期行波解与其对应的退化后的孤立波的关系. 以情

7.3 修正广义 Vakhnenko 系统的行波与孤立波特性

形 1 中的解 (7.46) 为例, 为方便讨论, 将解 (7.46) 分开写为

$$\begin{cases} x = T + \dfrac{4k}{p+q}(m^2 - 2 + \sqrt{m^4 - m^2 + 1})\xi + \dfrac{12k}{p+q}E(\mathrm{sn}(\xi,m),m), \\ u_1 = \dfrac{4k^2}{p+q}(m^2 + 1 + \sqrt{m^4 - m^2 + 1} - 3m^2\mathrm{sn}^2\xi), \\ \xi = k\left(t - \dfrac{qT}{\beta + 4k^2\sqrt{m^4 - m^2 + 1}}\right), \end{cases} \tag{7.66}$$

和

$$\begin{cases} x = T + \dfrac{4k}{p+q}(m^2 - 2 + \sqrt{m^4 - m^2 + 1})\xi + \dfrac{12k}{p+q}E(\mathrm{sn}(\xi,m),m), \\ u_2 = \dfrac{4k^2}{p+q}(m^2 + 1 - \sqrt{m^4 - m^2 + 1} - 3m^2\mathrm{sn}^2\xi), \\ \xi = k\left(t - \dfrac{qT}{\beta - 4k^2\sqrt{m^4 - m^2 + 1}}\right). \end{cases} \tag{7.67}$$

设置 t, k, p, q 为固定值

$$t = 0,\ k = 1,\ p = 5,\ q = 1. \tag{7.68}$$

令 β 取不同的值, 如图 7.1 和图 7.2 所示, 我们画出解 u_1 (7.66) 和解 u_2 (7.67), 在 m 分别为 $0.6, 1$ 时的三种 Jacobi 椭圆函数解图形和对应的退化后的孤立波图形.

一个有趣的现象是, 修正广义 Vakhnenko 系统 (7.24) 的孤立波解有环状、尖状和峰状三种, 这与第 6 章中的扩展广义 Vakhnenko 系统有类似的特性. 在解 u_1 (7.66) 和解 u_2 (7.67) 的图 7.2 中, 我们看到, 在 $x = 0$ 点, 当模数 $m = 0.6$ 时图形与 $m \to 1$ 的退化孤立波图形的类型一致.

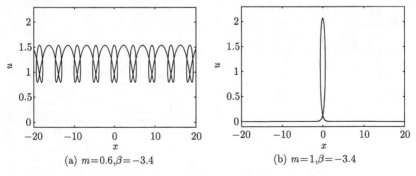

(a) $m=0.6, \beta=-3.4$ (b) $m=1, \beta=-3.4$

图 7.1 行波与孤立波关系图. 解 u_1 (7.66) 满足条件 (7.68), 模数 m 和 β 取不同值

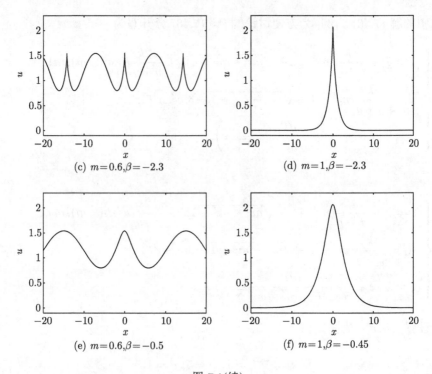

图 7.1(续)

另外, 解 u_1 (7.66) 和解 u_2 (7.67) 退化的孤立波解的振幅要明显大于 Jacobi 函数周期波解的振幅, 但这与模数 m 的取值有关, m 越接近于 1 两者的振幅越接近, 反之, m 越接近于 0, 行波解的振幅会越小. 当 $m \to 0$ 时, 解 u_1 (7.66) 和解 u_2 (7.67) 均退化为常数解.

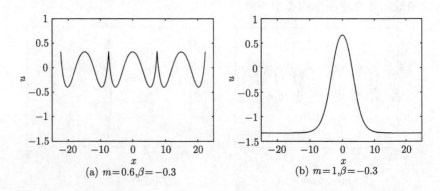

图 7.2 行波与孤立波关系图. 解 u_2 (7.67) 满足条件 (7.68), 模数 m 和 β 取不同值

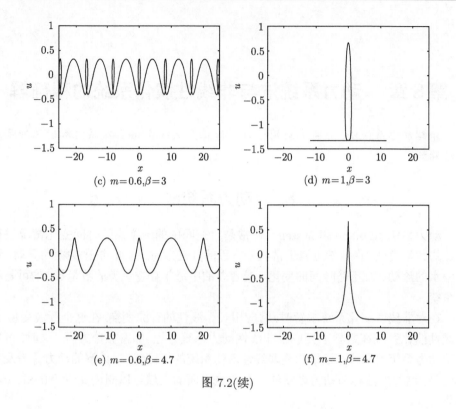

图 7.2(续)

7.4 本章小结

本章我们引入了一类辅助方法, 即 F- 展开法, 应用该方法获得了修正广义 Vakhnenko 系统 (7.24) 的系列 Jacobi 函数的倍周期行波解, 当 Jacobi 函数中的模数 $m \to 1$ 时, 行波退化为孤立波, 进而研究了这些行波与孤立波的特征, 其孤立波具有环状、尖状和峰状等三种情形.

第 8 章　动力系统法与非线性演化系统的精确解

介绍动力系统法, 并将其应用于计算修正广义 Vakhnenko 系统和短脉冲系统的精确解.

8.1　动力系统法

动力系统 (dynamical system) 通常是对空间中的一个点随时间变化情况进行描述的数学模型. 在数学上属于常微分方程的分支方向. 例如, 描述钟摆的晃动、管道中水的流动、血压随时间的变化、或者湖泊中每年春季鱼类的数量等, 均可是动力系统.

在对非线性演化系统求解时, 常应用一个线性的行波变换, 在这个行波变换下, 非线性演化系统在数学上变成了非线性动力系统方程, 即常微分方程. 这时, 可以应用动力系统的求解方法来构造非线性演化系统的精确解, 讨论解的动力行为及其演化等, 这种方法称为动力系统法. 有关这方面的文献可以阅读文献 [80–87, 104, 105].

本章将引用动力系统法来构造两类非线性系统的精确解.

8.2　动力系统法求修正广义 Vakhnenko 系统的精确解

考虑如下的修正广义 Vakhnenko 系统

$$\frac{\partial}{\partial x}\left(\mathscr{D}^2 u + \frac{1}{2}pu^2 + \beta u\right) + q\mathscr{D}u = 0, \quad \mathscr{D} := \frac{\partial}{\partial t} + u\frac{\partial}{\partial x}, \tag{8.1}$$

其中 p, q 和 β 为任意非零常数.

下面我们应用动力系统法求解修正广义 Vakhnenko 系统 (8.1) 的精确行波解.

8.2.1　修正广义 Vakhnenko 系统的三类精确行波解

引入如下的行波变换

$$u(x,t) = \phi(\xi), \quad \xi = x + ct, \tag{8.2}$$

其中 c 为波速.

在变换 (8.2) 下, 可得

8.2 动力系统法求修正广义 Vakhnenko 系统的精确解

$$\mathscr{D}u = c\phi'(\xi) + \phi\phi'(\xi), \tag{8.3}$$

$$\mathscr{D}^2 u = (c+\phi)^2\phi''(\xi) + (c+\phi)\phi'^2(\xi), \tag{8.4}$$

$$\frac{\partial}{\partial x}\left(\mathscr{D}^2 u + \frac{1}{2}pu^2 + \beta u\right) = \left(\mathscr{D}^2 u + \frac{1}{2}pu^2 + \beta u\right)'_\xi. \tag{8.5}$$

将式 (8.3)~ 式 (8.5) 代入式 (8.1), 对 ξ 积分一次可得

$$(c+\phi)^2\phi''(\xi) + (c+\phi)\phi'^2(\xi) + \frac{p+q}{2}\phi^2 + (\beta+cq)\phi = h_1, \tag{8.6}$$

其中 h_1 为积分常数.

方程 (8.6) 等价于如下的平面动力系统

$$\frac{\mathrm{d}\phi}{\mathrm{d}\xi} = y, \quad \frac{\mathrm{d}y}{\mathrm{d}\xi} = -\frac{(c+\phi)y^2 + \dfrac{p+q}{2}\phi^2 + (\beta+cq)\phi - h_1}{(c+\phi)^2}. \tag{8.7}$$

引入变换

$$\frac{\mathrm{d}\xi}{\mathrm{d}\tau} = c+\phi, \tag{8.8}$$

方程 (8.7) 可转换为如下的新动力系统

$$\frac{\mathrm{d}\phi}{\mathrm{d}\tau} = (c+\phi)y, \quad \frac{\mathrm{d}y}{\mathrm{d}\tau} = \frac{-(c+\phi)y^2 - \dfrac{p+q}{2}\phi^2 - (\beta+cq)\phi + h_1}{c+\phi}. \tag{8.9}$$

对式 (8.9) 中的第二个方程再积分一次可得

$$y^2(\tau) = \frac{-\dfrac{p+q}{3}\phi^3 - (\beta+cq)\phi^2 + 2h_1\phi + h_2}{(c+\phi)^2}, \tag{8.10}$$

其中 h_2 为积分常数.

将式 (8.10) 代入式 (8.9) 可得

$$\phi'^2(\tau) = h_2 + h_1\phi - (\beta+cq)\phi^2 - \frac{p+q}{3}\phi^3. \tag{8.11}$$

当 $p+q \neq 0$ 时, 我们讨论方程 (8.11) 的三种形式的解: Weierstrass 椭圆函数解, 三角函数解和 Jacobi 椭圆函数解.

1. Weierstrass 椭圆函数解

当 $\beta = -cq$ 时, 方程 (8.11) 有如下的 Weierstrass 椭圆函数解:

$$\phi(\tau) = -2(2p+2q)^{-\frac{1}{3}}W\left(-\frac{\sqrt{3}}{6}(2p+2q)^{\frac{1}{3}}\tau, -\frac{3h_1(2p+2q)^{\frac{2}{3}}}{p+q}, -3h_2\right), \tag{8.12}$$

其中 $W(\cdot,\cdot,\cdot)$ 为 Weierstrass 椭圆函数.

由方程 (8.8) 可知, 对 ξ 积分, 可得修正广义 Vakhnenko 系统 (8.1) 的 Weierstrass 椭圆函数解.

$$\begin{cases} u_1(x,t) = -2(2p+2q)^{-\frac{1}{3}} W\left(-\frac{\sqrt{3}}{6}(2p+2q)^{\frac{1}{3}}\tau, \frac{6h_1(2p+2q)^{\frac{2}{3}}}{p+q}, -3h_2\right), \\ \xi = -\frac{\beta}{q}\tau + \frac{4\sqrt{3}}{(2p+2q)^{\frac{2}{3}}}\text{WZeta}\left(-\frac{\sqrt{3}}{6}(2p+2q)^{\frac{1}{3}}\tau, \frac{6h_1(2p+2a)^{\frac{2}{3}}}{p+q}, -3h_2\right), \\ \xi = x - \frac{\beta}{q}t, \end{cases} \tag{8.13}$$

其中 $\text{WZeta}(\cdot,\cdot,\cdot)$ 表示 Weierstrass Zeta 椭圆函数.

2. 三角函数解

当 $h_1 = h_2 = 0$ 时, 方程 (8.11) 有如下三角函数解

$$\phi(\tau) = -\frac{3(\beta+cq)}{p+q}\sec^2\left(\frac{1}{2}\sqrt{\beta+cq}\tau\right), \quad \beta+cq > 0. \tag{8.14}$$

考虑方程 (8.8), 对 ξ 积分一次, 可得修正广义 Vakhnenko 系统 (8.1) 的三角函数解.

$$\begin{cases} u_2(x,t) = -\frac{3(\beta+cq)}{p+q}\sec^2\left(\frac{1}{2}\sqrt{\beta+cq}\tau\right), \\ \xi = c\tau - \frac{6\sqrt{\beta+cq}}{p+q}\tan\left(\frac{1}{2}\sqrt{\beta+cq}\tau\right), \quad \beta+cq > 0, \quad \xi = x+ct. \end{cases} \tag{8.15}$$

3. Jacobi 椭圆函数解

当 $h_1 = 0$ 时, 设方程 (8.11) 有如下 Jacobi 椭圆函数解

$$\phi(\tau) = a_0 + a_1 \text{sn}\tau + a_2 \text{sn}^2\tau, \quad a_2 \neq 0. \tag{8.16}$$

由方程 (8.11), 可得

$$2\phi'' = -(p+q)\phi^2 - 2(\beta+cq)\phi, \tag{8.17}$$

和

$$\phi' = (a_1 + 2a_2\text{sn}\tau)\text{cn}\tau\text{dn}\tau, \tag{8.18}$$

$$\phi'' = 2a_2 - (1+m^2)a_1\text{sn}\tau - 4(1+m^2)a_2\text{sn}^2\tau + 2m^2 a_1\text{sn}^3\tau + 6m^2 a_2\text{sn}^4\tau, \tag{8.19}$$

$$\phi^2 = a_0^2 + 2a_0 a_1 \text{sn}\tau + (a_1^2 + 2a_0 a_2)\text{sn}^2\tau + 2a_1 a_2 \text{sn}^3\tau + a_2^2 \text{sn}^4\tau, \tag{8.20}$$

8.2 动力系统法求修正广义 Vakhnenko 系统的精确解

将式 (8.16), 式 (8.19) 和式 (8.20) 代入式 (8.17), 合并 sn 的同类项并令其系数为零, 可得到关于 a_0, a_1, a_2, c 和 h 的超定方程组

$$\mathrm{sn}^4\tau: \quad 12m^2 a_2 + (p+q)a_2^2 = 0, \tag{8.21}$$

$$\mathrm{sn}^3\tau: \quad 4m^2 a_1 + (p+q)2a_1 a_2 = 0, \tag{8.22}$$

$$\mathrm{sn}^2\tau: \quad -8(m^2+1)a_2 + (p+q)(a_1^2 + 2a_0 a_2) + 2(\beta + cq)a_2 = 0, \tag{8.23}$$

$$\mathrm{sn}\tau: \quad -2(1+m^2)a_1 + (p+q)2a_0 a_1 + 2(\beta + cq)a_1 = 0, \tag{8.24}$$

$$\mathrm{sn}^0\tau: \quad 4a_2 + (p+q)a_0^2 + 2(\beta + cq)a_0 = 0. \tag{8.25}$$

求解方程组: 式 (8.21)~式 (8.25), 可得

$$\begin{cases} a_0 = \dfrac{4(m^2+1) \mp 4\sqrt{m^4 - m^2 + 1}}{p+q}, \\ a_1 = 0, \\ a_2 = -\dfrac{12m^2}{p+q}, \\ c = \dfrac{-\beta \pm 4\sqrt{m^4 - m^2 + 1}}{q}. \end{cases} \tag{8.26}$$

将式 (8.26) 代入式 (8.16), 注意到变换 (8.8), 可计算得到修正广义 Vakhnenko 系统 (8.1) 的 Jacobi 椭圆函数解

$$\begin{cases} u_3(x,t) = \dfrac{4(m^2 + 1 - \sqrt{m^4 - m^2 + 1})}{p+q} - \dfrac{12m^2}{p+q}\mathrm{sn}^2\tau, \\ \xi = \left[\dfrac{-\beta + 4\sqrt{m^4 - m^2 + 1}}{q} + \dfrac{4(m^2 + 1 - \sqrt{m^4 - m^2 + 1})}{p+q}\right]\tau - \dfrac{12}{p+q}E(\tau, m) + C, \\ \xi = x + \dfrac{-\beta + 4\sqrt{m^4 - m^2 + 1}}{q}t, \end{cases} \tag{8.27}$$

和

$$\begin{cases} u_4(x,t) = \dfrac{4(m^2 + 1 + \sqrt{m^4 - m^2 + 1})}{p+q} - \dfrac{12m^2}{p+q}\mathrm{sn}^2\tau, \\ \xi = \left[\dfrac{-\beta - 4\sqrt{m^4 - m^2 + 1}}{q} + \dfrac{4(m^2 + 1 + \sqrt{m^4 - m^2 + 1})}{p+q}\right]\tau - \dfrac{12}{p+q}E(\tau, m) + C, \\ \xi = x - \dfrac{\beta + 4\sqrt{m^4 - m^2 + 1}}{q}t, \end{cases} \tag{8.28}$$

其中 $E(\tau, m)$ 为 Jacobi 椭圆正弦函数 $\text{sn}(\tau, m)$ 的积分, C 为积分常数 (可参考附录 A).

当解 (8.27) 和解 (8.28) 中的模数 $m \to 0$, 可退化为三角函数解; 当解 (8.27) 和解 (8.28) 中的模数 $m \to 1$, 可退化为如下的孤立波解

$$\begin{cases} u_{3s}(x,t) = \dfrac{4}{p+q}(1 - 3\text{sech}^2\tau), \\ \xi = \left(\dfrac{4-\beta}{q} + \dfrac{4}{p+q}\right)\tau - \dfrac{12}{p+q}\tanh\tau + C, \quad \xi = x + \dfrac{4-\beta}{q}t, \end{cases} \quad (8.29)$$

和

$$\begin{cases} u_{4s}(x,t) = \dfrac{12}{p+q}(1 - \text{sech}^2\tau), \\ \xi = \left(\dfrac{4}{p+q} - \dfrac{4+\beta}{q}\right)\tau - \dfrac{12}{p+q}\tanh\tau + C, \quad \xi = x - \dfrac{\beta+4}{q}t. \end{cases} \quad (8.30)$$

在解 (8.13), 解 (8.15), 解 (8.27) 和解 (8.28) 中, 系统参数 β 对解的影响较大, 我们以解 (8.27) 为例来说明.

先固定变量 t 和参数 C, m, p, q 如下

$$t = 0, C = 0, m = 0.8, p = 1, q = 5, \quad (8.31)$$

设置 β 取不同值. 解的不同状态如图 8.1~ 图 8.8 所示. β 从小到大的变化时, 周期波由峰状变到尖状, 再到环状. 这三种情形对应了当模数 $m \to 1$ 时的三种孤立波情形.

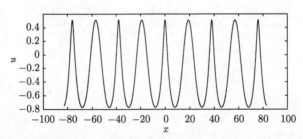

图 8.1 周期波解. 解 (8.27) 在设置 (8.31) 且 $\beta = -5$ 时的图形

注记 若取式 (8.16) 中的 Jacobi 椭圆正弦函数 $\text{sn}(\tau)$ 为其他 Jacobi 椭圆函数 (如 Jacobi 椭圆余弦函数 $\text{cn}(\tau)$ 或第三类 Jacobi 椭圆函数 $\text{dn}(\tau)$) 时, 我们可用同样的方法计算得到对应 Jacobi 椭圆函数的解列.

本节中所获得的所有解都可以验证其正确性.

8.2 动力系统法求修正广义 Vakhnenko 系统的精确解

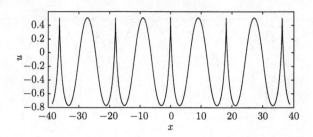

图 8.2　周期波解. 解 (8.27) 在设置 (8.31) 且 $\beta = 6$ 时的图形

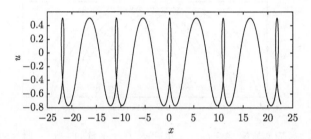

图 8.3　周期波解. 解 (8.27) 在设置 (8.31) 且 $\beta = 10$ 时的图形

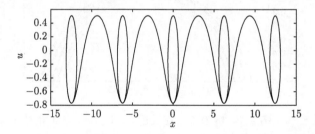

图 8.4　周期波解. 解 (8.27) 在设置 (8.31) 且 $\beta = 12.6$ 时的图形

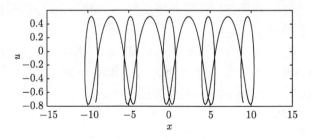

图 8.5　周期波解. 解 (8.27) 在设置 (8.31) 且 $\beta = 13.2$ 时的图形

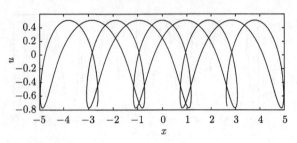

图 8.6 周期波解. 解 (8.27) 在设置 (8.31) 且 $\beta = 15$ 时的图形

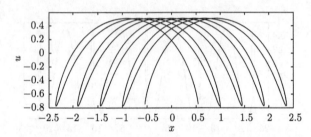

图 8.7 周期波解. 解 (8.27) 在设置 (8.31) 且 $\beta = 15.8$ 时的图形

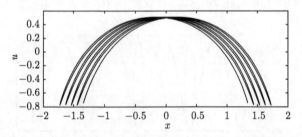

图 8.8 周期波解. 解 (8.27) 在设置 (8.31) 且 $\beta = 16$ 时的图形

8.2.2 解的验证

应用动力系统法, 我们已经获得的修正广义 Vakhnenko 系统的三类精确行波解, 下面给出解的验证.

由式 (8.2)~ 式 (8.6) 可知, 修正广义 Vakhnenko 系统 (8.1) 等价于方程 (8.8). 这样, 我们只需要解 (8.13), 解 (8.15), 解 (8.27) 和解 (8.28) 满足方程 (8.8).

下面以解 (8.13) 为例来验证其满足方程 (8.8).

由解 (8.13) 可知

$$\xi = x - \frac{\beta}{q}t = x + ct, \tag{8.32}$$

其中 $c = -\dfrac{\beta}{q}$.

8.2 动力系统法求修正广义 Vakhnenko 系统的精确解

由解 (8.15) 的第二式可知

$$\frac{\mathrm{d}\xi}{\mathrm{d}\tau} = -\frac{\beta}{q} - 2(2p+2q)^{-\frac{1}{3}} W\left(-\frac{\sqrt{3}}{6}(2p+2q)^{\frac{1}{3}}\tau, \frac{6h_1(2p+2q)^{\frac{2}{3}}}{p+q}, -3h_2\right) \qquad (8.33)$$
$$= c + u_1(x,t).$$

由式 (8.2) 可知 $u_1 = \phi(\xi)$, $\xi = x + ct$, 而式 (8.33) 可写为

$$\frac{\mathrm{d}\xi}{\mathrm{d}\tau} = c + \phi(\xi). \qquad (8.34)$$

注意到

$$\phi'(\tau) = \phi'(\xi)\frac{\mathrm{d}\xi}{\mathrm{d}\tau}, \qquad (8.35)$$

可计算得

$$\phi''(\tau) = \phi''(\xi)\left(\frac{\mathrm{d}\xi}{\mathrm{d}\tau}\right)^2 + \phi'^2(\xi)\frac{\mathrm{d}\xi}{\mathrm{d}\tau}. \qquad (8.36)$$

由式 (8.34) 和式 (8.36) 可知

$$\phi''(\tau) = (c+\phi)^2 \phi''(\xi) + (c+\phi)\phi'^2(\xi). \qquad (8.37)$$

考虑到

$$W(z, g_2, g_3) \triangleq W\left(-\frac{\sqrt{3}}{6}(2p+2q)^{\frac{1}{3}}\tau, \frac{6h_1(2p+2q)^{\frac{2}{3}}}{p+q}, -3h_2\right), \qquad (8.38)$$

其中 $g_2 = \dfrac{6h_1(2p+2q)^{\frac{2}{3}}}{p+q}$, $g_3 = -3h_2$.

由于 $W(z, g_2, g_3)$ 满足

$$[W'_Z(z, g_2, g_3)]^2 = 4W^3 - g_2 W - g_3. \qquad (8.39)$$

这样, $\phi(\tau) = -\dfrac{2}{(2p+2q)^{\frac{1}{3}}} W(z, g_2, g_3)$, 即

$$W = -\frac{(2p+2q)^{\frac{1}{3}}}{2}\phi(\tau), \qquad (8.40)$$

和

$$W'_Z(z, g_2, g_3) = \sqrt{3}\phi'(\tau). \qquad (8.41)$$

将式 (8.41), 式 (8.40), 式 (8.38) 代入式 (8.39), 计算可得

$$\phi'^2(\tau) = h_2 + 2h_1 \phi - \frac{p+q}{3}\phi^3. \qquad (8.42)$$

由式 (8.42) 可得
$$\phi''(\tau) = h_1 - \frac{p+q}{2}\phi^2. \tag{8.43}$$

联合式 (8.37) 和式 (8.43) 可得
$$(c+\phi^2)\phi''(\xi) + (c+\xi)\phi'^2(\xi) = h_1 - \frac{p+q}{2}\phi^2,$$

即
$$(c+\phi)^2\phi''(\xi) + (c+\phi)\phi'^2(\xi) + \frac{p+q}{2}\phi^2 = h_1. \tag{8.44}$$

注意到 $\beta + cq = 0$, 方程 (8.39) 等价于方程 (8.44). 因此, 我们证明了解 (8.13) 为修正广义 Vakhnenko 系统 (8.1) 的解.

8.3 动力系统法求短脉冲系统的精确解

8.3.1 短脉冲系统

短脉冲系统 (short pulse system) 如下
$$u_{xt} = u + \frac{1}{6}(u^3)_{xx}. \tag{8.45}$$

短脉冲系统 (8.45) 是一类具有强非线性项的非线性系统. 该系统是描述超短光脉冲在硅化光纤中的传播的理想数学物理模型. 它最早可追溯到如下的 Rabelo 系统[118]
$$u_{xt} = ((\alpha g(u) + \beta)u_x)_x \pm g'(u), \tag{8.46}$$

其中 $g(u)$ 为如下线性常微方程的任意解
$$g''(u) + ug(u) = \theta, \tag{8.47}$$

且 α, β, μ 和 θ 为任意常数. 系统 (8.47) 可模型化带参数的仿球界面、具有零曲率的短脉冲传播. 短脉冲系统 (8.46) 的 Lax 对和 Bäcklund 变换已有学者给出[119]. 当系统中的参数 $\alpha \neq 0$ 时, 系统 (8.46) 和系统 (8.47) 可转化为四个等价新系统, 分别叫平方 Rabelo 系统、立方 Rabelo 系统、指数 Rabelo 系统和正弦 Rabelo 系统. 而短脉冲系统 (8.45) 就是立方 Ralebo 系统[120].

立方非线性材料是很常见的传播介质, 系统 (8.45) 的应用背景比较广泛[121]. 与著名的非线性 Schrödinger 系统不同 (可用来描述缓慢变化的波列或波带), 系统 (8.45) 常用来较为精确地描述速度极快的光短脉冲传播过程, 而且已经证明, 脉冲长度越短, 模型化效果越好[122].

相对而言, 对系统 (8.45) 的研究成果要少得多. 现已经证明系统 (8.45) 是可积的[123], 且具有 Wadati-Konno-Ichikawa 类型的解 [124] 和 bi-Hamiltonain 性质[125].

通常, 对系统 (8.45) 求解十分困难. 然而, 学者们通过努力取得不少成果: 通过建立系统 (8.45) 与 sine-Gordon 系统的关系, 并引入变量代换, Parkes 获得了峰状周期解、环状孤立波解和环状周期解[126]; 环和多环孤立波[127, 128]; 双相位周期解[129]; Jacobi 椭圆函数解[130, 131]; 用同伦法构造的单环孤立解[132]; Moloney-Hodnett 降阶法获得 N 孤立波解[133]; 单峰解[134]; 离散解[135] 等.

本节我们尝试使用动力系统法构造短脉冲系统 (8.45) 的解.

8.3.2 短脉冲系统的 Jacobi 椭圆函数解

先将系统 (8.45) 重写为

$$u_{xt} = u + uu_x^2 + \frac{1}{2}u^2 u_{xx}. \tag{8.48}$$

引入行波变换

$$u(x,t) = \phi(\xi), \quad \xi = k(x - ct), \tag{8.49}$$

易知

$$u_x = \phi'(\xi), \quad u_{xx} = \phi''(\xi), \quad u_{xt} = -c\phi''(\xi). \tag{8.50}$$

将式 (8.50) 代入式 (8.48), 对 ξ 积分一次, 且取积分常数为零, 则

$$\left(\frac{1}{2}\phi^2 + c\right)u''(\xi) + \phi\phi'^2(\xi) + \phi(\xi) = 0. \tag{8.51}$$

引入变换

$$\frac{\mathrm{d}\phi}{\mathrm{d}\xi} = y, \tag{8.52}$$

和

$$\frac{\mathrm{d}y}{\mathrm{d}\xi} = -\frac{\phi(1+y^2)}{\frac{1}{2}\phi^2 + c}. \tag{8.53}$$

注意到 $\mathrm{d}\xi = \left(\frac{1}{2}\phi^2 + c\right)\mathrm{d}\tau$, 式 (8.52) 和式 (8.53) 转化为

$$\frac{\mathrm{d}\phi}{\mathrm{d}\tau} = \left(\frac{1}{2}\phi^2 + c\right)y, \tag{8.54}$$

$$\frac{\mathrm{d}y}{\mathrm{d}\tau} = -(\phi + \phi y^2). \tag{8.55}$$

联立式 (8.54) 和式 (8.55) 可得

$$y^2 = \frac{h - \left(\frac{1}{2}\phi^2 + c\right)^2}{\left(\frac{1}{2}\phi^2 + c\right)^2}, \tag{8.56}$$

其中 $h > 0$ 为积分常数.

由式 (8.56) 可得

$$y = \pm \sqrt{\frac{h - \left(\frac{1}{2}\phi^2 + c\right)^2}{\left(\frac{1}{2}\phi^2 + c\right)^2}}. \tag{8.57}$$

将式 (8.57) 代入式 (8.54) 可得

$$\left(\frac{\mathrm{d}\phi}{\mathrm{d}\tau}\right)^2 = -\frac{1}{4}\phi^4 - c\phi^2 + (h - c^2). \tag{8.58}$$

应用 Jacobi 椭圆函数法和辅助方程法, 我们可得到如下三种情形的 c 和 m.

(1) $0 < m < 1, c = -\dfrac{m^2+1}{2}, h = m^2 > 0$.

(2) $m = \dfrac{\sqrt{3}}{2}, c = -\dfrac{5}{4}, h = \dfrac{9}{16}$.

(3) $m = \dfrac{1}{2}, c = -\dfrac{1}{2}, h = 1$.

这样, 可计算出短脉冲系统 (8.45) 对应上述三种情形的一个解列.

(1)
$$\begin{cases} u(x,t) = m\mathrm{cn}(\tau, m) + \mathrm{dn}(\tau, m), \\ \xi = m\mathrm{sn}(\tau, m) - \tau + E(\mathrm{sn}(\tau, m), m), \\ \xi = x + \dfrac{1+m^2}{2}t, \end{cases} \tag{8.59}$$

其中 $E(\cdot, m)$ 为 Jacobi 椭圆函数, m 为 Jacobi 椭圆函数的模数. 图 8.9~ 图 8.11 给出了解 (8.59) 的当 $m = 0.1, 0.5, 0.99$ 的波形图.

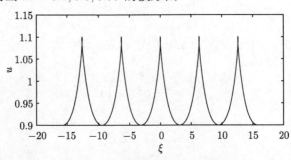

图 8.9 周期波解 (8.59), $m = 0.1$

8.3 动力系统法求短脉冲系统的精确解

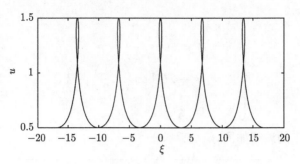

图 8.10 周期波解 (8.59), $m = 0.5$

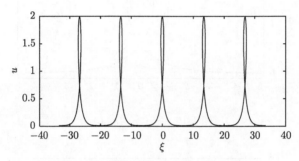

图 8.11 周期波解 (8.59), $m = 0.99$

特别地, 当 $m \to 0$ 时, 解 (8.59) 退化为三角函数; 当 $m \to 1$ 时, 解 (8.59) 退化为环孤立波, 效果如图 8.12 所示.

$$\begin{cases} u(x,t) = 2\text{sech}(\xi), \\ \xi = 2\tanh(\xi), \\ \xi = x + t. \end{cases} \quad (8.60)$$

(2)

$$\begin{cases} u(x,t) = \dfrac{1}{\text{dn}\left(\tau, \dfrac{\sqrt{3}}{2}\right)}, \\ \xi = -\dfrac{5}{4}\tau + 2\left(E\left(\text{sn}\left(\tau, \dfrac{\sqrt{3}}{2}\right), \dfrac{\sqrt{3}}{2}\right) - \dfrac{3}{4}\text{sn}\left(\tau, \dfrac{\sqrt{3}}{2}\right)\dfrac{\text{cn}\left(\tau, \dfrac{\sqrt{3}}{2}\right)}{\text{dn}\left(\tau, \dfrac{\sqrt{3}}{2}\right)}\right), \\ \xi = x + \dfrac{5}{4}t. \end{cases} \quad (8.61)$$

解 (8.61) 的波形如图 8.13 所示.

(3)
$$\begin{cases} u(x,t) = \mathrm{cn}\left(\tau, \dfrac{1}{2}\right), \\ \xi = -\tau + 2E\left(\mathrm{sn}\left(\tau, \dfrac{1}{2}\right), \dfrac{1}{2}\right), \\ \xi = x - \dfrac{1}{2}t. \end{cases} \quad (8.62)$$

周期波解 (8.62) 的波形如图 8.14 所示.

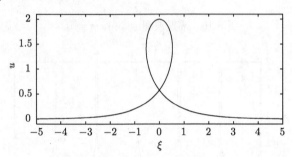

图 8.12　孤立波 (8.60)

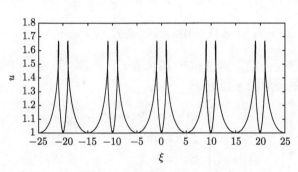

图 8.13　周期波解 (8.61)

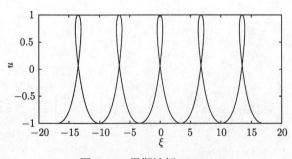

图 8.14　周期波解 (8.62)

8.4 本章小结

动力系统方法是近些年引入的计算非线性演化系统精确解方法,其原理是通过一系列的变换,将非线性演化系统转化为动力系统来处理. 这一方法其优点是计算量较小,对某些含强非线性项的系统较为有效;缺点是只能计算非线性演化系统的行波解.

第9章 混合法构造非线性演化系统的精确解

混合法是综合应用两种或多种符号计算算法,来求解非线性演化系统的精确解的方法. 一般情况下, 在求解时, 需要根据系统特点, 灵活应用多种辅助方程法.

本章给出了一个混合法的例子: (G'/G) 展开法与 Jacobi 椭圆函数法结合, 获得了 (1+1) 维 Gardner 系统的混合解, 即一类广义行波解, 解中包含双曲函数和 Jacobi 椭圆函数, 研究了混合解的波传播特性.

9.1 混 合 法

很多时候, 对某些非线性演化系统, 要想构造出系统除行波解以外的精确解, 需要结合多种精确解的方法, 并加以灵活应用. 通常, 混合法需要综合应用两种或多种辅助方程法.

混合法对于计算广义行波解十分困难的低维非线性演化系统有较好的效果.

9.2 (1+1) 维 Gardner 系统

(1+1) 维 Gardner 系统的物理模型如下:

$$u_t - 6(u + pu^2)u_x - u_{xxx} = 0, \qquad (9.1)$$

其中 p 为实常数.

(1+1) 维 Gardner 系统也称为 KdV-mKdV 系统, 是一类重要的数学物理模型, 可以描述非线性格状介质中的波传播现象, 在量子物理、等离子物理、固体物理等领域有广泛的应用[136, 137]. Wadati M.、Fu Z. T.、Wazwaz A.M. 等对该系统进行过研究, 分别应用逆向散射法、Jacobi 椭圆函数法、双曲函数法研究了其单孤立波、多孤立波、倍周期波现象[138–143].

9.3 (1+1) 维 Gardner 系统的混合函数解

设 (1+1) 维 Gardner 系统 (9.1) 的解为

$$u(x,t) = \sum_{i=0}^{n} a_i(t) \left[\frac{G'(q)}{G(q)}\right]^i, \qquad (9.2)$$

9.3 (1+1) 维 Gardner 系统的混合函数解

其中 $a_i(x,t)$ $(i = 0, 1, 2, \cdots, n, a_n(x,t) \neq 0)$ 为含变量 x 和 t 的待定函数, $G(q)$ 满足下列常微分方程

$$G''(q) + \lambda G'(q) + \mu G(q) = 0, \tag{9.3}$$

其中 $q = q(x,t)$ 为变量 x, t 的函数.

平衡模型 (9.1) 中的 u_{xxx} 和 $u^2 u_x$ 可得 $n = 1$. 这样, 式 (9.2) 可写为

$$u(x,t) = a_0(x,t) + a_1(x,t)\frac{G'(q)}{G(q)}. \tag{9.4}$$

不失一般性, 我们令方程 (9.3) 中的 $\lambda = 0$. 由式 (9.4) 和方程 (9.3) 可得

$$u_t = (a_{0t} - \mu a_1 q_t) + a_{1t}\left(\frac{G'}{G}\right) - a_1 q_t\left(\frac{G'}{G}\right)^2, \tag{9.5}$$

$$u_x = (a_{0x} - \mu a_1 q_t) + a_{1x}\left(\frac{G'}{G}\right) - a_1 q_x\left(\frac{G'}{G}\right)^2, \tag{9.6}$$

$$\begin{aligned}u^2 u_x =\ & a_0^2(a_{0x} - \mu a_1 q_x) + \left[a_0^2 a_{1x} + 2a_0 a_1(a_{0x} - \mu a_1 q_x)\right]\left(\frac{G'}{G}\right) \\ & + \left[a_1^2(a_{0x} - \mu a_1 q_x) - a_0^2 a_1 q_x + 2a_0 a_1 a_{1x}\right]\left(\frac{G'}{G}\right)^2 \\ & + \left[a_1^2 a_{1x} - 2a_0 a_1^2 q_x\right]\left(\frac{G'}{G}\right)^3 - a_1^3 q_x\left(\frac{G'}{G}\right)^4, \end{aligned} \tag{9.7}$$

$$\begin{aligned}u_{xxx} =\ & (a_{0x} - \mu a_1 q_x)_{xx} - \mu q_x a_{1xx} - \mu q_x[a_{1x} + 2\mu a_1 q_x^2] \\ & + \{(a_{1x} + 2\mu a_1 q_x^2)_x - 2\mu q_x[-(a_1 q_x)_x - q_x]\}\left(\frac{G'}{G}\right) \\ & + \{[-(a_1 q_x)_x - q_x a_{1x}]_x - q_x(a_{1xx} + 2\mu a_1 q_x^2) - 6\mu a_1 q_x^3\}\left(\frac{G'}{G}\right)^2 \\ & + \{2(a_1 q_x^2)_x - 2q_x[-(a_1 q_x)_x - q_x a_{1x}]\}\left(\frac{G'}{G}\right)^3 - 6a_1 q_x^3\left(\frac{G'}{G}\right)^4, \end{aligned} \tag{9.8}$$

$$\begin{aligned}uu_x =\ & a_0(a_{0x} - \mu a_1 q_x) + [a_1(a_{0x} - \mu a_1 q_x) + a_0 a_{1x}]\left(\frac{G'}{G}\right) \\ & + [a_1 a_{1x} - a_0 a_1 q_x]\left(\frac{G'}{G}\right)^2 - a_1^2 q_x\left(\frac{G'}{G}\right)^3. \end{aligned} \tag{9.9}$$

将式 (9.5)~式 (9.9) 代入模型 (9.1), 合并 (G'/G) 的同类项, 令其系数为零, 得到一个关于 $a_0(x,t), a_1(x,t), q(x,t)$ 的超定偏微分方程组.

$$\left(\frac{G'}{G}\right)^4: \quad 6a_1^3 p q_x + 6a_1 q_x^3 = 0, \tag{9.10}$$

$$\left(\frac{G'}{G}\right)^3: \ 6a_1^2 q_x - 6p(a_1^2 a_{1x} - a_0 a_1^2 q_x) - \{2(a_1 q_x^2)_x - 2q_x[-(a_1 q_x)_x - q_x a_{1x}]\} = 0, \quad (9.11)$$

$$\left(\frac{G'}{G}\right)^2: \ -a_1 q_t - 6(a_1 a_{1x} - a_0 a_1 q_x) - 6p[a_1^2(a_{0x} - \mu a_1 q_x) - a_0^2 a_1 q_x + 2a_0 a_1 a_{1x}]$$
$$-[-(a_1 q_x)_x - q_{1x} q_x]_x + q_x(a_{1xx} + 2\mu a_1 q_x^2) + 6\mu a_1 q_x^3 = 0, \quad (9.12)$$

$$\left(\frac{G'}{G}\right): \ a_{1t} - 6[a_1(a_{0x} - \mu a_1 q_x) + a_0 a_{1x}] - 6p[a_0^2 a_{1x} + 2a_0 a_1(a_{0x} - \mu a_1 q_x)]$$
$$-[a_{1xx} + 2\mu a_1 q_x^2]_x + 2\mu q_x[-(a_1 q_x)_x - a_{1x} q_x] = 0, \quad (9.13)$$

$$\left(\frac{G'}{G}\right)^0: \ a_{0t} - \mu a_1 q_t - 6a_0(a_{0x} - \mu a_1 q_x) - 6a_0^2 p(a_{0x} - \mu a_1 q_x)$$
$$-(a_{0x} - \mu a_1 q_x)_{xx} + \mu(a_{1x} q_x)_x + \mu q_x(a_{1xx} + 2\mu a_1 q_x^2) = 0. \quad (9.14)$$

注意到 $a_1 \neq 0$, $q_x \neq 0$, 由式 (9.10) 可知 $a_1^2 = \dfrac{q_x^2}{-p}$. 当 $p < 0$ 时, a_1 由下式给出

$$a_1 = \frac{q_x}{\sqrt{-p}}. \quad (9.15)$$

将式 (9.15) 代入式 (9.11) 可得

$$a_0 = -\frac{1}{2}\left[\frac{1}{p} + \frac{1}{\sqrt{-p}}\frac{q_{xx}}{q_x}\right]. \quad (9.16)$$

将式 (9.15) 和式 (9.16) 代入式 (9.12) 可得

$$q_x q_t + \frac{3}{2p}q_x^2 - q_x q_{xxx} + \frac{3}{2}q_{xx}^2 - 2\mu q_x^4 = 0. \quad (9.17)$$

将式 (9.15) 和式 (9.16) 分别代入式 (9.13) 和式 (9.14), 经计算可得式 (9.13) 和式 (9.14) 均与式 (9.17) 等价. 式 (9.17) 为 Gardner 系统 (9.1) 的存在广义行波解的约束条件, 其中 q 存在对 t,x 的相应阶导数.

下面我们寻求 Gardner 系统 (9.1) 的分离变量形式的解, 可设 $q(x,t) = f(x) + g(t)$, 其中 $f(x)$ 和 $g(t)$ 为所示独立变量的函数.

若 $f(x) = kx$, 由式 (9.17) 可得 $g'(t) = 2\mu$, 则 $q(x,t) = kx + k\left(\dfrac{3}{2p}\right)t$ 为行波变换, 所得解为线性行波解, 本书不予讨论.

若 $g(t) = ct, c \neq 0$, 联立式 (9.17) 可得

$$cf'(x) + \frac{3}{2p}f'^2(x) - f'(x)f'''(x) + \frac{3}{2}f''^2(x) - 2\mu f'^4(x) = 0. \quad (9.18)$$

9.3 (1+1)维 Gardner 系统的混合函数解

令 $f'(x) = F(x)$，则式 (9.18) 可转换为

$$cF(x) + \frac{3}{2p}F^2(x) - F(x)F''(x) + \frac{3}{2}F'^2(x) - 2\mu F^4(x) = 0. \tag{9.19}$$

下面对方程 (9.19) 应用 Jacobi 椭圆函数法进行求解.

若 $\mu \neq 0$，我们寻求方程 (9.19) 的如下形式的 Jacobi 椭圆函数解

$$F(x) = b_0 + b_1 \mathrm{sn}(x, m), \tag{9.20}$$

其中 $\mathrm{sn}(x, m)$ 为 Jacobi 椭圆正弦函数，m 为模数.

由式 (9.20) 可得

$$F'(x) = b_1 \mathrm{cn}(x, m) \mathrm{dn}(x, m), \tag{9.21}$$

$$F'^2(x) = b_1^2[1 - (1+m^2)\mathrm{sn}^2(x, m) + m^2 \mathrm{sn}^4(x, m)], \tag{9.22}$$

$$F''(x) = -b_1 \mathrm{sn}(x, m)[(1+m^2) - 2m^2 \mathrm{sn}^2(x, m)], \tag{9.23}$$

$$F^4(x) = b_0^4 + 4b_0^3 b_1 \mathrm{sn}(x, m) + 6b_0^2 b_1^2 \mathrm{sn}^2(x, m)$$
$$+ 4b_0 b_1^3 \mathrm{sn}^3(x, m) + b_1^4 \mathrm{sn}^4(x, m), \tag{9.24}$$

$$F^2(x) = b_0^2 + 2b_0 b_1 \mathrm{sn}(x, m) + b_1^2 \mathrm{sn}^2(x, m). \tag{9.25}$$

将式 (9.21)~ 式 (9.25) 代入式 (9.17)，合并 $\mathrm{sn}(x, t)$ 的同类项，并令其系数为零可得关于 b_0, b_1, μ, m 的一组方程.

$$\mathrm{sn}^4(x, t): \quad \frac{3}{2}m^2 b_1^2 - 2m^2 b_1^2 - 2\mu b_1^4 = 0, \tag{9.26}$$

$$\mathrm{sn}^3(x, t): \quad -2m^2 b_0 b_1 - 8\mu b_0 b_1^3 = 0, \tag{9.27}$$

$$\mathrm{sn}^2(x, t): \quad \frac{3}{2p}b_1^2 - \frac{1}{2}(1+m^2)b_1^2 - 12\mu b_0^2 b_1^2 = 0, \tag{9.28}$$

$$\mathrm{sn}(x, t): \quad cb_1 + \frac{6}{2p}b_0 b_1 + (1+m^2)b_0 b_1 - 8\mu b_0^3 b_1 = 0, \tag{9.29}$$

$$\mathrm{sn}^0(x, t): \quad cb_0 + \frac{3}{2p}b_0^2 + \frac{3}{2}b_1^2 - 2\mu b_0^4 = 0. \tag{9.30}$$

求解方程组：方程 (9.26)~ 方程 (9.30) 可得

$$p = \frac{3}{m^2 - 5}, \quad c = 2b_0(1 - m^2), \quad 0 < m < 1, \tag{9.31}$$

或

$$p = \frac{3}{1 - m^2}, \quad c = 2b_0(m^2 - 1), \quad \frac{1}{\sqrt{5}} < m < 1. \tag{9.32}$$

下面分二种情形讨论 Gardner 系统 (9.1) 的变量分离解.

(1) 当 $p = \dfrac{3}{m^2-5}$, $\mu < 0$ 时, 注意到 $\delta = \sqrt{-\mu}$, 计算可得

$$q(x,t) = \frac{b_1}{m} \ln|\mathrm{dn}(x,m) - m\mathrm{cn}(x,m)| + b_0 x + 2(1-m^2)b_0 t, \qquad (9.33)$$

其中

$$u_1(x,t) = -\frac{1}{2}\left[\frac{m^2-5}{3} + \sqrt{\frac{5-m^2}{3}} \frac{b_1 \mathrm{cn}(x,m)}{b_0 + b_1 \mathrm{sn}(x,m)}\right]$$

$$+ (-1)^j \sqrt{\frac{5-m^2}{3}} \delta[b_0 + b_1 \mathrm{sn}(x,m)] B(x,t), \qquad (9.34)$$

其中 $b_0 = \pm\dfrac{1}{2}\sqrt{-\mu^{-1}}$, $b_1 = \pm\dfrac{m}{2}\sqrt{-\mu^{-1}}$, $0 < m < 1$, $j = 0, 1$, $B(x,t)$ 满足

$$B(x,t) = \frac{C_1 \sinh(\delta q(x,t)) + C_2 \cosh(\delta q(x,t))}{C_1 \cosh(\delta q(x,t)) + C_2 \sinh(\delta q(x,t))}, \qquad (9.35)$$

其中 $q(x,t) = \dfrac{b_1}{m} \ln|\mathrm{dn}(x,m) - m\mathrm{cn}(x,m)| + b_0 x + 2(1-m^2)b_0 t$.

(2) 当 $p = \dfrac{3}{1-5m^2}$, 且 $\mu < 0$ 时, 注意到 $\delta = \sqrt{-\mu}$ 可得

$$u_2(x,t) = -\frac{1}{2}\left[\frac{1-5m^2}{3} + \sqrt{\frac{1-5m^2}{3}} \frac{b_1 \mathrm{cn}(x,m)}{b_0 + b_1 \mathrm{sn}(x,m)}\right]$$

$$+ (-1)^j \sqrt{\frac{1-5m^2}{3}} \delta[b_0 + b_1 \mathrm{sn}(x,m)] \delta B(x,t), \qquad (9.36)$$

其中 $b_0 = b_1 = \pm\dfrac{m}{2}\sqrt{-\mu^{-1}}$, $\dfrac{1}{\sqrt{5}} < m < 1$, $j = 0, 1$, $B(x,t)$ 满足式 (9.35).

9.4 (1+1) 维 Gardner 系统的混合函数解的传播特性

(1+1) 维 Gardner 系统的混合函数解 (9.34) 和解 (9.36) 与一般的单一方法获得的解的波传播特性有什么不同? 下面用可视化方法来研究.

令式 (9.34) 中变量 t 取不同值, 设置 m, μ, C_1, C_2 如下

$$m = 0.5, \quad \mu = -0.1, \quad C_1 = 2, \quad C_2 = 1. \qquad (9.37)$$

图 9.1 显示了 (1+1) 维 Gardner 系统的混合函数波解 (9.34) 的传播过程. 设置为式 (9.37), $j = 0$, 时间变量取不同值. 此时, 波混合了两种特征, 即倍周期波 (Jacobi 椭圆函数) 和激波 (双曲函数), 其中, 周期波不随时间变化而变化, 激波随时间变化而向一侧行进; 同时, 当激波传播时, 两种波形会产生交互现象. 当解中 $j = 1$ 时, 激波表现为另一种形式, 但传播方向不变, 如图 9.2 所示.

9.4 (1+1) 维 Gardner 系统的混合函数解的传播特性

令解 (9.36) 中 m 取不同值, 设置 t, μ, C_1, C_2 如下

$$t = 0, \mu = -0.1, C_1 = 2, C_2 = 1. \tag{9.38}$$

图 9.3 显示了 (1+1) 维 Gardner 系统的混合函数波解 (9.36) 的不同波形. 设置为式 (9.38), $j = 0$, 当模数 m 取不同值时, 波形变化较大.

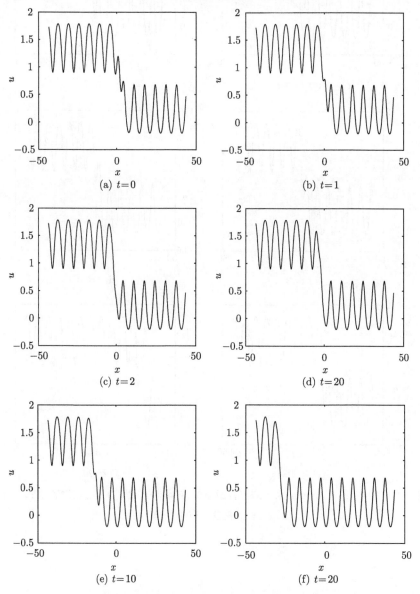

图 9.1 (1+1) 维 Gardner 系统的混合函数解传播过程. 解 (9.34) 在设置 (9.37) 下, $j = 0$, 变量 t 取不同值

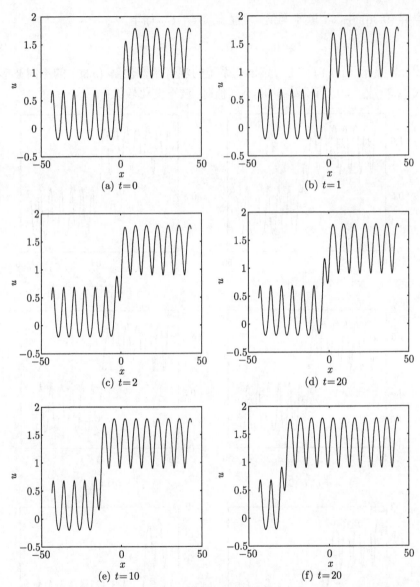

图 9.2 (1+1) 维 Gardner 系统的混合函数解传播过程. 解 (9.34) 在设置 (9.37) 下, $j=1$, 变量 t 取不同值

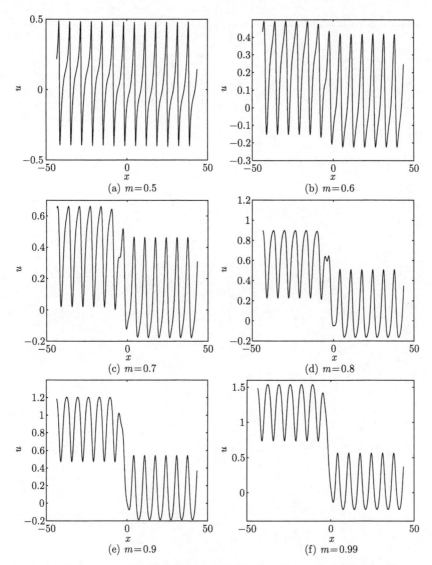

图 9.3 (1+1) 维 Gardner 系统的混合函数解传播过程. 解 (9.36) 在设置 (9.38), $j=0$, 模 m 取不同值

9.5 本章小结

  混合法是构造非线性演化系统广义行波解的一类算法, 需要根据系统的特点, 综合应用两种或多种精确解算法. 本章里我们应用混合法获得了 (1+1) 维 Gardner 系统的混合解, 研究一混合解的波传播特性. 这种方法对研究低维非线性系统时有一定的适用性.

第三部分

非线性演化系统的孤子激发

第 10 章 非线性演化系统的时间孤子激发

时间孤子是非线性演化系统中关于时间变量的孤子,广泛应用于非线性光学、等离子物理等领域.本章将通过构造非线性演化系统的广义行波解,解中包括时间变量的任意函数,适当设置这些函数,激发时间孤子.

10.1 非线性耦合 Schrödinger 系统

10.1.1 非线性耦合 Schrödinger 系统的数学模型

Schrödinger 系统能够描述波和粒子的传播而成为量子力学的基础.由于光传播时具有波粒二象性,所以 Schrödinger 系统是最重要的光学模型之一.特别是非线性 Schrödinger 系统已经广泛应用于现代光通信技术,而光通信的理论基础就是光孤子传播时的稳定性.1972 年,Zakharor 等找到了标准非线性 Schrödinger 系统的 Lax 对偶[143],并且发现由此得到的非线性 Schrödinger 系统是一个可积系统,这一结论保证了非线性 Schrödinger 系统孤子的稳定性.随后,Zakharor 等应用逆散射法获得了该系统的解[144].后来,人们又研究了描述各种特定情形的 Schrödinger 系统及其求解问题[145-149].

非线性耦合 Schrödinger 系统的数学模型如下

$$\begin{cases} \alpha u - uv - u_{xx} = 0, \\ v_t - u_x = 0, \end{cases} \tag{10.1}$$

其中 $u = u(x,t)$, $v = v(x,t)$ 为系统的相应物理场,α 为参数.该系统是一类描述光纤中光孤子传播模型.马松华等研究了该系统孤子脉冲、飞秒孤子和时间孤子的激发,研究了时间孤子间的弹性相互作用[45].

本书中,我们首先应用对称延拓的 (G'/G) 展开法,构造出系统 (10.1) 的一类分离变量形式的精确解,然后分别讨论了基于 Jacobi 椭圆函数和三角函数的震荡折叠时间孤子的激发与演化过程[106].

10.1.2 非线性耦合 Schrödinger 系统的广义行波解

设非线性耦合 Schrödinger 系统 (10.1) 的广义行波解有如下的对称延拓形式

$$u(x,t) = \sum_{i=0}^{m} a_i \left[\frac{G'(q)}{G(q)}\right]^i + \sum_{i=1}^{m} A_i \left[\frac{G'(q)}{G(q)}\right]^{-i}, \tag{10.2}$$

$$v(x,t) = \sum_{j=0}^{n} b_j \left[\frac{G'(q)}{G(q)}\right]^j + \sum_{j=1}^{n} B_j \left[\frac{G'(q)}{G(q)}\right]^{-j}, \tag{10.3}$$

其中 $a_0, a_i, A_i \ (i=1,2,\cdots,m), b_0, b_j, B_j \ (j=1,2,\cdots,n)$ 均为含变量 x, t 的待定函数，$q = q(x,t)$ 为 x, t 的函数，$G(q)$ 满足方程

$$G''(q) + \lambda G'(q) + \mu G(q) = 0. \tag{10.4}$$

对式 (10.2) 和式 (10.3) 分别应用齐次平衡原则可知

$$m + 2 = m + n, \tag{10.5}$$

$$m + 1 = n + 1. \tag{10.6}$$

由式 (10.5) 和式 (10.6) 易知：$m = n = 2$. 这样，式 (10.2) 和式 (10.3) 可写为

$$u(x,t) = a_0 + a_1 \frac{G'(q)}{G(q)} + a_2 \left[\frac{G'(q)}{G(q)}\right]^2 + A_1 \left[\frac{G'(q)}{G(q)}\right]^{-1} + A_2 \left[\frac{G'(q)}{G(q)}\right]^{-2}, \tag{10.7}$$

$$v(x,t) = b_0 + b_1 \frac{G'(q)}{G(q)} + b_2 \left[\frac{G'(q)}{G(q)}\right]^2 + B_1 \left[\frac{G'(q)}{G(q)}\right]^{-1} + B_2 \left[\frac{G'(q)}{G(q)}\right]^{-2}. \tag{10.8}$$

下面我们寻求式 (10.7) 和式 (10.8) 中形如 $q(x,t) = f(x) + g(t)$ 的分离变量形式. 结合常微分方程 (10.4), 并由式 (10.7) 和式 (10.8) 计算得到 u_x, u_{xx}, v_t, 然后分别代入系统 (10.1), 合并 (G'/G) 的各阶幂次项，令其系数为零，我们得到如下超定偏微分方程组

$$\left(\frac{G'}{G}\right)^4 : \quad -a_2 b_2 - 6a_2 q_x^2 = 0, \tag{10.9}$$

$$\left(\frac{G'}{G}\right)^{-4} : \quad -A_2 B_2 - 6\mu^2 A_2 q_x^2 = 0, \tag{10.10}$$

$$\left(\frac{G'}{G}\right)^3 : \quad -(a_1 b_2 + a_2 b_1) = -2(a_2 q_x)_x - 2q_x(a_{2x} - a_1 q_x - 2\lambda a_2 q_x) + 6\lambda a_2 q_x^2, \tag{10.11}$$

$$\left(\frac{G'}{G}\right)^3 : \quad -2b_2 q_t = -2a_2 q_x, \tag{10.12}$$

$$\left(\frac{G'}{G}\right)^{-3} : \quad -(A_1 B_2 + B_1 A_2) = 2\mu(A_2 q_x)_x + 2\mu q_x(A_{2x} + \mu A_1 q_x + 2\lambda A_2 q_x) + 6\lambda \mu A_2 q_x^2, \tag{10.13}$$

$$\left(\frac{G'}{G}\right)^{-3} : \quad 2\mu B_2 q_t = 2\mu A_2 q_x, \tag{10.14}$$

$$\left(\frac{G'}{G}\right)^2 : \quad \alpha a_2 - (a_0 b_2 + b_0 a_2 + a_1 b_1) = (a_{2x} - a_1 q_x - 2\lambda a_2 q_x)_x$$

$$-2\lambda q_x(a_{2x} - a_1 q_x - 2\lambda a_2 q_x) - q_x(a_{1x} - \lambda a_1 q_x - 2\mu a_2 q_x) + 6\mu a_2 q_x^2, \quad (10.15)$$

$$\left(\frac{G'}{G}\right)^3: \quad -2b_2 q_t = -2a_2 q_x, \quad (10.16)$$

$$\left(\frac{G'}{G}\right)^{-2}: \alpha A_2 - (a_0 B_2 + b_0 A_2 + A_1 B_1) = (A_{2x} + \mu A_1 q_x + 2\lambda A_2 q_x)_x$$
$$+\mu q_x(A_{1x} + \lambda A_1 q_x + 2A_{2x} q_x) + 2\lambda q_x(A_{2x} + \mu A_1 q_x + 2\lambda A_2 q_x) + 6\mu A_2 q_x^2, \quad (10.17)$$

$$\left(\frac{G'}{G}\right)^{-2}: \quad B_{2t} + \mu B_1 q_t + 2\lambda B_2 q_t = A_{2x} + \mu A_1 q_x + 2\lambda A_2 q_x, \quad (10.18)$$

$$\left(\frac{G'}{G}\right): \alpha a_1 - (a_0 b_1 + a_1 b_0 + a_2 B_1 + b_2 A_1) = (a_{1x} - \lambda a_1 q_x - 2\mu a_2 q_x)_x$$
$$-\lambda q_x(a_{1x} - \lambda a_1 q_x - 2\mu a_2 q_x) - 2\mu q_x(a_{2x} - a_1 q_x - 2\lambda a_2 q_x), \quad (10.19)$$

$$\left(\frac{G'}{G}\right): \quad b_{1t} - \lambda b_1 q_t - 2\mu b_2 q_t = a_{1x} - \lambda a_1 q_x - 2\mu a_2 q_x, \quad (10.20)$$

$$\left(\frac{G'}{G}\right)^{-1}: \quad \alpha A_1 - (b_0 A_1 + a_0 B_1 + a_1 B_2 + b_1 A_2) = (A_{1x} + \lambda A_1 q_x + 2A_x q_x)_x$$
$$+\lambda q_x(A_{1x} + \lambda A_1 q_x + 2A_2 q_x) + 2q_x(A_{2x} + \mu A_1 q_x + 2\lambda A_2 q_x), \quad (10.21)$$

$$\left(\frac{G'}{G}\right)^{-1}: \quad B_{1t} + \lambda B_1 q_t + 2B_2 q_t = A_{1x} + \lambda A_1 q_x + 2A_2 q_x, \quad (10.22)$$

$$\left(\frac{G'}{G}\right)^0 \alpha a_0 - (a_0 b_0 + a_1 B_1 + A_1 b_1 + a_2 B_2 + b_2 A_2) = (a_{0x} - \mu a_1 q_x + A_1 q_x)_x$$
$$-\mu q_x(a_{1x} - \lambda a_1 q_x - 2\mu a_2 q_x) + q_x(A_{1x} + \lambda A_1 q_x + 2A_2 q_x), \quad (10.23)$$

$$\left(\frac{G'}{G}\right)^0: \quad b_{0t} - \mu b_1 q_t + B_1 q_t = a_{0x} - \mu a_1 q_x + A_1 q_x. \quad (10.24)$$

经求解方程组: 方程 (10.9)~ 方程 (10.24) 可得如下关于 $a_0, a_1, a_2, A_1, A_2, b_0,$ b_1, b_2, B_1, B_2 的两组解

$$\begin{cases} \lambda = 0, a_0 = -12\mu q_x q_t, a_1 = A_1 = 0, a_2 = -6q_x q_t, A_2 = -6\mu^2 q_x q_t, \\ b_0 = \alpha - \dfrac{q_{xxx}}{q_x} + 4\mu q_x^2, b_1 = 6q_{xx}, b_2 = -6q_x^2, B_1 = -6\mu q_{xx}, B_2 = -6\mu^2 q_x^2, \end{cases} \quad (10.25)$$

$$\begin{cases} a_0 = -6\mu q_x q_t, a_1 = -6\lambda q_x q_t, a_2 = -6q_x q_t, A_1 = B_1 = A_2 = B_2 = 0, \\ b_0 = \alpha - \dfrac{q_{xxx}}{q_x} + 3\lambda q_{xx} - (\lambda^2 + 2\mu) q_x^2, b_1 = 6q_{xx} - 6\lambda q_x^2, b_2 = -6q_x^2. \end{cases} \quad (10.26)$$

分别将式 (10.25) 和式 (10.26) 代入式 (10.7) 和式 (10.8), 再方程 (10.4) 的通解, 可得到系统 (10.1) 的一类分离变量形式的精确解.

当 $a_0, a_1, a_2, A_1, A_2, b_0, b_1, b_2, B_1, B_2$ 满足式 (10.25) 时, 可得如下三种情形的解.

情形 1 当 $\mu < 0$ 时, 记 $\delta_1 = \sqrt{-\mu}$, 由方程 (10.4) 的通解可得

$$\frac{G'(q)}{G(q)} = \delta_1 \frac{C_1 \sinh \delta_1(f(x)+g(t)) + C_2 \cosh \delta_1(f(x)+g(t))}{C_1 \cosh \delta_1(f(x)+g(t)) + C_2 \sinh \delta_1(f(x)+g(t))}. \tag{10.27}$$

此时, 非线性耦合 Schrödinger 系统 (10.1) 的双曲函数形式解为

$$u_1(x,t) = -6\delta_1^2 f'(x) g'(t) [B_1(x,t) - B_1^{-1}(x,t)]^2, \tag{10.28}$$

$$v_1(x,t) = \alpha - \frac{f'''(x)}{f'(x)} - 4\delta_1^2 f'^2(X) + 6\delta_1 f''(x)[B_1(x,t) + B_1^{-1}(x,t)]$$
$$- 6\delta_1^2 f'^2(x)[B_1^2(x,t) + B_1^{-2}(x,t)], \tag{10.29}$$

其中 $B_1(x,t)$ 由下式给出

$$B_1(x,t) = \frac{C_1 \sinh \delta_1(f(x)+g(t)) + C_2 \cosh \delta_1(f(x)+g(t))}{C_1 \cosh \delta_1(f(x)+g(t)) + C_2 \sinh \delta_1(f(x)+g(t))}.$$

情形 2 当 $\mu > 0$ 时, 记 $\delta_2 = \sqrt{\mu}$, 由方程 (10.4) 的通解可得

$$\frac{G'(q)}{G(q)} = \delta_2 \frac{-C_1 \sin \delta_2(f(x)+g(t)) + C_2 \cos \delta_2(f(x)+g(t))}{C_1 \cos \delta_2(f(x)+g(t)) + C_2 \sin \delta_2(f(x)+g(t))}, \tag{10.30}$$

此时, 非线性耦合 Schrödinger 系统 (10.1) 的三角函数形式解为

$$u_2(x,t) = -6\delta_2^2 f'(x) g'(t) [B_2(x,t) + B_2^{-1}(x,t)]^2, \tag{10.31}$$

$$v_2(x,t) = \alpha - \frac{f'''(x)}{f'(x)} + 4\delta_2^2 f'^2(x) + 6\delta_2 f''(x)[B_2(x,t) - B_2^{-1}(x,t)]$$
$$- 6\delta_2^2 f'^2(x)[B_2^2(x,t) + B_2^{-2}(x,t)], \tag{10.32}$$

其中 $B_2(x,t)$ 由下式给出

$$B_2(x,t) = \frac{-C_1 \sin \delta_2(f(x)+g(t)) + C_2 \cos \delta_2(f(x)+g(t))}{C_1 \cos \delta_2(f(x)+g(t)) + C_2 \sin \delta_2(f(x)+g(t))}.$$

情形 3 当 $\mu = 0$ 时, 由方程 (10.4) 的通解可得

$$\frac{G'(q)}{G(q)} = \frac{C_2}{C_1 + C_2[f(x)+g(t)]}.$$

此时, 非线性耦合 Schrödinger 系统 (10.1) 的有理函数形式解为

10.1 非线性耦合 Schrödinger 系统

$$u_3(x,t) = -6f'(x)g'(t)\left\{\frac{C_2}{C_1 + C_2[f(x) + g(t)]}\right\}^2, \tag{10.33}$$

$$v_3(x,t) = \alpha - \frac{f'''(x)}{f'(x)} + 6f''(x)\left\{\frac{C_2}{C_1 + C_2[f(x) + g(t)]}\right\}$$

$$-6f'^2(x)\left\{\frac{C_2}{C_1 + C_2[f(x) + g(t)]}\right\}^2. \tag{10.34}$$

当 $a_0, a_1, a_2, A_1, A_2, b_0, b_1, b_2, B_1, B_2$ 满足 (10.25) 时, 用类似的方法可得如下三种情形的解.

情形 4 当 $\lambda^2 - 4\mu > 0$ 时, 记 $\delta_4 = \frac{\sqrt{\lambda^2 - 4\mu}}{2}$. 此时, 非线性耦合 Schrödinger 系统 (10.1) 的双曲函数形式解为

$$u_4(x,t) = 6\delta_4^2 f'(x)g'(t)[1 - B_4^2(x,t)], \tag{10.35}$$

$$v_4(x,t) = \alpha - \frac{f'''(x)}{f'(x)} + 2\delta_4^2 f'^2(x) + 6\delta_4 f''(x)B_4(x,t) - 6\delta_4^2 f'^2(x)B_4^2(x,t), \tag{10.36}$$

其中 $B_4(x,t)$ 由下式给出

$$B_4(x,t) = \frac{C_1 \sinh \delta_4(f(x) + g(t)) + C_2 \cosh \delta_4(f(x) + g(t))}{C_1 \cosh \delta_4(f(x) + g(t)) + C_2 \sinh \delta_4(f(x) + g(t))}.$$

情形 5 当 $\lambda^2 - 4\mu < 0$ 时, 记 $\delta_5 = \frac{\sqrt{4\mu - \lambda^2}}{2}$, 此时, 非线性耦合 Schrödinger 系统 (10.1) 的三角函数形式解为

$$u_5(x,t) = -6\delta_5^2 f'(x)g'(t)[1 + B_5^2(x,t)], \tag{10.37}$$

$$v_5(x,t) = \alpha - \frac{f'''(x)}{f'(x)} - 2\delta_5^2 f'^2(x) + 6\delta_5 f''(x)B_5(x,t) - 6\delta_5^2 f'^2(x)B_5^2(x,t), \tag{10.38}$$

其中 $B_5(x,t)$ 满足

$$B_5(x,t) = \frac{-C_1 \sin \delta_5(f(x) + g(t)) + C_2 \cos \delta_5(f(x) + g(t))}{C_1 \cos \delta_5(f(x) + g(t)) + C_2 \sin \delta_5(f(x) + g(t))}.$$

情形 6 当 $\lambda^2 - 4\mu = 0$ 时, 非线性耦合 Schrödinger 系统 (10.1) 的有理函数形式解为

$$u_6(x,t) = -6f'(x)g'(t)\left\{\frac{1}{4}\lambda^2 + \lambda\frac{C_2}{C_1 + C_2[f(x) + g(t)]} + \left[\frac{C_2}{C_1 + C_2[f(x) + g(t)]}\right]^2\right\}, \tag{10.39}$$

$$v_6(x,t) = \alpha - \frac{f'''(x)}{f'(x)} + 3\lambda f''(x) - \frac{3}{2}\lambda^2 f'^2(x)$$

$$+ \frac{C_2\left[6f''(x) - 6\lambda f'^2(x)\right]}{C_1 + C_2[f(x) + g(t)]} - 6f'^2(x)\left\{\frac{C_2}{C_1 + C_2[f(x) + g(t)]}\right\}^2. \tag{10.40}$$

注: 在情形 6 中, 如果特取 $\lambda = 0$, 则解 $u_6(x,t)$ 与 $v_6(x,t)$ 退化到 $u_3(x,t)$ 与 $v_3(x,t)$.

10.1.3 非线性耦合 Schrödinger 系统的时间孤子激发

由于非线性耦合 Schrödinger 系统的广义行波解 (10.28)~解 (10.40) 中含有任意函数 $f(x)$ 和 $g(t)$, 这就对讨论该系统的激发解提供了必要条件.

下面讨论一类有关时间变量的孤立波激发解.

引入一个新变量 X, 使得

$$f(X) = \int \bar{f}(X)\mathrm{d}X, \quad x = \hat{f}(X), \tag{10.41}$$

其中 $\bar{f}, \hat{f}$ 均为 X 的函数. 下面就讨论两种情形的周期震荡折叠孤子.

1. 基于 Jacobi 椭圆函数的倍周期震荡折叠孤子

取式 (10.41) 中的函数 $\bar{f}(X), \hat{f}(X)$ 设为

$$\bar{f}(X) = \mathrm{sech}^2(k_1 X), \quad x = \hat{f}(X) = 12\mathrm{sn}(X^2, 0.8) - k_2 \tanh(k_1 X). \tag{10.42}$$

其中 k_1, k_2 为常数, $\mathrm{sn}(X, m)$ 为 Jacobi 椭圆正弦函数, m 为模数. 同时取 $g(t)$ 满足

$$g(t) = \tanh(lt), \tag{10.43}$$

其中 l 为常数.

将式 (10.41) 中的积分常数取零, 并设置参数 $k_1, k_2, l, C_1, C_2, \delta_4$ 为

$$k_1 = 0.5, k_2 = 7, l = 0.1, C_1 = 4, C_2 = 2, \delta_4 = 0.3. \tag{10.44}$$

周期性震荡是一种常见的物理现象, 变换设置 (10.42) 中的 Jacobi 椭圆正弦函数 sn 能够激发周期性震荡折叠孤立波. 震荡折叠孤立波体现为激发解的多值性. 图 10.1 显示了解 $u_4(x,t)$ 在满足设置 (10.42)-(10.44) 时震荡折叠孤立波. 从图中可以看出, 震荡折叠孤子实际上是非线性耦合 Schrödinger 系统的一种脉冲, 即在一定时间内激发而形成孤子结构, 孤立波会随时间变化从无到有, 从小到大, 然后再变小, 最后消失. 图 10.2 显示了震荡孤子的演化过程.

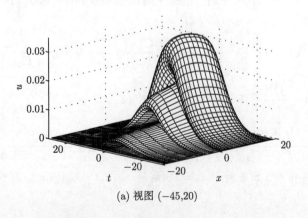

(a) 视图 $(-45, 20)$

10.1 非线性耦合 Schrödinger 系统

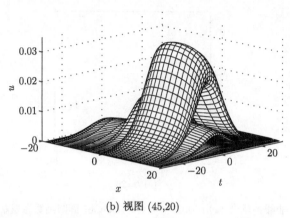

(b) 视图 (45,20)

图 10.1 非线性耦合 Schrödinger 系统的 Jacobi 椭圆函数激发解. 解 (10.35) 满足设置 (10.42)-(10.44) 时, 不同视图下的图形

2. 基于三角函数的单周期震荡折叠孤子

若取式 (10.41) 中的函数 $\bar{f}(X), \hat{f}(X)$ 为

$$\bar{f}(X) = \text{sech}^2(k_1 X), \quad x = \hat{f}(X) = \sin(5X) - k_2 \tanh(k_1 X), \tag{10.45}$$

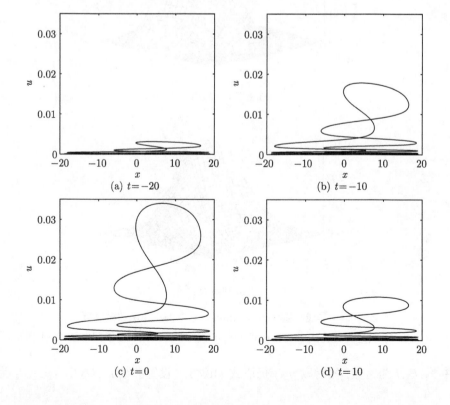

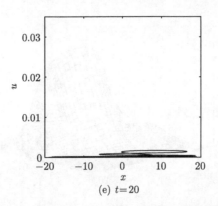

(e) $t=20$

图 10.2 非线性耦合 Schrödinger 系统的 Jacobi 椭圆函数激发解的演化.
解 (10.35) 满足设置 (10.42)-(10.44), t 取不同值时的图形

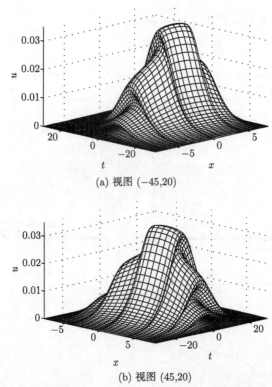

(a) 视图 (−45,20)

(b) 视图 (45,20)

图 10.3 非线性耦合 Schrödinger 系统的三角函数激发解.
解 (10.35) 满足设置为式 (10.43), 式 (10.45) 和式 (10.46) 时, 不同视图下的图形

其中 k_1, k_2, l 为常数. 同时取 $g(t)$ 仍取式 (10.43), 设置参数 $k_1, k_2, l, C_1, C_2, \delta_4$ 为

$$k_1 = 0.5, k_2 = 7, l = 0.1, C_1 = 4, C_2 = 2, \delta_4 = 0.9. \tag{10.46}$$

图 10.3 显示解 $u_4(x,t)$ 在满足设置 (10.43), 设置 (10.45) 和设置 (10.46) 时震荡折叠孤子的效果, 图 10.4 显示了该震荡孤子的演化过程.

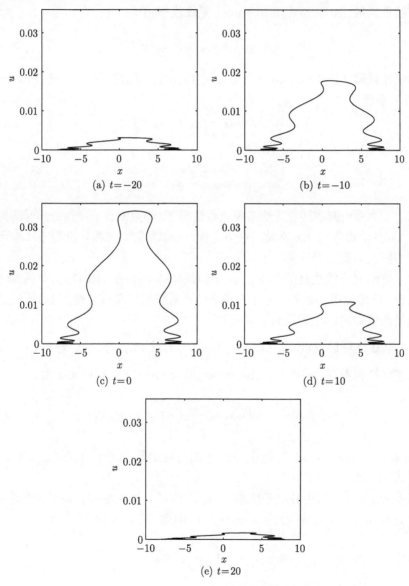

图 10.4　非线性耦合 Schrödinger 系统的三角函数激发解的演化. 解 (10.35) 满足设置为式 (10.43), 式 (10.45) 和式 (10.46), t 取不同值时的图形

10.2 非线性耗散 Zabolotskaya-Khokhlov 系统

10.2.1 非线性耗散 Zabolotskaya-Khokhlov 系统简介

非线性耗散 Zabolotskaya-Khokhlov 系统模型为

$$(u_t + uu_x - u_{xx})_x + u_{yy} = 0. \tag{10.47}$$

非线性耗散 Zabolotskaya-Khokhlov 系统(10.47)可追溯到(3+1)维 Zaboloskaya-Khokhlov 系统

$$(u_t + uu_x)_x + u_{yy} + u_{zz} = 0, \tag{10.48}$$

和 (3+1) 维 Khokhlov-Zabolotskaya-Kuznetsov 系统

$$(u_t + uu_x)_x - vu_{xxx} + u_{yy} + u_{zz} = 0. \tag{10.49}$$

以上三个系统都描述在无弥散和吸收情况下, 声束沿弱非线性介质时的衍射传播[89-93]. 有些学者应用 Lie 对称、守恒定律、相似降阶、对称降阶等方法来研究这些系统的解及其属性[94-98].

本书将研究非线性耗散 Zabolotskaya-Khokhlov 系统 (10.47) 的时间孤子结构激发问题. 首先应用 (G'/G) 展开法来获得该系统的广义行波解, 然后通过解中的时间变量的函数来讨论时间孤子激发[107].

10.2.2 非线性耗散 Zabolotskaya-Khokhlov 系统的广义行波解

设非线性耗散 Zabolotskaya-Khokhlov 系统 (10.47) 的解可表示为

$$u = \sum_{i=0}^{m} a_i \left[\frac{G'(q)}{G(q)}\right]^i, \tag{10.50}$$

其中 a_i ($i = 0, 1, 2, \cdots, n$) 为变量 x, y, t 的待定函数, $G(q)$ 为变量 x, y, t 的函数, 且满足式 (10.4).

对系统 (10.47) 应用齐次平衡原则, u_{xxx} 的最高幂次应和 $(uu_x)_x$ 的最高幂次相当, 可得: $m + 3 = (2m + 1) + 1 \Rightarrow m = 1$. 因此, 式 (10.50) 可写为

$$u = a_0 + a_1\left(\frac{G'}{G}\right), \quad a_1 \neq 0. \tag{10.51}$$

定义如下记法: $a_{ix} = \dfrac{\partial a_i}{\partial x}, a_{it} = \dfrac{\partial a_i}{\partial t}, a_{ixx} = \dfrac{\partial^2 a_i}{\partial x^2}, a_{itx} = \dfrac{\partial^2 a_i}{\partial x \partial t}, q_x = \dfrac{\partial q}{\partial x}, q_{xx} = \dfrac{\partial^2 q}{\partial x^2}$ 等.

10.2 非线性耗散 Zabolotskaya-Khokhlov 系统

由式 (10.51) 和式 (10.4), 可计算得

$$u_x = a_{0x} + a_{1x}\left(\frac{G'}{G}\right) - a_1 q_x\left[\mu + \lambda\left(\frac{G'}{G}\right) + \left(\frac{G'}{G}\right)^2\right]$$

$$= a_{0x} - \mu a_1 q_x + (a_{1x} - \lambda a_1 q_x)\left(\frac{G'}{G}\right) - a_1 q_x\left(\frac{G'}{G}\right)^2, \quad (10.52)$$

$$u_y = a_{0y} - \mu a_1 q_y + (a_{1y} - \lambda a_1 q_y)\left(\frac{G'}{G}\right) - a_1 q_y\left(\frac{G'}{G}\right)^2, \quad (10.53)$$

$$u_{yy} = (a_{0y} - \mu a_1 q_y)_y - \mu q_y(a_{1y} - \lambda a_1 q_y)$$
$$+ [(a_{1y} - \lambda a_1 q_y)_y + 2\mu a_1 q_y^2 - \lambda q_y(a_{1y} - \lambda a_1 q_y)]\left(\frac{G'}{G}\right)$$
$$+ [-(a_1 q_y)_y - q_y(a_{1y} - \lambda a_1 q_y) + 2\lambda a_1 q_y^2]\left(\frac{G'}{G}\right)^2 + 2 a_1 q_y^2\left(\frac{G'}{G}\right)^3, \quad (10.54)$$

$$u_{tx} = (a_{0t} - \mu a_1 q_t)_x - \mu q_x(a_{1t} - \lambda a_1 q_t)$$
$$+ [(a_{1t} - \lambda a_1 q_t)_x + 2\mu a_1 q_t q_x - \lambda q_x(a_{1t} - \lambda a_1 q_t)]\left(\frac{G'}{G}\right)$$
$$+ [-(a_1 q_t)_x - q_x(a_{1t} - \lambda a_1 q_t) + 2\lambda a_1 q_t q_x]\left(\frac{G'}{G}\right)^2 + 2 a_1 q_t q_x\left(\frac{G'}{G}\right)^3, \quad (10.55)$$

$$u_{xxx} = (a_{0x} - \mu a_1 q_x)_{xx} - \mu[q_x(a_{1x} - \lambda a_1 q_x)]_x$$
$$-\mu q_x[(a_{1x} - \lambda a_1 q_x)_x - \lambda q_x(a_{1x} - \lambda a_1 q_x) + 2\mu a_1 q_x^2]$$
$$+\{[(a_{1x} - \lambda a_1 q_x)_x - \lambda q_x(a_{1x} - \lambda a_1 q_x) + 2\mu a_1 q_x^2]_x$$
$$-\lambda q_x[(a_{1x} - \lambda a_1 q_x)_x - \lambda q_x(a_{1x} - \lambda a_1 q_x) + 2\mu a_1 q_x^2]$$
$$-2\mu q_x[-(a_1 q_x)_x - q_x(a_{1x} - \lambda a_1 q_x) + 2\lambda a_1 q_x^2]\}\left(\frac{G'}{G}\right)$$
$$+\{[-(a_1 q_x)_x - q_x(a_{1x} - \lambda a_1 q_x + 2\lambda a_1 q_x^2]_x$$
$$-2\lambda q_x[-(a_1 q_x)_x - q_x(a_{1x} - \lambda a_1 q_x) + 2\lambda a_1 q_x^2]$$
$$-q_x[(a_{1x} - \lambda a_1 q_x)_x - \lambda q_x(a_{1x} - \lambda a_1 q_x) + 2\mu a_1 q_x^2] - 6\mu a_1 q_x^3\}\left(\frac{G'}{G}\right)^2$$
$$+\{2(a_1 q_x^2)_x - 2q_x[-(a_1 q_x)_x - q_x(a_{1x} - \lambda a_1 q_x) + 2\lambda a_1 q_x^2] - 6\lambda a_1 q_x^3\}\left(\frac{G'}{G}\right)^3$$
$$-6 a_1 q_x^3\left(\frac{G'}{G}\right)^4, \quad (10.56)$$

$$(uu_x)_x = [a_0(a_{0x} - \mu a_1 q_x)]_x - \mu q_x[a_0(a_{1x} - \lambda a_1 q_x) + a_1(a_{0x} - \mu a_1 q_x)]$$

$$+ \{[a_0(a_{1x} - \lambda a_1 q_x) + a_1(a_{0x} - \mu a_1 q_x)]_x$$

$$- \lambda q_x[a_0(a_{1x} - \lambda a_1 q_x) + a_1(a_{0x} - \mu a_1 q_x)]$$

$$- 2\mu q_x[a_1(a_{1x} - \lambda a_1 q_x) - a_0 a_1 q_x]\}\left(\frac{G'}{G}\right)$$

$$+ \{[a_1(a_{1x} - \lambda a_1 q_x) - a_0 a_1 q_x]_x - q_x[a_0(a_{1x} - \lambda a_1 q_x) + a_1(a_{0x} - \mu a_1 q_x)]$$

$$- 2\lambda q_x[a_1(a_{1x} - \lambda a_1 q_x) - a_0 a_1 q_x] + 3\mu a_1^2 q_x^2\}\left(\frac{G'}{G}\right)^2$$

$$+ \{-(a_1^2 q_x)_x - 2q_x[a_1(a_{1x} - \lambda a_1 q_x) - a_0 a_1 q_x]$$

$$+ 3\lambda a_1^2 q_x^2\}\left(\frac{G'}{G}\right)^3 + 3 a_1^2 q_x^2 \left(\frac{G'}{G}\right)^4. \tag{10.57}$$

将式 (10.52)~ 式 (10.57) 代入式 (10.47), 合并 (G'/G) 的同类项, 且令其系数为零可得如下关于 a_0, a_1 的超定方程组.

$$\left(\frac{G'}{G}\right)^4: \quad 3a_1^2 q_x^2 + 6a_1 q_x^3 = 0, \tag{10.58}$$

$$\left(\frac{G'}{G}\right)^3: 2a_1 q_t q_x + \{-(a_1^2 q_x)_x - 2q_x[a_1(a_{1x} - \lambda a_1 q_x) - a_0 a_1 q_x] + 3\lambda a_1^2 q_x^2\}$$

$$-\{2(a_1 q_x^2)_x - 2q_x[-(a_1 q_x)_x - q_x(a_{1x} - \lambda a_1 q_x)$$

$$+ 2\lambda a_1 q_x^2 - 6\lambda a_1 q_x^3\} + 2a_1 q_y^2 = 0, \tag{10.59}$$

$$\left(\frac{G'}{G}\right)^2: \{-(a_1 q_t)_x - q_x(a_{1t} - \lambda a_1 q_t) + 2\lambda a_1 q_t q_x\}$$

$$+ \{-(a_1 q_y)_y - q_y(a_{1y} - \lambda a_1 q_y) + 2\lambda a_1 q_y^2\} + [a_1(a_{1x} - \lambda a_1 q_x) - a_0 a_1 q_x]_x$$

$$- q_x[a_0(a_{1x} - \lambda a_1 q_x) + a_1(a_{0x} - \mu a_1 q_x)] - 2\lambda q_x[a_1(a_{1x} - \lambda a_1 q_x) - a_0 a_1 q_x]$$

$$+ 3\mu a_1^2 q_x^2 - [-(a_1 q_x)_x - q_x(a_{1x} - \lambda a_1 q_x) + 2\lambda a_1 q_x^2]_x$$

$$+ 2\lambda q_x[-(a_1 q_x)_x - q_x(a_{1x} - \lambda a_1 q_x) + 2\lambda a_1 q_x^2]$$

$$+ q_x[(a_{1x} - \lambda a_1 q_x)_x - \lambda q_x(a_{1x} - \lambda a_1 q_x) + 2\mu a_1 q_x^2] + 6\mu a_1 q_x^3 = 0, \tag{10.60}$$

$$\left(\frac{G'}{G}\right): (a_{1t} - \lambda a_1 q_t)_x - \lambda q_x(a_{1t} - \lambda a_1 q_t) + 2\mu a_1 q_x q_t$$

$$+ (a_{1y} - \lambda a_1 q_y)_y - \lambda q_y(a_{1y} - \lambda a_1 q_y) + 2\mu a_1 q_y^2$$

$$+ [a_0(a_{1x} - \lambda a_1 q_x) + a_1(a_{0x} - \mu a_1 q_x)]_x$$

10.2 非线性耗散 Zabolotskaya-Khokhlov 系统

$$-\lambda q_x[a_0(a_{1x}-\lambda a_1 q_x)+a_1(a_{0x}-\mu a_1 q_x)]$$
$$-2\mu q_x[a_1(a_{1x}-\lambda a_1 q_x)-a_0 a_1 q_x]$$
$$-[(a_{1x}-\lambda a_1 q_x)_x-\lambda q_x(a_{1x}-\lambda a_1 q_x)+2\mu a_1 q_x^2]_x$$
$$+\lambda q_x[(a_{1x}-\lambda a_1 q_x)_x-\lambda q_x(a_{1x}-\lambda a_1 q_x)+2\mu a_1 q_x^2]$$
$$+2\mu q_x[-(a_1 q_x)_x-q_x(a_{1x}-\lambda a_1 q_x)+2\lambda a_1 q_x^2]=0, \tag{10.61}$$

$$\left(\frac{G'}{G}\right)^0: (a_{0t}-\mu a_1 q_t)_x-\mu q_x(a_{1t}-\lambda a_1 q_t)+(a_{0y}-\mu a_1 q_y)_y-\mu q_y(a_{1y}-\lambda a_1 q_y)$$
$$+[a_0(a_{0x}-\mu a_1 q_x)]_x-\mu q_x[a_0(a_{1x}-\lambda a_1 q_x)+a_1(a_{0x}-\mu a_1 q_x)]$$
$$-(a_{0x}-\mu a_1 q_x)_{xx}+\mu[q_x(a_{1x}-\lambda a_1 q_x)]_x$$
$$+\mu q_x[(a_{1x}-\lambda a_1 q_x)_x-\lambda q_x(a_{1x}-\lambda a_1 q_x)+2\mu a_1 q_x^2]=0. \tag{10.62}$$

设 $q(x,y,t)$ 取如下的分离变量形式

$$q(x,y,t)=f(x)+g(y,t). \tag{10.63}$$

由 (10.63) 可得

$$q_{xy}=q_{xt}=0. \tag{10.64}$$

注意到 $a_1\ne 0$ 和式 (10.64),由式 (10.58) 可知

$$a_1=-2q_x. \tag{10.65}$$

将式 (10.65) 代入式 (10.59) 可得

$$a_0 q_x^2 = q_x(q_{xx}-q_t-\lambda q_x^2)-q_y^2.$$

因此

$$a_0=\frac{q_{xx}-q_t-\lambda q_x^2}{q_x}-\frac{q_y^2}{q_x^2}. \tag{10.66}$$

将式 (10.65) 和式 (10.66) 代入式 (10.60) 可得

$$q_x^2 q_{yy}+q_y^2 q_{xx}=0. \tag{10.67}$$

将式 (10.65)~ 式 (10.67) 代入式 (10.61),我们发现式 (10.61) 为等价方程. 再将式 (10.65)~ 式 (10.67) 代入式 (10.62),可得

$$a_{0yy}+a_{0tx}+(a_0 a_{0x})_x-a_{0xxx}-4\mu q_{xx}^2-4\mu q_x q_{xxx}=0. \tag{10.68}$$

将式 (10.67) 与式 (10.68) 联立可得
$$q_{xx} = q_{yy} = 0. \tag{10.69}$$

由式 (10.70) 可得
$$f(x) = kx, \quad g(y,t) = h(t)y + r(t), \tag{10.70}$$

其中 k 为常数, $k \neq 0$, $h(t)$ 和 $r(t)$ 存在 t 的相应阶导数. 至此, 我们得到关于 a_0, a_1, q 的一组解

$$\begin{cases} a_0 = \dfrac{-h'(t)y + r'(t) - \lambda k^2}{k} - \dfrac{h^2(t)}{k^2}, \\ a_1 = -2k, \\ q(x,y,t) = kx + h(t)y + r(t). \end{cases} \tag{10.71}$$

将常微分方程 (10.4) 代入式 (10.51), 可得到非线性耗散 Zabolotskaya-Khokhlov 系统 (10.47) 的广义行波解. 分以下三种情形讨论.

情形 1 当 $\lambda^2 - 4\mu > 0$ 时, 记 $\delta_1 = \dfrac{\sqrt{\lambda^2 - 4\mu}}{2}$, 非线性耗散 Zabolotskaya-Khokhlov 系统 (10.47) 的双曲函数广义行波解为

$$u_1(x,y,t) = -\frac{kh'(t)y + [h^2(t) + kr'(t)]}{k^2} - 2k\delta_1 B_1, \tag{10.72}$$

其中 $q(x,y,t) = kx + h(t)y + r(t)$,

$$B_1 = \frac{C_1 \sinh \delta_1 q(x,y,t) + C_2 \cosh \delta_1 q(x,y,t)}{C_1 \cosh \delta_1(x,y,t) + C_2 \sinh \delta_1 q(x,y,t)}.$$

情形 2 当 $\lambda^2 - 4\mu < 0$, 记 $\delta_2 = \dfrac{\sqrt{4\mu - \lambda^2}}{2}$, 非线性耗散 Zabolotskaya-Khokhlov 系统 (10.47) 的三角函数广义行波解为

$$u_2(x,y,t) = -\frac{kh'(t)y + [h^2(t) + kr'(t)]}{k^2} - 2k\delta_2 B_2, \tag{10.73}$$

其中 $q(x,y,t) = kx + h(t)y + r(t)$,

$$B_2 = \frac{-C_1 \sin \delta_2 q(x,y,t) + C_2 \cos \delta_2 q(x,y,t)}{C_1 \cos \delta_2(x,y,t) + C_2 \sin \delta_2 q(x,y,t)}.$$

情形 3 当 $\lambda^2 - 4\mu = 0$ 时, 非线性耗散 Zabolotskaya-Khokhlov 系统 (10.47) 的有理函数广义行波解为

$$u_3(x,y,t) = -\frac{kh'(t)y + [h^2(t) + kr'(t)]}{k^2} - 2k\frac{C_2}{C_1 + C_2 q}, \tag{10.74}$$

其中 $q(x,y,t) = kx + h(t)y + r(t)$.

10.2.3 非线性耗散 Zabolotskaya-Khokhlov 系统的时间孤子激发

在于非线性耗散 Zabolotskaya-Khokhlov 系统的广义行波解 (10.72)~解 (10.74) 中, 将含有时间 t 的任意函数 $h(t)$ 和 $r(t)$. 我们以解 (10.72) 为例, 通过设置 $h(t)$ 和 $r(t)$ 为某些特定函数来讨论时间孤子激发.

例 1 周期波状时间孤子.

设式 (10.72) 中的 $h(t)$ 和 $r(t)$ 为

$$h(t) = 1, \quad r(t) = \text{sech}(t) + \tanh(t) + \sin(t), \tag{10.75}$$

然后固定 x, 并且设置参数 C_1, C_2, δ_1 如下

$$x = 0, C_1 = 3, C_2 = 2, \delta_1 = 1, \tag{10.76}$$

图 10.5 说明当 $k = 1, 4, 8$ 时的孤子沿时间方向呈周期波状, 且参数不同, 周期波的振幅变化较大.

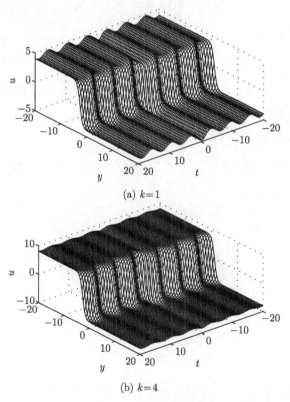

(a) $k=1$

(b) $k=4$

图 10.5 非线性耗散 Zabolotskaya-Khokhlov 系统的时间孤子. 解 (10.72) 中 $h(t), r(t)$ 满足式 (10.75), x, C_1, C_2, δ_1 满足式 (10.76), k 取不同值

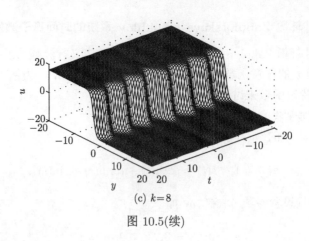

(c) $k=8$

图 10.5(续)

例 2 梯状时间孤子.

设式 (10.72) 中的 $h(t)$ 和 $r(t)$ 为

$$h(t) = k_1 t, \quad r(t) = t^2 + k_2, \tag{10.77}$$

固定 x, 并且设置参数 C_1, C_2, δ_1 如下

$$x=1, C_1=3, C_2=2, \delta_1=0.5, k_1=1, k_2=-18. \tag{10.78}$$

图 10.6 表明当 $k=15, 30, 60$ 时的时间孤子呈梯状, 参数 k 会影响梯的分合.

例 3 多梯状时间孤子.

设式 (10.72) 中的 $h(t)$ 和 $r(t)$ 为

$$h(t) = \exp(-t^2) + \cos(t), \quad r(t) = \exp(-t^2) + \cos(t), \tag{10.79}$$

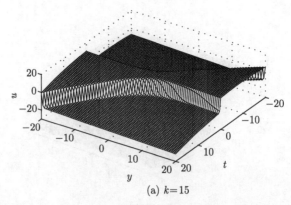

(a) $k=15$

图 10.6 非线性耗散 Zabolotskaya-Khokhlov 系统的时间孤子. 解 (10.72) 中 $h(t), r(t)$ 满足式 (10.77), $x, C_1, C_2, \delta_1, k_1, k_2$ 满足式 (10.78), k 取不同值

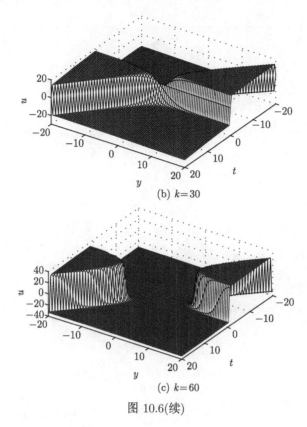

图 10.6(续)

然后固定 x, 并且设置参数 C_1, C_2, δ_1 如下

$$x = 1, C_1 = 3, C_2 = 2, \delta_1 = 1, \tag{10.80}$$

图 10.7 展示了当 $k = 1, 3, 6$ 时的时间孤子. 此时, 孤子为多梯状.

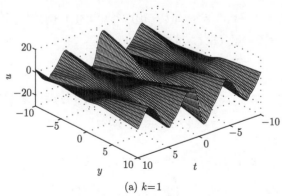

(a) $k=1$

图 10.7 非线性耗散 Zabolotskaya-Khokhlov 系统的时间孤子.

解 (10.72) 中 $h(t), r(t)$ 满足式 (10.79), x, C_1, C_2, δ_1 满足式 (10.80), k 取不同值

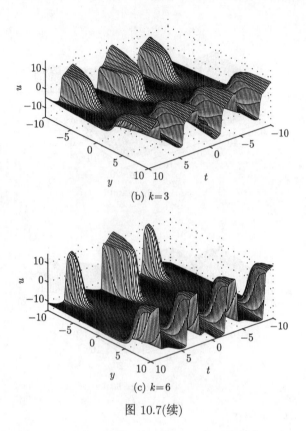

(b) k=3

(c) k=6

图 10.7(续)

例 4 单峰 (谷) 状时间孤子.

设式 (10.72) 中的 $h(t)$ 和 $r(t)$ 为

$$h(t) = 1, \quad r(t) = \tanh(t), \tag{10.81}$$

$$h(t) = 1, \quad r(t) = \text{sech}(t-10) + \tanh(t) + \text{sech}(t+10), \tag{10.82}$$

然后固定 x, 并且设置参数 C_1, C_2, δ_1 如下

$$x = 1, C_1 = 3, C_2 = 2, \delta_1 = 1, \tag{10.83}$$

图 10.8 展示了当 $k = 0.2, 0.5, 1$ 时的时间孤子为单峰 (谷) 状, 参数决定单峰 (谷) 的振幅.

例 5 环状时间孤子.

在解 (10.72) 中, 我们引入一个新变量 T, 其定义为

$$r(T) = \int \bar{r}(T) \mathrm{d}T, \quad t = \hat{r}(T), \tag{10.84}$$

其中 $\bar{r}$ 和 $\hat{r}$ 为 T 的函数.

10.2 非线性耗散 Zabolotskaya-Khokhlov 系统

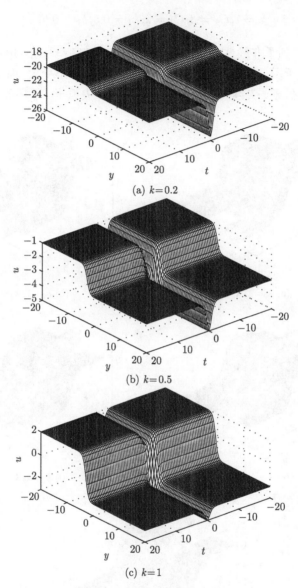

图 10.8 非线性耗散 Zabolotskaya-Khokhlov 系统的时间孤子. 解 (10.72) 中 $h(t), r(t)$ 满足式 (10.81) 和式 (10.82), x, C_1, C_2, δ_1 满足式 (10.83), k 取不同值

设 $h(t), \bar{r}$ 和 $\hat{r}$ 如下

$$h(t) = 1, \tag{10.85}$$

$$\bar{r}(T) = T\text{sech}^2(k_1 T), \quad t = \hat{r}(T) = T + k_2\tanh^2(T) + k_3\text{sech}^2(T), \tag{10.86}$$

固定变量 x, 设置参数 C_1, C_2, k_1, δ_1 为

$$x=1, C_1=3, C_2=2, k_1=0.5, \delta_1=0.5. \tag{10.87}$$

令 k_2, k_3 变化,得到了非线性耗散 Zabolotskaya-Khokhlov 系统 (10.47) 的环状时间孤子,如图 10.9 所示. 当参数 k_2, k_3 组合变化, 即 k_2 由小变大, 而 k_3 由大变小时, 环状孤子由上环孤子、尖–峰孤子、谷–峰孤子、峰–尖孤子、下环孤子.

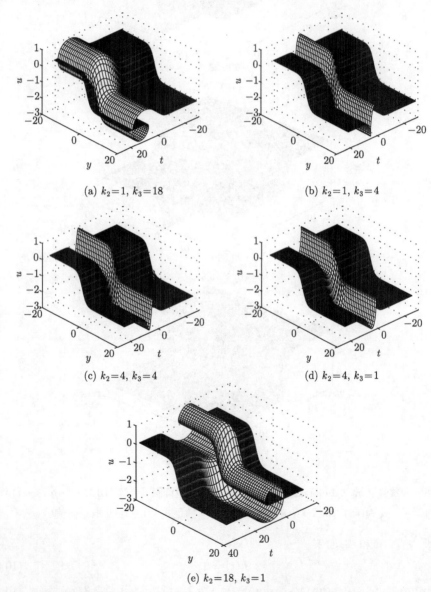

图 10.9 非线性耗散 Zabolotskaya-Khokhlov 系统的时间孤子. 解 (10.72) 中 $h(t), r(t)$ 满足式 (10.84), 式 (10.85), 式 (10.86), $x, C_1, C_2, k_1, \delta_1$ 满足式 (10.87), k_2, k_3 取不同值

10.3 本章小结

时间孤子在许多工程技术领域有广泛的应用. 本章研究了一类非线性耦合 Schrödinger 系统和一类非线性耗散 Zabolotskaya-Khokhlov 系统的时间孤子的激发问题. 通过 (G'/G) 展开法构造了这两个系统的广义行波解. 因解中包括时间变量的任意函数, 适当设置这些任意函数, 构造出若干新颖的时间孤子, 包括周期折叠孤子、周期孤子、峰 (谷) 孤子、环状孤子等. 这些孤子对研究非线性演化系统的丰富的动力特征有一定帮助.

第 11 章 非线性演化系统的特殊孤子结构激发

非线性演化系统最重要的特征之一就是其丰富的特殊孤子结构, 而这些特殊孤子能够描述和反映非线性科学和工程的多样性. 如何激发这些特殊孤子是一个有价值的研究方向. 本章从两个高维非线性演化系统出发, 先构造出其精确广义行波解, 然后研究了多种典型的特殊孤子结构激发, 探索孤子间的相互作用与演化等.

11.1 (2+1) 维变系数色散长波系统的广义行波解

考虑如下 (2+1) 维变系数色散长波系统

$$u_{ty} = -B(t)[v_{xx} + (uu_x)_y], \tag{11.1}$$

$$v_t = -B(t)[(uv)_x + u_x + \beta^2 u_{xxy}], \tag{11.2}$$

其中 $u = u(x,y,t)$, $v = v(x,y,t)$ 为系统的相应物理场量, $B(t)$ 为时间函数系数, β 为参数.

该系统是描述水波通过等深、狭长的理想水道运动的重要模型. 当 $B(t) = 1$, $x = y$ 且 $\beta^2 = 1$ 时, 该系统约化为经典的 Boussinesq 方程系统. 当 $B(t) = 1$ 且 $\beta^2 = 1$ 时, 该系统约化为通常的色散长波系统, 它是由 Boiti 等在研究弱 Lax 对的相容条件时首先得到的[150]. 有关该系统的研究主要围绕着构造新的精确解和新孤子结构的激发[151-156].

假设系统 (11.1)-(11.2) 有如下形式的解

$$u = \sum_{i=0}^{m} a_i \left[\frac{G'(q)}{G(q)}\right]^i, \tag{11.3}$$

$$v = \sum_{j=0}^{n} b_j \left[\frac{G'(q)}{G(q)}\right]^j, \tag{11.4}$$

其中 a_i $(i = 0, 1, 2, \cdots, m)$, b_j $(j = 0, 1, 2, \cdots, n)$ 均为含变量 x, y, t 的待定函数, q 为 x, y, t 的函数, $G = G(q)$ 满足二阶线性常微分方程

$$G''(q) + \lambda G'(q) + \mu G(q) = 0. \tag{11.5}$$

11.1 (2+1)维变系数色散长波系统的广义行波解

平衡系统 (11.1)-(11.2) 的含 u 和 v 的偏导数的线性项最高阶导数幂次和非线性项最高阶幂次可得

$$m+3 = m+n+1,$$

$$(m+m+1)+1 = \max\{n+2,\ m+2\} = \max\{4,\ m+2\}. \tag{11.6}$$

解之可得 $m=1,\ n=2$. 因此, 式 (11.3) 和式 (11.4) 可分别重写为

$$u = a_0 + a_1\left[\frac{G'(q)}{G(q)}\right], \tag{11.7}$$

$$v = b_0 + b_1\left[\frac{G'(q)}{G(q)}\right] + b_2\left[\frac{G'(q)}{G(q)}\right]^2. \tag{11.8}$$

下面寻求系统 (11.1)–(11.2) 形如式 (11.7)-(11.8) 的解, 其中 $q = q(x,y,t) = f(x,t) + g(y)$.

注意到式 (11.5), 经过计算可得

$$u_x = (a_{0x} - \mu a_1 f_x) + (a_{1x} - \lambda a_1 f_x)\left(\frac{G'}{G}\right) - a_1 f_x\left(\frac{G'}{G}\right)^2, \tag{11.9}$$

$$v_t = (b_{0t} - \mu b_1 f_t) + (b_{1t} - \lambda b_1 f_t - 2\mu b_2 f_t)\left(\frac{G'}{G}\right)$$

$$+ (b_{2t} - b_1 f_t - 2\lambda b_2 f_t)\left(\frac{G'}{G}\right)^2 - 2b_2 f_t\left(\frac{G'}{G}\right)^3, \tag{11.10}$$

$$(uv)_x = [(a_0 b_0)_x - \mu f_x(a_0 b_1 + a_1 b_0)]$$

$$+ [(a_0 b_1 + a_1 b_0)_x - \lambda f_x(a_0 b_1 + a_1 b_0) - 2\mu f_x(a_0 b_2 + a_1 b_1)]\left(\frac{G'}{G}\right)$$

$$+ [(a_0 b_2 + a_1 b_1)_x - f_x(a_0 b_1 + a_1 b_0) - 2\lambda f_x(a_0 b_2 + a_1 b_1) - 3\mu f_x a_1 b_2]\left(\frac{G'}{G}\right)^2$$

$$+ [(a_1 b_2)_x - 2f_x(a_0 b_2 + a_1 b_1) - 3\lambda f_x a_1 b_2]\left(\frac{G'}{G}\right)^3 - 3f_x a_1 b_2\left(\frac{G'}{G}\right)^4, \tag{11.11}$$

$$u_{xxy} = \{[(a_{0x} - \mu a_1 f_x)_x - \mu f_x(a_{1x} - \lambda a_1 f_x)]_y$$

$$- \mu g'[(a_{1x} - \lambda a_1 f_x)_x - \lambda a_{1x} f_x + (\lambda^2 + 2\mu)a_1 f_x^2]\}$$

$$+ \{[(a_{1x} - \mu a_1 f_x)_x - \lambda f_x(a_{1x} - \lambda a_1 f_x) + 2\mu a_1 f_x^2]_y$$

$$+ g'[-\lambda(a_{1x} - \lambda a_1 f_x)_x + (\lambda^2 + 2\mu)a_{1x} f_x$$

$$-\lambda(\lambda^2+8\mu)a_1f_x^2+2\mu(a_1f_x)_x]\}\left(\frac{G'}{G}\right)$$

$$+\{[-(a_1f_x)_x-f_x(a_{1x}-\lambda a_1f_x)+2\lambda a_1f_x^2]_y$$

$$-g'[(7\lambda^2+8\mu)a_1f_x^2-3\lambda a_{1x}f_x-2\lambda(a_1f_x)_x+(a_{1x}-\lambda a_1f_x)_x]\}\left(\frac{G'}{G}\right)^2$$

$$+\{2(a_1f_x^2)_y-g'[12\lambda a_1f_x^2-4a_{1x}f_x-2a_1f_{xx}]\}\left(\frac{G'}{G}\right)^3-6a_1f_x^2g'\left(\frac{G'}{G}\right)^4,$$

$$\tag{11.12}$$

$$u_{ty}=[(a_{0t}-\mu a_1f_t)_y-\mu g'(a_{1t}-\lambda a_1f_t)]$$

$$+[(a_{1t}-\lambda a_1f_t)_y+2\mu a_1f_tg'-\lambda g'(a_{1t}-\lambda a_1f_t)]\left(\frac{G'}{G}\right)$$

$$+[-(a_1f_t)_y-g'(a_{1t}-\lambda a_1f_t)+2\lambda a_1f_tg']\left(\frac{G'}{G}\right)^2+2a_1f_tg'\left(\frac{G'}{G}\right)^3, \tag{11.13}$$

$$v_{xx}=[(b_{0x}-\mu b_1f_x)_x-\mu f_x(b_{1x}-\lambda b_1f_x-2\mu b_2f_x)]$$

$$+[(b_{1x}-\lambda b_1f_x-2\mu b_2f_x)_x-\lambda f_x(b_{1x}-\lambda b_1f_x-2\mu b_2f_x)$$

$$-2\mu f_x(b_{2x}-b_1f_x-2\lambda b_2f_x)]\left(\frac{G'}{G}\right)$$

$$+[(b_{2x}-b_1f_x-2\lambda b_2f_x)_x-f_x(b_{1x}-\lambda b_1f_x-2\mu b_2f_x)$$

$$-2\lambda f_x(b_{2x}-b_1f_x-2\lambda b_2f_x)+6\mu b_2f_x^2]\left(\frac{G'}{G}\right)^2$$

$$+[-2(b_2f_x)_x+6\lambda b_2f_x^2-2f_x(b_{2x}-b_1f_x-2\lambda b_2f_x)]\left(\frac{G'}{G}\right)^3+6b_2f_x^2\left(\frac{G'}{G}\right)^4,$$

$$\tag{11.14}$$

$$(uu_x)_y=\{[a_0(a_{0x}-\mu a_1f_x)]_y-\mu g'[a_0(a_{1x}-\lambda a_1f_x)+a_1(a_{0x}-\mu a_1f_x)]\}$$

$$+\{[a_0(a_{1x}-\lambda a_1f_x)+a_1(a_{0x}-\mu a_1f_x)]_y-\lambda g'[a_0(a_{1x}-\lambda a_1f_x)$$

$$+a_1(a_{0x}-\mu a_1f_x)]-2\mu g'[a_1(a_{1x}-\lambda a_1f_x)-a_0a_1f_x]\}\left(\frac{G'}{G}\right)$$

$$+\{[a_1(a_{1x}-\lambda a_1f_x)-a_0a_1f_x]_y-g'[a_0(a_{1x}-\lambda a_1f_x)+a_1(a_{0x}-\mu a_1f_x)]$$

$$-2\lambda g'[a_1(a_{1x}-\lambda a_1f_x)-a_0a_1f_x]+3\mu a_1^2f_xg'\}\left(\frac{G'}{G}\right)^2$$

$$+\{-(a_1^2f_x)_y-2g'[a_1(a_{1x}-\lambda a_1f_x)-a_0a_1f_x]$$

$$+3\lambda a_1^2f_xg'\}\left(\frac{G'}{G}\right)^3+3a_1^2f_xg'\left(\frac{G'}{G}\right)^4. \tag{11.15}$$

将式 (11.8)~式 (11.15) 代入式 (11.1), 合并 (G'/G) 的各阶幂次项, 令其系数为零可得

$$\left(\frac{G'}{G}\right)^4 : 0 = -B(t)[6b_2 f_x^2 + 3a_1^2 f_x g'], \tag{11.16}$$

$$\left(\frac{G'}{G}\right)^3 : 2a_1 f_t g' = -B(t)\{-2(b_2 f_x)_x + 6\lambda b_2 f_x^2 - 2f_x(b_{2x} - b_1 f_x - 2\lambda b_2 f_x)$$
$$- (a_1^2 f_x)_y - 2g'[a_1(a_{1x} - \lambda a_1 f_x) - a_0 a_1 f_x] + 3\lambda a_1^2 f_x g'\}, \tag{11.17}$$

$$\left(\frac{G'}{G}\right)^2 : g'[3\lambda a_1 f_t - a_{1t}] = -B(t)\{(b_{2x} - b_1 f_x - 2\lambda b_2 f_x)_x - f_x(b_{1x} - \lambda b_1 f_x - 2\mu b_2 f_x)$$
$$- 2\lambda f_x(b_{2x} - b_1 f_x - 2\lambda b_2 f_x) + 6\mu b_2 f_x^2$$
$$+ g'[-(a_0 a_1)_x - 2\lambda a_1 a_{1x} + 3\lambda a_0 a_1 f_x + 2(\lambda^2 + 2\mu)a_1^2 f_x]\}, \tag{11.18}$$

$$\left(\frac{G'}{G}\right) : g'[(\lambda^2 + 2\mu)a_1 f_t - \lambda a_{1t}] = -B(t)\{(b_{1x} - \lambda b_1 f_x - 2\mu b_2 f_x)_x$$
$$- \lambda f_x(b_{1x} - \lambda b_1 f_x - 2\mu b_2 f_x) - 2\mu f_x(b_{2x} - b_1 f_x - 2\lambda b_2 f_x)$$
$$+ g'[3\lambda\mu a_1^2 f_x + (\lambda^2 + 2\mu)a_0 a_1 f_x - \lambda(a_0 a_1)_x - 2\mu a_1 a_{1x}]\}, \tag{11.19}$$

$$\left(\frac{G'}{G}\right)^0 : g'[\lambda\mu a_1 f_t - \mu a_{1t}] = -B(t)\{(b_{0x} - \mu b_1 f_x)_x - \mu f_x(b_{1x} - \lambda b_1 f_x - 2\mu b_2 f_x)$$
$$- \mu g'[(a_0 a_1)_x - \lambda a_0 a_1 f_x - \mu a_1^2 f_x]\}. \tag{11.20}$$

再将式 (11.8)~式 (11.15) 代入式 (11.2), 合并 (G'/G) 的各阶幂次项, 令其系数为零可得

$$\left(\frac{G'}{G}\right)^4 : \quad 0 = -B(t)[-3a_1 b_2 f_x - 6\beta^2 a_1 f_x^2 g'], \tag{11.21}$$

$$\left(\frac{G'}{G}\right)^3 : -2b_2 f_t = -B(t)\{(a_1 b_2)_x - 2f_x(a_0 b_2 + a_1 b_1) - 3\lambda a_1 b_2 f_x + 2\beta^2(a_1 f_x^2)_y$$
$$- \beta^2 g'[12\lambda a_1 f_x^2 - 4a_{1x} f_x - 2a_1 f_{xx}]\}, \tag{11.22}$$

$$\left(\frac{G'}{G}\right)^2 : b_{2t} - b_1 f_t - 2\lambda b_2 f_t = -B(t)\{-a_1 f_x + (a_0 b_2 + a_1 b_1)_x$$
$$- f_x(a_0 b_1 + a_1 b_0) - 2\lambda f_x(a_0 b_2 + a_1 b_1) - 3\mu a_1 b_2 f_x$$
$$- \beta^2 g'[(7\lambda^2 + 8\mu)a_1 f_x^2 + a_{1xx} - 6\lambda a_{1x} f_x - 3\lambda a_1 f_{xx}]\}, \tag{11.23}$$

$$\left(\frac{G'}{G}\right) : b_{1t} - \lambda b_1 f_t - 2\mu b_2 f_t = -B(t)\{(a_{1x} - \lambda a_1 f_x) + (a_0 b_1 + a_1 b_0)_x$$
$$- \lambda f_x(a_0 b_1 + a_1 b_0) - 2\mu f_x(a_0 b_2 + a_1 b_1) + \beta^2 g'[-\lambda(a_{1x} - \lambda a_1 f_x)_x$$
$$+ \lambda^2 a_{1x} f_x - \lambda(\lambda^2 + 8\mu)a_1 f_x^2 + 2\mu a_{1x} f_x + 2\mu(a_1 f_x)_x]\}, \tag{11.24}$$

$$\left(\frac{G'}{G}\right)^0 : b_{0t} - \mu b_1 f_t = -B(t)\{(a_{0x} - \mu a_1 f_x) + (a_0 b_0)_x - \mu f_x(a_0 b_1 + a_1 b_0)$$
$$-\mu\beta^2 g'[(a_{1x} - \lambda a_1 f_x)_x - \lambda a_{1x} f_x + (\lambda^2 + 2\mu)a_1 f_x^2]\}. \tag{11.25}$$

解方程组: 方程 (11.17)~ 方程 (11.25) 可得

$$\begin{cases} a_0 = \lambda\beta f_x - \dfrac{f_t}{B(t)f_x} - \dfrac{\beta f_{xx}}{f_x}, \\ a_1 = 2\beta f_x, \\ b_0 = -1 - 2\mu\beta^2 f_x g', \\ b_1 = -2\lambda\beta^2 f_x g', \\ b_2 = -2\beta^2 f_x g'. \end{cases} \tag{11.26}$$

将式 (11.26) 代入方程 (11.7)~ 方程 (11.8), 再根据常微分方程 (11.5) 的解可得到系统 (11.1)-(11.2) 的三种分离变量形式的非行波解.

情形 1 当 $\lambda^2 - 4\mu > 0$ 时, 记 $\delta_1 = \dfrac{\sqrt{\lambda^2 - 4\mu}}{2}$, 由方程 (11.5) 的通解可得

$$\frac{G'(q)}{G(q)} = -\frac{\lambda}{2} + \delta_1 \frac{C_1 \sinh\delta_1(f+g) + C_2 \cosh\delta_1(f+g)}{C_1 \cosh\delta_1(f+g) + C_2 \sinh\delta_1(f+g)}, \tag{11.27}$$

其中 C_1, C_2 为任意常数.

因此, 系统 (11.1)-(11.2) 的双曲函数形式非行波解为

$$u_1 = -\frac{f_t}{B(t)f_x} - \frac{\beta f_{xx}}{f_x} + 2\beta\delta_1 f_x \frac{C_1 \sinh\delta_1(f+g) + C_2 \cosh\delta_1(f+g)}{C_1 \cosh\delta_1(f+g) + C_2 \sinh\delta_1(f+g)}, \tag{11.28}$$

$$v_1 = -1 + 2\beta^2\delta_1^2 f_x g' \left\{1 - \left[\frac{C_1 \sinh\delta_1(f+g) + C_2 \cosh\delta_1(f+g)}{C_1 \cosh\delta_1(f+g) + C_2 \sinh\delta_1(f+g)}\right]^2\right\}. \tag{11.29}$$

特别地, 当取定 $C_1 \neq 0, C_2 = 0$ 时, 解 (11.28)-(11.29) 分别退化为系统 (11.1)-(11.2) 的另两种形式的双曲函数形式的解

$$u_{1s} = -\frac{f_t}{B(t)f_x} - \frac{\beta f_{xx}}{f_x} + 2\beta\delta_1 f_x \tanh\delta_1(f+g), \tag{11.30}$$

$$v_{1s} = -1 + 2\beta^2\delta_1^2 f_x g' \operatorname{sech}^2\delta_1(f+g). \tag{11.31}$$

情形 2 当 $\lambda^2 - 4\mu < 0$ 时, 记 $\delta_2 = \dfrac{\sqrt{4\mu - \lambda^2}}{2}$. 由方程 (11.5) 的通解可得

$$\frac{G'(q)}{G(q)} = -\frac{\lambda}{2} + \delta_2 \frac{-C_1 \sin\delta_2(f+g) + C_2 \cos\delta_2(f+g)}{C_1 \cos\delta_2(f+g) + C_2 \sin\delta_2(f+g)}, \tag{11.32}$$

其中 C_1, C_2 为任意常数. 因此, 可得系统 (11.1)-(11.2) 的三角函数形式非行波解为

$$u_2 = -\frac{f_t}{B(t)f_x} - \frac{\beta f_{xx}}{f_x} + 2\beta\delta_2 f_x \frac{-C_1\sin\delta_2(f+g) + C_2\cos\delta_2(f+g)}{C_1\cos\delta_2(f+g) + C_2\sin\delta_2(f+g)}, \quad (11.33)$$

$$v_2 = -1 - 2\beta^2\delta_2^2 f_x g'\left\{1 + \left[\frac{-C_1\sin\delta_2(f+g) + C_2\cos\delta_2(f+g)}{C_1\cos\delta_2(f+g) + C_2\sin\delta_2(f+g)}\right]^2\right\}. \quad (11.34)$$

情形 3 当 $\lambda^2 - 4\mu = 0$ 时, 由方程 (11.5) 的通解可得

$$\frac{G'}{G} = -\frac{\lambda}{2} + \frac{C_2}{C_1 + C_2(f+g)}, \quad (11.35)$$

其中 C_1, C_2 为任意常数.

因此, 可得系统 (11.1)-(11.2) 的有理函数形式的非行波解

$$u_3 = -\frac{f_t}{B(t)f_x} - \frac{\beta f_{xx}}{f_x} + \frac{2\beta C_2 f_x}{C_1 + C_2(f+g)}, \quad (11.36)$$

$$v_3 = -1 - 2\beta^2 f_x g'\left[\frac{C_2}{C_1 + C_2(f+g)}\right]^2. \quad (11.37)$$

11.2 (2+1) 维变系数色散长波系统的特殊孤子结构激发

特殊孤子结构激发是为了研究非线性演化系统丰富的动力特征. 本节我们以可视化方法来讨论 (2+1) 维变系数色散长波系统 (11.1)-(11.2) 的特殊孤子结构的激发. 为表达和图示方便, 我们将 11.1 中解 (11.29) 重新记为 V, 即

$$V = v_1 = -1 + 2\beta^2\delta^2 f_x g'\left\{1 - \left[\frac{C_1\sinh\delta(f+g) + C_2\cosh\delta(f+g)}{C_1\cosh\delta(f+g) + C_2\sinh\delta(f+g)}\right]^2\right\}, \quad (11.38)$$

其中 C_1, C_2, β 为任意常数, $\delta = \frac{\sqrt{\lambda^2 - 4\mu}}{2} > 0$.

11.2.1 单向线孤子

本小节先讨论一种最简单的非线性演化系统局域结构激发, 即单向线孤子.

选取 (2+1) 维变系数色散长波系统 (11.1)-(11.2) 的解 (11.38) 中的任意函数 $f(x,t), g(y)$ 分别为其独立变量的线性函数

$$f(x,t) = k_1 x + ct, \quad g(y) = k_2 y. \quad (11.39)$$

设置

$$t = 0, \beta = 2, \delta = 1, C_1 = 4, C_2 = 2, k_1 = 1, k_2 = 1.5, c = 0.1. \quad (11.40)$$

解 (11.38) 在函数 f,g 选取设置 (11.39) 及设置 (11.40) 下为简单的单向线孤子, 如图 11.1 所示. 实际上, 由于行波解是非行波解的特例, 因此, 单向线孤子与本书前面章节中讨论过的孤立波解的形态是一致的.

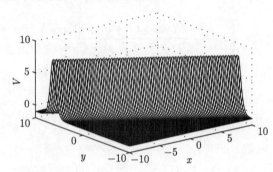

图 11.1 单向线孤子. 解 (11.38) 在设置 (11.39)-(11.40) 下的图形

11.2.2 Lump 孤子与环孤子

Lump 孤子是一种不同于一般指数函数方式, 而是以幂函数或幂函数与指数函数混合方式衰减的孤子.

选择解 (11.38) 中的函数 $f(x,t), g(y)$ 为

$$f(x,t) = x^2 + t, \quad g(y) = y^2. \tag{11.41}$$

设置

$$\beta = 2, \delta = 1, C_1 = 4, C_2 = 2. \tag{11.42}$$

当 $t = -20$ 时, 我们可得到环状 Lump 孤子, 如图 11.2 所示, 其中图 11.2(b) 为图 11.2(a) 的等高线图; 当 $t = 0$ 时, 可得峰状 Lump 孤子, 如图 11.3 所示, 其中图 11.3(b) 为图 11.3(a) 的等高线图. 从等高线图可以看出, Lump 孤子形成上下对称

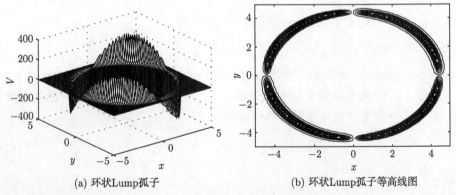

(a) 环状Lump孤子

(b) 环状Lump孤子等高线图

图 11.2 环状 Lump 孤子. 解 (11.38) 在 $t = -20$, 设置为式 (11.42) 及式 (11.41) 时的图形

的起伏形状.

由于式 (11.41) 中的 $f(x,t)$ 为时间的函数, 因此 Lump 孤子会随时间变量的变化而演化. 在图 11.4 中, 我们可以看到 t 取定界于 -20 到 0 间的 4 个值时, 图形从环状 Lump 孤子渐变为峰状 Lump 孤子的过程.

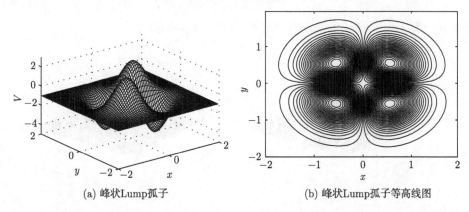

(a) 峰状Lump孤子　　　　　(b) 峰状Lump孤子等高线图

图 11.3　峰状 Lump 孤子. 解 (11.38) 在 $t=0$, 设置为式 (11.42) 及式 (11.41) 时的图形

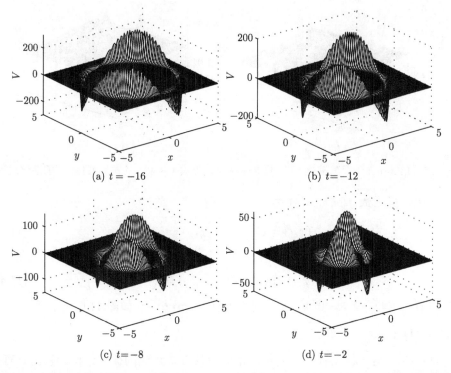

(a) $t=-16$　　　　　(b) $t=-12$

(c) $t=-8$　　　　　(d) $t=-2$

图 11.4　Lump 孤子演化图. 解 (11.38) 在设置为式 (11.42) 及式 (11.41) 下的演化过程

如果选择函数 $f(x,t), g(y)$ 为

$$f(x,t) = \mathrm{e}^{-x^2+t^2}, \quad g(y) = \mathrm{e}^{-y^2}, \tag{11.43}$$

设置

$$\beta = 2, \delta = 0.1, C_1 = 4, C_2 = 2 \tag{11.44}$$

可得到一类 Lump 孤子的时间演化过程, 如图 11.5 所示.

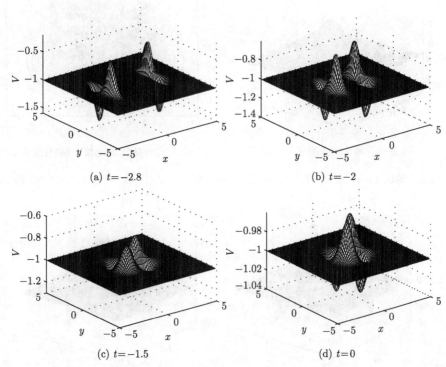

图 11.5 Lump 孤子及其演化. 解 (11.38) 在设置为式 (11.43) 及式 (11.44) 下的演化过程

如果选择函数 $f(x,t), g(y)$ 为

$$f(x,t) = \mathrm{e}^{-x^3+t^2}, \quad g(y) = \mathrm{e}^{-y^2}, \tag{11.45}$$

和

$$f(x,t) = x\mathrm{e}^{-x^2+t^2}, \quad g(y) = \mathrm{e}^{-y^2}, \tag{11.46}$$

则在设置 (11.44) 及 $t = 0$ 下, 可得到两类双 Lump 孤子, 如图 11.6 所示.

11.2.3 Dromion 孤子

Dromion 是一种在各个方向都以指数函数方式衰减的孤子结构. 它由某种色散关系的非平行直线孤子或曲线孤子复合而成.

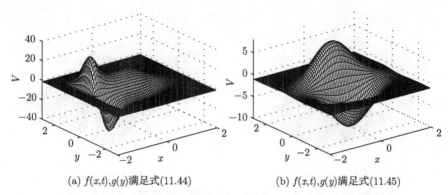

(a) $f(x,t), g(y)$ 满足式(11.44)　　(b) $f(x,t), g(y)$ 满足式(11.45)

图 11.6　双 Lump 孤子. 解 (11.38) 在设置 (11.44) 下, $f(x,t), g(y)$ 满足不同条件时的图形

选择 (2+1) 维变系数色散长波系统 (11.1)–(11.2) 的非行波解 (11.38) 中的任意函数 $f(x,t), g(y)$ 分别为下列四种情形

$$\text{(a)}: f(x,t) = t + 0.1\tanh x, \quad g(y) = 0.3\tanh y, \tag{11.47}$$

$$\text{(b)}: f(x,t) = t + 0.1\tanh(x-3) + 0.1\tanh(x+3), \quad g(y) = 0.3\tanh y, \tag{11.48}$$

$$\text{(c)}: f(x,t) = t + 0.1\tanh(x-6) + 0.1\tanh x + 0.1\tanh(x+6), \quad g(y) = 0.3\tanh y, \tag{11.49}$$

$$\text{(d)}: \begin{cases} f(x,t) = t + \sum_{m=-M}^{M} 0.1\tanh(x+3m), & M = 2, \\ g(y) = \sum_{n=-N}^{N} 0.1\tanh(y+3n), & N = 2. \end{cases} \tag{11.50}$$

设置

$$t = 0, \beta = 2, \delta = 0.1, C_1 = 4, C_2 = 2. \tag{11.51}$$

图 11.7 给出了解 (11.38) 在设置 (11.51) 及 f, g 分别取式 (11.47)∼式 (11.50) 时的图形, 对应获得了单 Dromion 孤子, 双 Dromion 孤子, 3-Dromion 孤子和 $M \times N$-Dromion 孤子. 多 Dromion 孤子结构也称为 Dromion 格子结构.

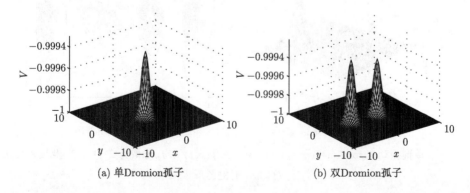

(a) 单Dromion孤子　　(b) 双Dromion孤子

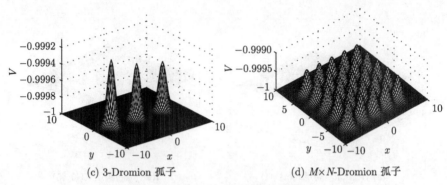

(c) 3-Dromion 孤子 (d) $M\times N$-Dromion 孤子

图 11.7 Dromion 孤子. 解 (11.38) 在设置为式 (11.51)，f,g 分别取式 (11.47)-(11.50) 时的图形

11.2.4 振动 Dromion 孤子

如果选取 (2+1) 维变系数色散长波系统 (11.1)–(11.2) 的非行波解 (11.38) 中的任意函数 $f(x,t), g(y)$ 为

$$f(x,t) = 5 + \mathrm{e}^{(kx-ct)\cos(kx-ct)}, \quad g(y) = \mathrm{e}^{ly}. \tag{11.52}$$

设置

$$t=0, \beta=2, \delta=0.2, C_2=4, C_1=2, k=0.6, l=0.7, c=1, \tag{11.53}$$

则可得到单向振动 Dromion 孤子结构, 如图 11.8 和图 11.9 所示, Dromion 孤子在 $y=0$ 方向呈周期性振动.

如果选取 $f(x,t), g(y)$ 为

$$f(x,t) = 5 + \mathrm{e}^{(kx-ct)\cos(kx-ct)}, \quad g(y) = \mathrm{e}^{ly\sin ly}, \tag{11.54}$$

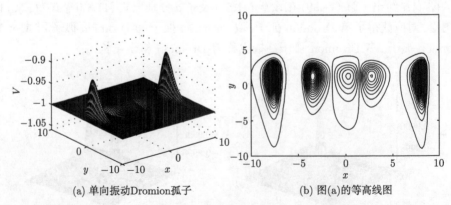

(a) 单向振动Dromion孤子 (b) 图(a)的等高线图

图 11.8 单向振动 Dromion 孤子. 解 (11.38) 在 $f(x,t), g(y)$ 选取为式 (11.52) 及设置为式 (11.53) 时的图形

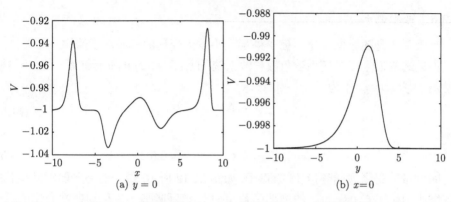

图 11.9 单向振动 Dromion 孤子 (图 11.8) 的剖面图

则在同样设置 (11.53) 下可得到双向振动 Dromion 孤子, 如图 11.10 和图 11.11 所示, Dromion 孤子在整个平面呈周期性振动.

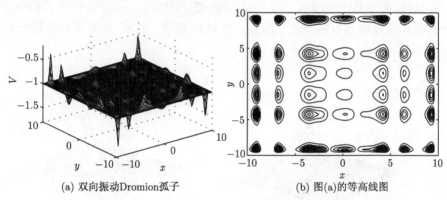

图 11.10 双向振动 Dromion 孤子. 解 (11.38) 在 $f(x,t), g(y)$ 选取为式 (11.54) 及设置为式 (11.53) 时的图形

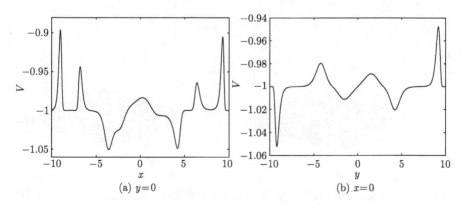

图 11.11 双向振动 Dromion 孤子 (图 11.10) 的剖面图

11.2.5 呼吸孤子

呼吸孤子是随时间变化而孤子外形大小发生变化的一种孤子结构.

如果选取 (2+1) 维变系数色散长波系统 (11.1)–(11.2) 的非行波解 (11.38) 中的任意函数 $f(x,t), g(y)$ 为

$$f(x,t) = \mathrm{e}^{x(k\cos t+1.1)}, \quad g(y) = \mathrm{e}^{ly}. \tag{11.55}$$

设置

$$\beta=2, \delta=3, C_2=4, C_1=2, k=0.6, l=0.5, \tag{11.56}$$

令时间变量 t 变化, 则能得到呼吸孤子, 如图 11.12 所示, 孤子的外形随时间变化扩大或缩小, 因为 $f(x,t)$ 为 t 的周期函数, 所以, 该呼吸孤子为呈周期性变化的孤子结构.

11.2.6 Solitoff 孤子

Solitoff 孤子是一种线孤子与 Dromion 孤子间的混合孤子, 它除了在一个方向外, 在其他方向均以指数方式衰减. 例如, 选择 (2+1) 维变系数色散长波系

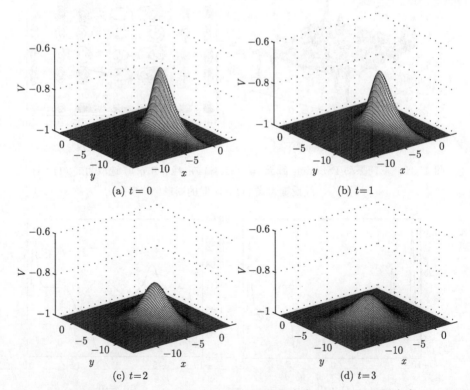

图 11.12 呼吸孤子. 解 (11.38) 在 $f(x,t), g(y)$ 选取为式 (11.55) 及设置为式 (11.56), t 取不同值时的图形

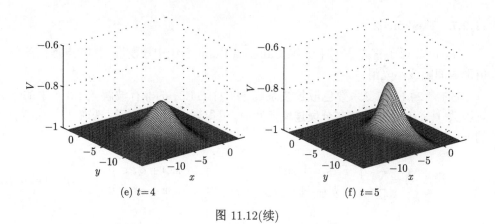

(e) $t=4$ (f) $t=5$

图 11.12(续)

统 (11.1)–(11.2) 的非行波解 (11.38) 中的任意函数 $f(x,t), g(y)$ 为

$$f(x,t) = \sum_{i=1}^{M} d_i e^{k_i x + c_i t + x_{0i}}, \quad g(y) = \sum_{j=1}^{N} \bar{d}_j e^{l_j y + y_{0j}}, \quad (11.57)$$

其中 $d_i, \bar{d}_j, k_i, c_i, l_j, x_{0i}, y_{0j}$ 为任意常数, $i = 1, 2, \cdots, M, j = 1, 2, \cdots, N$ 为正整数. 如果设置

$$\begin{cases} t = 0, \beta = 2, C_1 = 4, C_2 = 2, M = 3, N = 1, d_1 = 0.7, d_2 = 0.2, d_3 = 0.5, \\ k_1 = 0.3, k_2 = -0.5, k_3 = -0.3, c_1 = c_2 = c_3 = 1, \bar{d}_1 = 0.08, l_1 = 0.4, \\ x_{01} = x_{02} = x_{03} = y_{01} = 0, \end{cases} \quad (11.58)$$

则可得到如图 11.13 所示的 Solitoff 孤子.

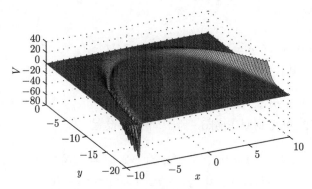

图 11.13 Solitoff 孤子. 解 (11.38) 在 $f(x,t), g(y)$ 取式 (11.57), 且设置为式 (11.58) 下的图形

11.2.7 Peakon 孤子

Peakon 孤子首先在 (1+1) 维 Camassa-Holm 系统中被发现, 其特点是在部分值形成间断或不光滑.

选择 (2+1) 维变系数色散长波系统 (11.1)–(11.2) 的非行波解 (11.38) 中的任意函数 $f(x,t), g(y)$ 为某些分段连续函数时, 可得到 Peakon 孤子. 选取 $f(x,t), g(y)$ 的一般形式为

$$f(x,t) = \sum_{i=1}^{M} \begin{cases} F_i(k_i x + c_i t), & k_i x + c_i t \leqslant 0, \\ -F_i(-k_i x - c_i t) + 2F_i(0), & k_i x + c_i t > 0, \end{cases} \tag{11.59}$$

$$g(y) = \sum_{j=1}^{N} \begin{cases} G_j(l_j y), & l_j y \leqslant 0, \\ -G_j(-l_j y) + 2G_j(0), & l_j y > 0, \end{cases} \tag{11.60}$$

其中 k_i, c_i, l_j 为任意常数, M, N 为任意正整数, F_i, G_j 为所示变量的可微函数, 并且满足边界条件: $F_i(\pm\infty)\,(i=1,2,\cdots,M), G_i(\pm\infty)\,(j=1,2,\cdots,N)$ 为常数.

当式 (11.59) 和式 (11.60) 中的函数 $f(x,t), g(y)$ 具体选择为如下的指数时, 可得到一类 Peakon 孤子.

$$f(x,t) = \sum_{i=1}^{M} \begin{cases} d_i e^{k_i x + c_i t + x_{0i}}, & k_i x + c_i t + x_{0i} \leqslant 0, \\ -d_i e^{-k_i x - c_i t - x_{0i}} + 2, & k_i x + c_i t + x_{0i} > 0, \end{cases} \tag{11.61}$$

$$g(y) = \sum_{j=1}^{N} \begin{cases} e_j e^{l_j y + y_{0j}}, & l_j y + y_{0j} \leqslant 0, \\ -e_j e^{-l_j y - y_{0j}} + 2, & l_j y + y_{0j} > 0, \end{cases} \tag{11.62}$$

其中 $d_i, e_j, k_i, c_i, l_j, x_{0i}, y_{0j}$ 均为任意常数.

设置

$$\begin{cases} t = 0, \beta = 2, \delta = 0.1, C_1 = 4, C_2 = 2, M = 1, N = 1, \\ d_1 = 0.1, e_1 = 0.1, c_1 = 0, k_1 = l_1 = 1, x_{01} = 4, y_{01} = 0 \end{cases} \tag{11.63}$$

时可得到单 Peakon 孤子, 如图 11.14 所示.

如果 $M = 2$, 可得到双 Peakon 孤子. 例如, 设置

$$\begin{cases} t = 0, \beta = 2, \delta = 0.1, C_1 = 4, C_2 = 2, M = 2, N = 1, \\ d_1 = d_2 = 0.1, e_1 = 0.1, c_1 = c_2 = 0, k_1 = k_2 = l_1 = 1, \\ x_{01} = 4, x_{0x} = -4, y_{01} = 0, \end{cases} \tag{11.64}$$

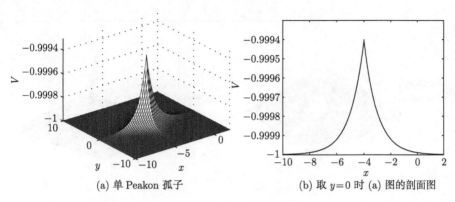

图 11.14 单 Peakon 孤子. 解 (11.38) 在取式 (11.61) 和
式(11.62) 及设置为式 (11.63) 时的图形

能够得到如图 11.15 所示的双 Peakon 孤子.

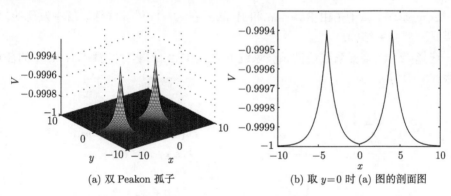

图 11.15 双 Peakon 孤子. 解 (11.38) 在取式 (11.61) 和
式(11.62) 及设置为式 (11.64) 时的图形

作为 Peakon 孤子的扩展, 还可以得到沿某一截面形成的塌陷 Peakon 孤子和半幅 Peakon 孤子. 例如, 将式 (11.61) 中的函数 $f(x,t)$ 扩展为

$$f(x,t) = \sum_{i=1}^{M} \begin{cases} d_i \mathrm{e}^{k_i x + c_i t + x_{0i}}, & k_i x + c_i t + x_{0i} \leqslant 0, \\ -\bar{d}_i \mathrm{e}^{-k_i x - c_i t - x_{0i}} + 2, & k_i x + c_i t + x_{0i} > 0, \end{cases} \tag{11.65}$$

其中 $d_i, \bar{d}_i$ 取不同值时可得到图 11.16(a) 中的塌陷 Peakon 孤子; 当 $d_i, \bar{d}_i$ 中的一个为零时可得到图 11.16(b) 中的半幅 Peakon 孤子. 此时函数 $f(x,t), y(y)$ 满足分段可导即可.

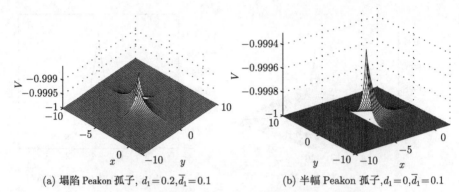

(a) 塌陷 Peakon 孤子, $d_1=0.2, \bar{d}_1=0.1$ (b) 半幅 Peakon 孤子, $d_1=0, \bar{d}_1=0.1$

图 11.16 塌陷 Peakon 孤子与塌陷 Peakon 孤子.

解 (11.38) 在取式 (11.65), 式 (11.62) 及设置式 (11.63) 时的图形

11.2.8 Compacton 孤子

Compacton 孤子是由 Rosenau 和 Hyman 在 (1+1) 维非线性系统中发现的, 是一类紧致型局域结构.

选择 (2+1) 维变系数色散长波系统 (11.1)-(11.2) 的非行波解 (11.38) 中的任意函数 $f(x,t), g(y)$ 为

$$f(x,t) = \sum_{i=1}^{M} \begin{cases} 0, & k_i x + c_i t \leqslant x_{1i}, \\ f_i(k_i x + c_i t) - f_i(x_{1i}), & x_{1i} < k_i x + c_i t \leqslant x_{2i}, \\ f_i(x_{2i}) - f_i(x_{1i}), & k_i x + c_i t > x_{2i}, \end{cases} \tag{11.66}$$

$$g(y) = \sum_{j=1}^{N} \begin{cases} 0, & l_j y \leqslant y_{1j}, \\ g_i(l_j y) - g_i(y_{1j}), & y_{1j} < l_j y \leqslant y_{2j}, \\ g_i(y_{2j}) - g_i(y_{1j}), & l_i y > y_{2j}, \end{cases} \tag{11.67}$$

其中 f_i, g_j, $i=1,2,\cdots,M$, $j=1,2,\cdots,N$ 为满足条件

$$f_{ix}\mid_{x=x_{1i}} = f_{ix}\mid_{x=x_{2i}} = 0, \quad g_{jy}\mid_{y=y_{1j}} = g_{jy}\mid_{y=y_{2j}} = 0$$

的可微函数, 而 k_i, c_i, l_j 为任意常数, M, N 为正整数.

如果式 (11.66) 和式 (11.66) 中的 $f(x,t), g(y)$ 具体选择为

$$f(x,t) = \sum_{i=1}^{M} \begin{cases} 0, & k_i x + c_i t \leqslant x_{0i} - \dfrac{\pi}{2}, \\ \sin(k_i x + c_i t) + 1, & x_{0i} - \dfrac{\pi}{2} < k_i x + c_i t \leqslant x_{0i} - \dfrac{\pi}{2}, \\ 2, & k_i x + c_i t > x_{0i} - \dfrac{\pi}{2}, \end{cases} \tag{11.68}$$

$$g(y) = \sum_{j=1}^{N} \begin{cases} 0, & l_j y \leqslant y_{0j} - \dfrac{\pi}{2}, \\ 1 + \sin l_j y, & y_{0j} - \dfrac{\pi}{2} < l_j y \leqslant y_{0j} + \dfrac{\pi}{2}, \\ 2, & l_i y > y_{0j} + \dfrac{\pi}{2}, \end{cases} \quad (11.69)$$

且设置

$$t = 0, \beta = 1, \delta = 0.1, C_1 = 4, C_2 = 2, M = 1, N = 1, k_1 = c_1 = l_1 = 1, x_{01} = y_{01} = 0, \tag{11.70}$$

可得到一个 Compacton 孤子, 如图 11.17 所示.

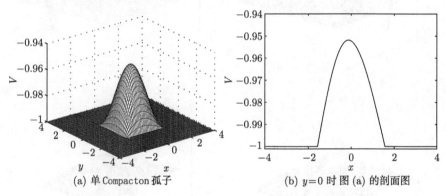

图 11.17 单 Compacton 孤子. 解 (11.38) 在取式 (11.68)
和式 (11.69) 及设置为式 (11.70) 时的图形

11.2.9 方孤子

选择 (2+1) 维变系数色散长波系统 (11.1)-(11.2) 的非行波解 (11.38) 中的任意函数 $f(x,t), g(y)$ 为

$$f(x,t) = 10 - 0.1 \mathrm{e}^{kx^2+t}, \quad g(y) = -0.1 \mathrm{e}^{ly^2}. \tag{11.71}$$

设置

$$\beta = 2, \quad \delta = 0.3, \quad C_1 = 4, \quad C_2 = 2, \quad k = 0.09, \quad l = 0.08. \tag{11.72}$$

得到如图 11.18 所示的方孤子及其演化图. 随着时间的变化, 方孤子可以认为是一类特殊的 Dromion 孤子, 从位于矩形四个角的位置逐渐靠拢, 渐变为四个普通 Dromion 孤子结构.

11.2.10 折叠孤子

折叠孤子激发的关键是作一个变换, 我们在这里称其为折叠变换. 以 (2+1) 维变系数色散长波系统 (11.1)–(11.2) 的非行波解 (11.38) 的折叠孤子激发为例. 将其

非行波解中的任意函数 $f(x,t)$ 变换为

$$f(X,t) = \int \bar{f}(X,t)\mathrm{d}X, \qquad x = \hat{f}(X,t), \tag{11.73}$$

其中 $\bar{f}(X,t), \hat{f}(X,t)$ 为所示变量的函数.

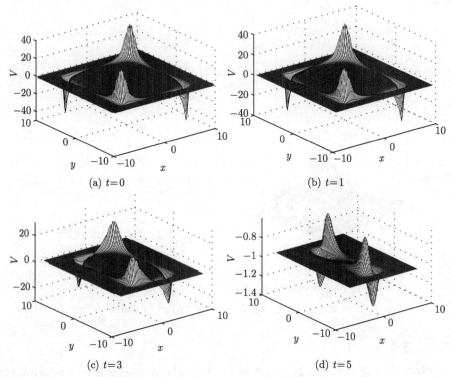

图 11.18　方孤子及其演化. 解 (11.38) 在取式 (11.71) 及设置为式 (11.72) 时的演化图形

类似地, 对非行波解中的任意函数 $g(y)$ 变换为

$$g(Y) = \int \bar{g}(Y)\mathrm{d}Y, \qquad y = \hat{g}(Y), \tag{11.74}$$

其中 $\bar{g}(Y), \hat{g}(Y)$ 为所示变量的函数.

引入变量变换 X (或 Y) 的作用是对 x (或 y) 上的某一区间进行压缩. 而通过引入积分 $\int \bar{f}(X,t)\mathrm{d}X$ $\left(\text{或} \int \bar{g}(Y)\mathrm{d}Y\right)$, 能够与变换 X (或 Y) 共同作用, 使解 V 形成环状.

如果仅对 $f(x,t)$ 或 $g(y)$ 中的一个函数作折叠变换, 则能够激发仅沿 x 方向或 y 方向的单向折叠孤子. 如果对 $f(x,t)$ 和 $g(y)$ 都作折叠变换, 则能够激发沿 x 方向和 y 方向的双向折叠孤子.

激发折叠孤子的另一个关键是函数 $\bar{f}, \hat{f}, \bar{g}, \hat{g}$ 的选取, 因为除了确定函数 $\bar{f}, \bar{g}$, 还要考虑对它们进行积分计算.

下面我们将详细讨论折叠孤子结构的激发问题.

11.2.11 单向折叠孤子

如果取

$$\bar{f}(X,t) = [\operatorname{sech}(kX - ct)]^2, \quad x = \hat{f}(X,t) = X - \bar{k}\tanh(kX - ct), \tag{11.75}$$

则计算积分并取积分常数为零可得

$$f(X,t) = \frac{1}{k}\tanh(kX - ct), \tag{11.76}$$

再选取 $g(y)$ 为

$$g(y) = \tanh ly. \tag{11.77}$$

另外, 设置

$$t = 0, \beta = 2, \delta = 0.1, C_2 = 4, C_1 = 2, k = 0.8, \bar{k} = 3.6, c = 1, l = 0.6, \tag{11.78}$$

则可以得到单向折叠孤子, 如图 11.19 所示. 从图 11.19 中可以看出, 在区间 $x \in (-1,1)$ 内的网格明显密集, 这说明在这一区间上出现图形被挤压现象.

11.2.12 单向双折叠孤子

如果在解 (11.38) 中选取 $f(x,t)$ 仍为式 (11.75), $g(y)$ 为

$$g(y) = (\tanh ly)^2, \tag{11.79}$$

则在设置式 (11.78) 下, 可得到驼峰状折叠孤子, 如图 11.20 所示, 折叠孤子沿 $x = 0$ 方向起伏, 并在 $y = 0$ 附近凹陷呈驼峰状折叠.

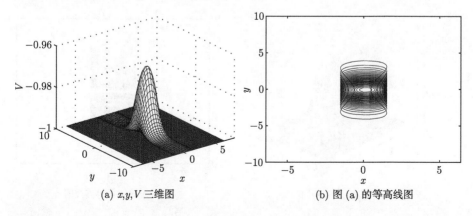

(a) x, y, V 三维图 (b) 图 (a) 的等高线图

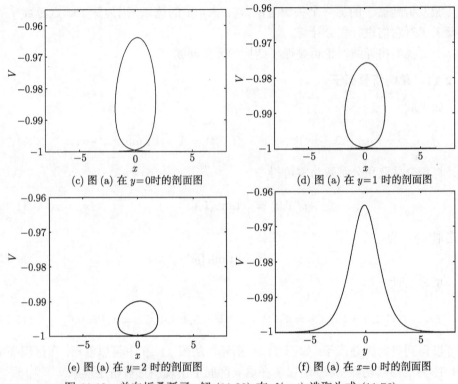

(c) 图 (a) 在 $y=0$ 时的剖面图

(d) 图 (a) 在 $y=1$ 时的剖面图

(e) 图 (a) 在 $y=2$ 时的剖面图

(f) 图 (a) 在 $x=0$ 时的剖面图

图 11.19 单向折叠孤子. 解 (11.38) 在 $f(x,t)$ 选取为式 (11.76), $g(y)$ 选取为式 (11.77) 及设置为式 (11.78) 的图形

11.2.13 单向上下折叠孤子

如果在解 (11.38) 中选取

$$\bar{f}(X,t) = [x\operatorname{sech}(kX-ct)]^2, \quad x = \hat{f}(X,t) = X - \bar{k}\tanh(kX-ct), \tag{11.80}$$

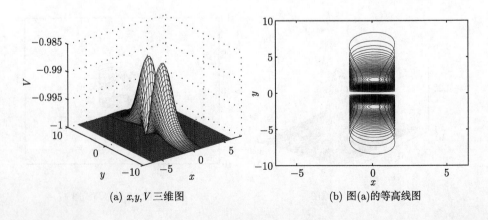

(a) x,y,V 三维图

(b) 图(a)的等高线图

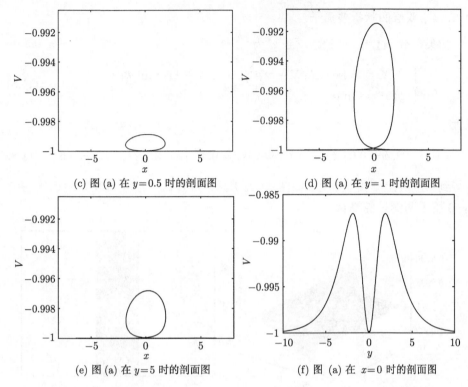

图 11.20 单向双折叠孤子. 解 (11.38) 在 $f(x,t)$ 选取为式 (11.76), $g(y)$ 选取为式 (11.79) 及设置为式 (11.78) 的图形

选取 $g(y)$ 仍为式 (11.74), 并在相同的设置式 (11.78) 下则可以得到单向上下的折叠孤子, 如图 11.21 所示.

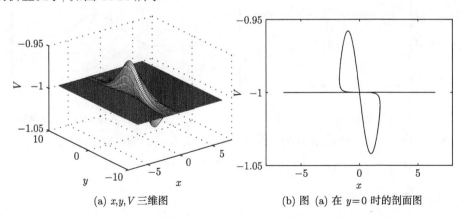

图 11.21 单向上下折叠孤子. 解 (11.38) 在 $f(x,t)$ 选取为式 (11.80), $g(y)$ 选取为式 (11.77) 及设置为式 (11.78) 的图形

11.2.14 双层凹状折叠孤子

如果在解 (11.38) 中选取 $\bar{f}, x, g$ 为

$$\begin{cases} \bar{f}(X,t) = [\operatorname{sech}(k_1 X - c_1)]^2, & x = X - k_{11}\tanh k_1 X, \\ g(y) = \tanh ly, \end{cases} \quad (11.81)$$

设置

$$t=0, \beta=2, \delta=0.03, C_2=4, C_1=2, k_1=0.8, k_{11}=3.5, c_1=1, l=0.6. \quad (11.82)$$

可得到另一类上下折叠孤子, 如图 11.22 所示, 折叠孤子沿 $x=0$ 方向起伏, 并在 $y=0$ 附近两侧呈驼峰状.

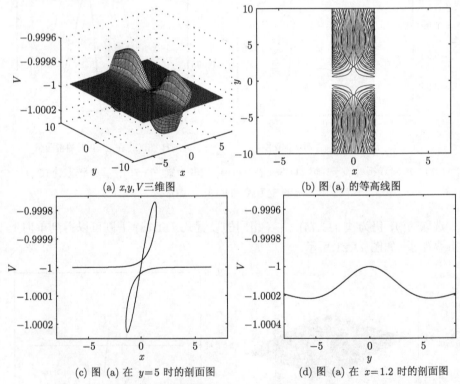

图 11.22 双层凹状折叠孤子. 解 (11.38) 在 $\bar{f}, x, g$ 选取为式 (11.81) 及设置为式 (11.82) 时的图形

11.2.15 双向折叠孤子

对解 (11.38) 中的 $f(x,t)$ 和 $g(y)$ 都进行折叠变换, 能够激发出沿 x 和 y 两个方向都呈现折叠的双向折叠孤子.

选取 $\bar{f}, x, \bar{g}, y$ 为

$$\begin{cases} \bar{f}(X,t) = X[\text{sech}(k_1 X - c_1 t)]^2, & x = X - k_{11}\tanh(k_1 X - c_1 t), \\ \bar{g}(Y,t) = Y(\text{sech}\, l_1 Y)^2, & y = Y - l_{11}\tanh l_1 Y, \end{cases} \quad (11.83)$$

设置

$$t=0, \beta=2, \delta=0.1, C_2=4, C_1=2, k_1=0.5, k_{11}=5.6, c_1=1, l_1=0.35, l_{11}=5.8. \tag{11.84}$$

可得到双向折叠孤子, 如图 11.23 所示. 从剖面图可以看出, 由于参数的不同, 沿 x 和 y 两个方向呈现的折叠高度和宽窄都有所不同. 从等高线图 11.23(b) 来看, 仅在中间的一个矩形区域内出现了曲面的高度位置上的变化, 尤其是接近该矩形四边时的线密度最大, 说明在这些位置曲面的高度变化最大.

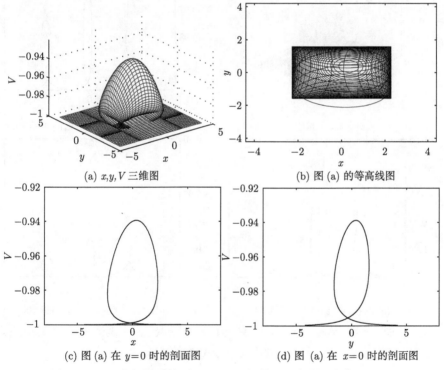

图 11.23 双向折叠孤子. 解 (11.38) 在 $\bar{f}, x, \bar{g}, y$ 选取为式 (11.83) 及设置为式 (11.84) 时的图形

11.2.16 单向多折叠孤子

如果在解 (11.38) 中选取 $\bar{f}, x, g$ 为

$$\begin{cases} \bar{f}(X,t) = [\text{sech}(k_1X - c_1t - 7)]^2 + [\text{sech}(k_2X - c_2t + 5)]^2 + [\text{sech}(k_3X - c_3t)]^2, \\ x = X - k_{11}\tanh(k_1X - 7) - k_{21}\tanh(k_2X + 5) - k_{31}\tanh k_3X, \\ g(y) = \tanh ly, \end{cases}$$
(11.85)

并设置

$$\begin{cases} t = 0, \beta = 2, \delta = 0.1, C_1 = 4, C_2 = 2, c_1 = c_2 = c_3 = 1, \\ k_1 = 0.8, k_2 = 0.6, k_3 = 0.9, k_{11} = 2.3, k_{21} = 2.1, k_{31} = 2.6, l = 0.5. \end{cases}$$
(11.86)

可得到一类单向三折叠孤子, 如图 11.24 所示, 三个折叠孤子的高矮胖瘦可通过设置不同的参数来调整.

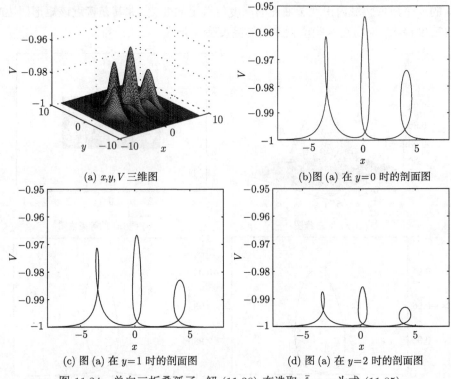

(a) x,y,V 三维图 (b) 图 (a) 在 $y=0$ 时的剖面图

(c) 图 (a) 在 $y=1$ 时的剖面图 (d) 图 (a) 在 $y=2$ 时的剖面图

图 11.24 单向三折叠孤子. 解 (11.38) 在选取 $\bar{f}, x, g$ 为式 (11.85) 及设置为式 (11.86) 时的图形

11.2.17 双向双层折叠孤子

如果在解 (11.38) 中选取 $\bar{f}(X,t), x, \bar{g}, y$ 为

$$\begin{cases} \bar{f}(X,t) = [\text{sech}(k_1X - c_1t)]^2, \quad x = \hat{f}(X,t) = X - k_{11}\tanh(k_1X - c_1t), \\ \bar{g}(Y,t) = (\text{sech}\, l_1Y)^2, \quad y = \hat{g}(Y) = Y - l_{11}\tanh l_1Y, \end{cases}$$
(11.87)

11.3 (2+1) 维变系数色散长波系统的其他折叠孤子

设置参数为

$$\begin{cases} t=0, \beta=2, \delta=0.3, C_1=4, C_2=2, \\ k_1=0.9, c_1=1, k_{11}=3.5, l_1=0.8, l_{11}=3.6, \end{cases} \quad (11.88)$$

则可得到一类沿 x 和 y 两个方向，并在 xOy 平面上下两层出现折叠的双向双层折叠孤子，如图 11.25 所示.

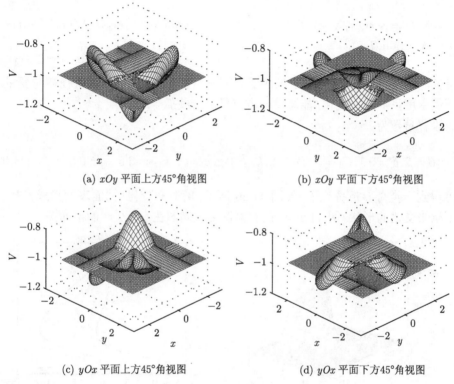

(a) xOy 平面上方45°角视图

(b) xOy 平面下方45°角视图

(c) yOx 平面上方45°角视图

(d) yOx 平面下方45°角视图

图 11.25 双向双层折叠孤子. 解 (11.38) 在 $\bar{f}(X,t), x, \bar{g}, y$ 选取式 (11.87) 及设置为式 (11.88) 时的图形

11.3 (2+1) 维变系数色散长波系统的其他折叠孤子

在本节里，我们通过对解 (11.38) 引入折叠变换并适当设置折叠变换中的函数，能够形成多种多样的折叠孤子. 应用类似的思路和方法，可以得到更多形态各异的折叠孤子. 另外，上述折叠孤子都是设置 $t=0$ 时的特殊情形，当 t 变化时，可以进一步研究折叠孤子的演化行为，多折叠孤子间的相互作用等问题. 下面再举出两个例子.

例如，在前面的例子中，使用的变量 x（或 y）压缩变换 $x = \hat{f}(X,t) = X - k_{11}\tanh(k_1 X - c_1 t)$（或 $y = \hat{g}(Y) = Y - l_{11}\tanh(l_1 Y)$）都没有变化过，现在我们做些新尝试.

11.3.1 周期性压缩折叠孤子

选取 $\bar{f}(X,t), g(y)$ 为

$$\begin{cases} \bar{f}(X,t) = [\text{sech}(k_1 X - c_1 t)]^2, \ x = \hat{f}(X,t) = 4\sin(X^2) - k_{11}\tanh(k_1 X - c_1 t), \\ g(y) = \tanh(l_1 y), \end{cases}$$
(11.89)

注意其中的变量 x 变换函数中加入了周期三角正弦函数，其结果就使得对变量 x 的压缩密度呈周期性变化，能激发一类奇异的折叠孤子.

设置参数为

$$\beta = 2, \delta = 0.1, C_1 = 4, C_2 = 2, k_1 = 0.8, c_1 = 1, k_{11} = 6.6, l_1 = 0.6, \quad (11.90)$$

则可得到一类奇异折叠孤子，如图 11.26 所示，随时间变化，曲面表面形成多褶皱，甚至褶皱交错的形状. 图 11.26 中的右侧图为左侧图在 $y = 0$ 时的剖面图.

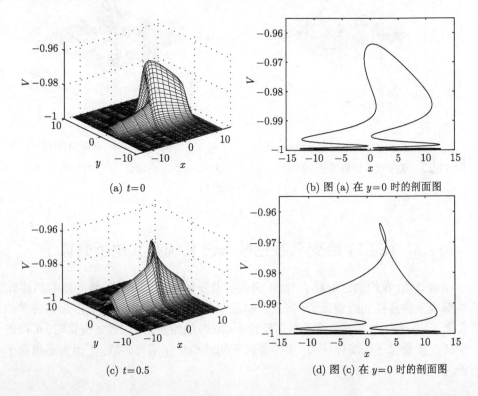

(a) $t=0$

(b) 图 (a) 在 $y=0$ 时的剖面图

(c) $t=0.5$

(d) 图 (c) 在 $y=0$ 时的剖面图

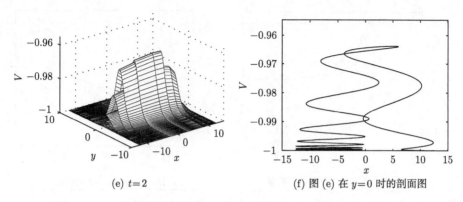

(e) $t=2$ (f) 图 (e) 在 $y=0$ 时的剖面图

图 11.26 一类折叠孤子. 解 (11.38) 在 $\bar{f}(X,t), x, g$ 选取为式 (11.89) 及设置式 (11.90) 的演化图形

11.3.2 指数压缩折叠孤子

如果在解 (11.38) 中选取 $\bar{f}(X,t), g(y)$ 为

$$\begin{cases} \bar{f}(X,t) = [\text{sech}(k_1 X - c_1 t)]^2, \quad x = \hat{f}(X,t) = X - k_{11} e^{[-(k_1 X - c_1 t)^2]}, \\ g(y) = y^2, \end{cases} \tag{11.91}$$

注意其中的变量 x 变换函数中加入了指数函数, 其结果就使得对变量 x 的压缩密度按指数函数变化, 能激发一类新折叠孤子.

设置参数为

$$t=0, \beta=2, \delta=0.3, C_1=4, C_2=2, k_1=0.9, c_1=1, k_{11}=3.5, \tag{11.92}$$

则可得到如图 11.27 所示的一类折叠孤子.

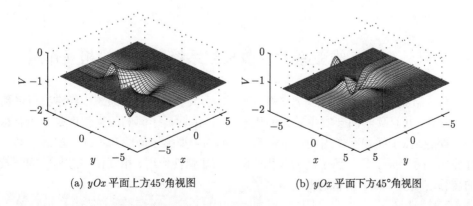

(a) yOx 平面上方45°角视图   (b) yOx 平面下方45°角视图

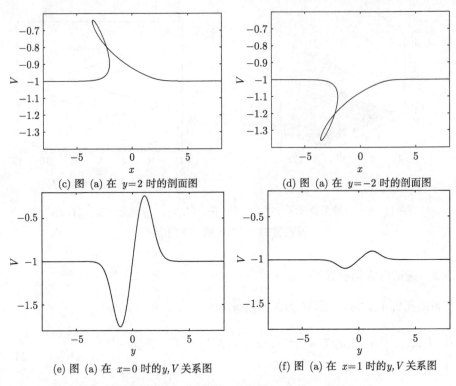

图 11.27　周期折叠孤子. 解 (11.38) 在 $\bar{f}(X,t), x, g$ 选取为式 (11.91) 及设置为式 (11.92) 时的演化图形

需要指出的是, 从外表上看, 如果以 $x = -2$ 平面去截该孤子时会在截面上形成两个封闭环. 但是实际上, 当使用 $x = -2$ 和 $x = 0$ 去代入解 (11.38) 后获得的 y, V 关系图都没有出现封闭环, 而是呈现振幅不同的上下峰状. 这说明使用折叠变换后, 使 x 轴上的某一块区间上的图形被挤压, 出现 x 点反向排列, 会出现较小 x 排在较大的 x 之后, 最终形成折叠.

11.4　(2+1) 维变系数色散长波系统孤子间的相互作用

11.3 节我们已经激发出丰富的孤子结构, 而大量的非线性系统中经常会有多孤子的存在, 并且孤子间会发生复杂的相干作用, 因此孤子间的相互作用是一个有意义的课题. 孤子间相互作用的情形非常多, 如同类型孤子间的和不同类型孤子间相互作用、两个孤子和多孤子间的作用、弹性与非弹性作用、相互作用过程的物理量的转移与交换、孤子形状的变化等.

11.4 (2+1) 维变系数色散长波系统孤子间的相互作用

本节我们以 (2+1) 维变系数色散长波系统 (11.1)-(11.2) 为对象, 以其非行波解 (11.38) 的两个同类孤子间的相互作用为例来进行研究.

11.4.1 孤子的非弹性碰撞

1. 孤子的同向追碰

在 (2+1) 维变系数色散长波系统 (11.1)-(11.2) 的非行波解 (11.38) 中, 选取任意函数 $f(x,t), g(y)$ 为

$$\begin{cases} f(x,t) = 0.1\tanh(k_1 x - c_1 t + 2) + 0.1\tanh(k_2 x - c_2 t + 5), \\ g(y) = 0.1\tanh ly, \end{cases} \quad (11.93)$$

设置

$$\beta = 2, \delta = 1, C_1 = 4, C_2 = 2, k_1 = 0.9, c_1 = 1, k_2 = 0.5, c_2 = 3, l = 0.5. \quad (11.94)$$

任意函数 $f(x,t), g(y)$ 满足条件 (11.93) 时可以激发两个 Dromion 孤子, 每个双曲函数中的参数不同, 决定了两个孤子的外形和位置都不相同, 更重要的是可以通过设置两个双曲函数中的波传播速度 c_1, c_2 不同, 来观察两个孤子发生的同向追碰现象.

图 11.28 显示了两个 Dromion 孤子的同向追碰现象. 由于外形矮小的 Dromion 的孤子的行进速度大于外形高大的 Dromion 孤子, 随着时间的变化, 矮小的 Dromion 孤子逐渐追上高大的 Dromion 孤子, 并发生碰撞. 两个 Dromion 孤子在碰撞过程中波幅叠加在一起, 随后又逐渐分离, 两个孤子保持各自原有的形状, 并且又以各自的速度同方向前行. 表面上看这是弹性碰撞, 但实际上碰撞前后孤子的波幅发生明显变化 (图 11.28 中剖面图 (f)), 说明碰撞过程中两个孤子间进行了物理量 V 的部分交换, 因此这种追碰是一种非弹性碰撞.

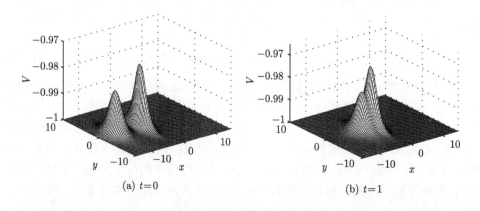

(a) $t=0$ (b) $t=1$

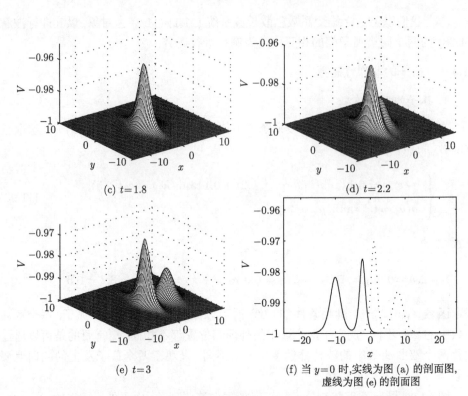

图 11.28 孤子的同向追碰. 解 (11.38) 在 $f(x,t), g(y)$ 选取为式 (11.93) 及设置为式 (11.94) 的演化图形

2. 孤子的异向碰撞

如果选取解 (11.38) 中的任意函数 $f(x,t), g(y)$ 为

$$\begin{cases} f(x,t) = 0.1\tanh(k_1 x - c_1 t - 5) + 0.1\tanh(k_2 x - c_2 t + 5), \\ g(y) = 0.1\tanh ly, \end{cases} \quad (11.95)$$

设置

$$\beta = 2, \delta = 1, C_1 = 4, C_2 = 2, k_1 = 0.9, c_1 = 3, k_2 = 0.5, c_2 = -3, l = 0.5. \quad (11.96)$$

与前面相类似,当任意函数 $f(x,t), g(y)$ 满足条件 (11.95) 时可以激发两个 Dromion 孤子. 不同的是 $f(x,t)$ 中两个双曲函数中的波传播速度 c_1, c_2 正负不同,这意味着两个孤子传播方向相反. 如图 11.29 所示,两个 Dromion 孤子先是相向行进,然后发生碰撞,碰撞过程中出现波形叠加现象,碰撞后保持各自原有的形状和波速继续传播. 从图 11.29 中图 (f) 可以看到碰撞中两孤子间进行了物理量的交换,使得碰撞前后的波幅发生明显变化,因此这种异向碰撞也是非弹性碰撞.

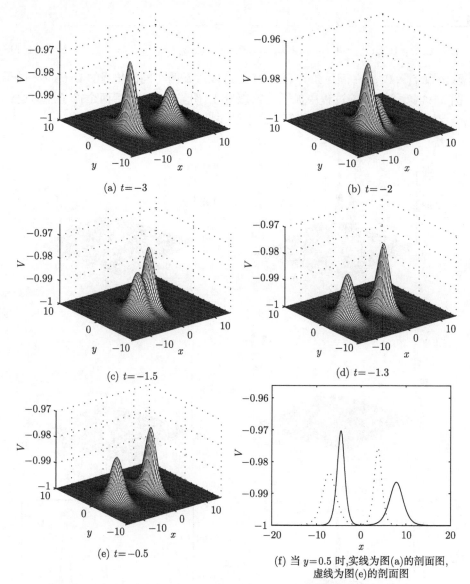

图 11.29 孤子的异向碰撞. 解 (11.38) 在 $f(x,t), g(y)$ 选取为式 (11.95) 及设置为式 (11.96) 的演化图形

11.4.2 孤子的弹性碰撞

在 (2+1) 维变系数色散长波系统非行波解 (11.38) 中, 选取任意函数 $f(x,t), g(y)$ 为

$$f(x,t) = -0.3\tanh(k_1 x^2 - c_1 t^2) - 0.4\tanh(k_2 x^2 - c_2 t^2), \quad y = 0.1\tanh ly, \quad (11.97)$$

设置
$$\beta=2, \delta=0.2, C_1=4, C_2=2, k_1=0.9, c_1=1, k_2=1.5, c_2=-1, l=1. \quad (11.98)$$

任意函数 $f(x,t), g(y)$ 满足条件 (11.97) 时可以激发两个同向传播的 Dromion 孤子, 如图 11.30 所示, 碰撞过程中孤子的物理量 V 明显衰减, 之后两个孤子反向运行, 完全保持了碰撞前的波幅波速等特征, 因此这是一种弹性碰撞.

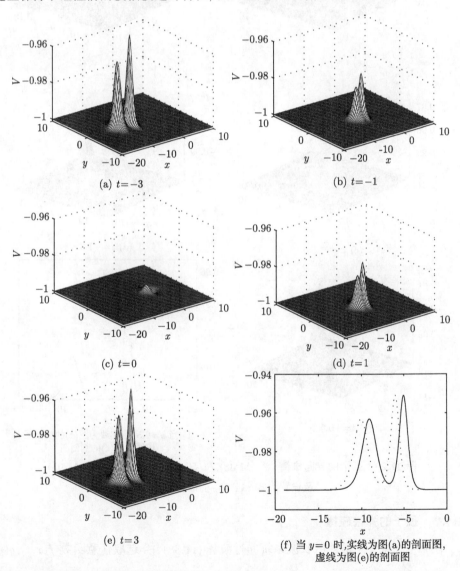

图 11.30 孤子的弹性碰撞. 解 (11.38) 在 $f(x,t), g(y)$ 选取为式 (11.97) 及设置为式 (11.98) 的演化图形

11.5 (2+1) 维变系数色散长波系统孤子的裂变与聚变

孤子的裂变与聚变是一类有趣的非线性现象. 孤子的裂变指的是孤子随时间变化出现分化, 裂变为数量更多的孤子. 孤子的聚变指的是两个或多个孤子, 随时间变化逐渐聚合为数量更少的孤子. 与孤子间的碰撞不同, 裂变和聚变是一种孤子间相互作用的单向行为, 即一旦发生裂变 (或聚变), 孤子将不再返回裂变 (或聚变) 前的状态.

11.5.1 孤子裂变

在 (2+1) 维变系数色散长波系统 (11.1)-(11.2) 的非行波解 (11.38) 中, 选取任意函数 $f(x,t), g(y)$ 为

$$f(x,t) = \text{sech}(kx + ct) + e^{kx-ct}, \quad g(y) = \tanh ly. \tag{11.99}$$

设置

$$\beta = 2, \quad \delta = 0.1, \quad C_1 = 4, \quad C_2 = 2, \quad k = 1.2, \quad c = 0.5, \quad l = 1.1. \tag{11.100}$$

任意函数 $f(x,t), g(y)$ 在条件 (11.99) 下可观察到孤子的裂变现象. 图 11.31 显示了单个 Dromion 孤子裂变过程.

11.5.2 孤子聚变

孤子的聚变可认为是孤子裂变的逆过程. 我们选取解 (11.38) 中任意函数 $f(x,t), g(y)$ 为

$$f(x,t) = \text{sech}(kx - ct) + e^{kx+ct}, \quad g(y) = \tanh ly, \tag{11.101}$$

设置与孤子裂变时的设置相同, 则可观察到孤子的聚变现象. 图 11.32 显示了两个 Dromion 孤子聚变为单个孤子的过程.

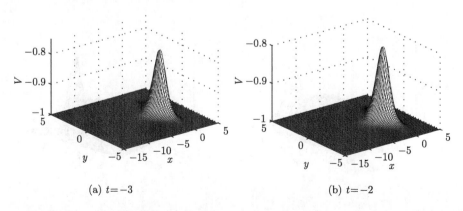

(a) $t=-3$ (b) $t=-2$

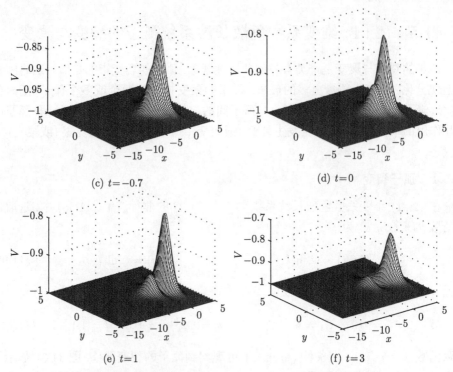

(c) $t=-0.7$

(d) $t=0$

(e) $t=1$

(f) $t=3$

图 11.31 孤子的裂变. 解 (11.38) 在 $f(x,t), g(y)$ 选取为式 (11.99) 及设置为式 (11.100) 的演化图形

11.5.3 (2+1) 维变系数色散长波系统的孤子湮灭

孤子的湮灭是指孤子相互作用后物理量相互抵消, 最后消失. 在 (2+1) 维变系数色散长波系统 (11.1)-(11.2) 的非行波解 (11.38) 中, 选取任意函数 $f(x,t), g(y)$ 为

$$f(x,t) = e^{x^2+t}, \qquad g(y) = e^{y^2}, \tag{11.102}$$

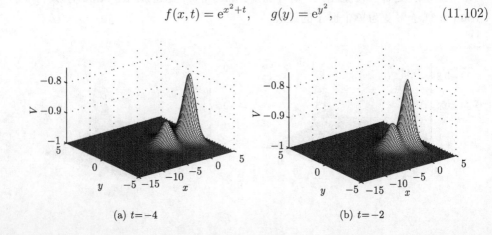

(a) $t=-4$

(b) $t=-2$

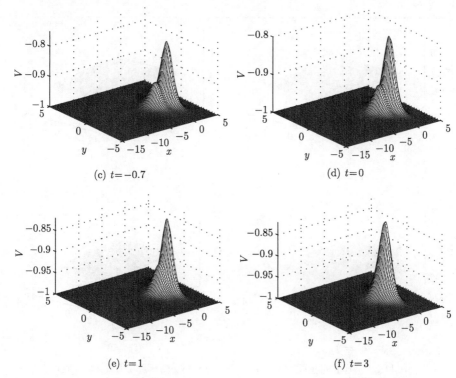

(c) $t=-0.7$ (d) $t=0$

(e) $t=1$ (f) $t=3$

图 11.32 孤子的聚变. 解 (11.38) 在 $f(x,t), g(y)$ 选取为式 (11.101) 及设置为式 (11.100) 的演化图形

设置

$$\beta = 2, \quad \delta = 0.6, \quad C_1 = 4, \quad C_2 = 2, \tag{11.103}$$

则任意函数 $f(x,t), g(y)$ 在条件 (11.102) 下可观察到孤子的湮灭现象. 图 11.33 显示了单个 Dromion 孤子湮灭过程.

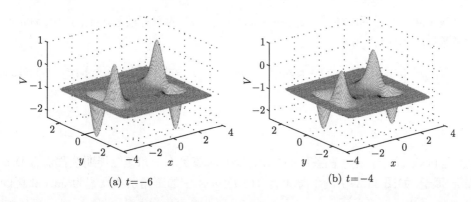

(a) $t=-6$ (b) $t=-4$

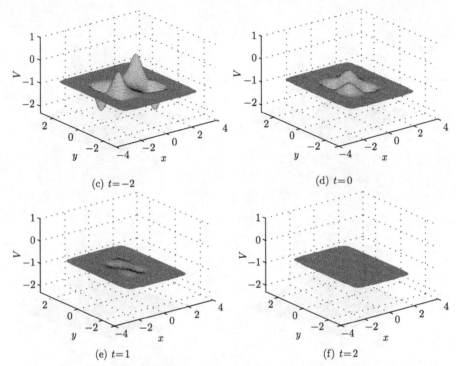

图 11.33 孤子的湮灭. 解 (11.38) 在 $f(x,t),g(y)$ 选取为式 (11.102)
及设置为式 (11.103) 的演化图形

11.6 (2+1) 维变系数色散长波系统的周期波背景孤子

在许多非线性现象中, 孤子产生的环境有时会有周期性波存在, 属于一类复合波. 本节我们研究周期波背景孤子及其演化.

11.6.1 周期波背景 Dromion 孤子

在 (2+1) 维变系数色散长波系统 (11.1)-(11.2) 的非行波解 (11.38) 中, 选取任意函数 $f(x,t),g(y)$ 为

$$f(x,t) = 0.3\sin(kx-ct) + \tanh(kx-ct), \quad g(y) = 0.3\sin ly + \tanh ly, \quad (11.104)$$

设置

$$t=0, \quad \beta=2, \quad \delta=0.1, \quad C_1=4, \quad C_2=2, \quad k=1.2, \quad c=0.5, \quad l=1.1, \quad (11.105)$$

则任意函数 $f(x,t),g(y)$ 在条件 (11.104) 下可观察到有三角正弦周期波背景的 Dromion 孤子, 如图 11.34 所示. 如果将 $f(x,t),g(y)$ 中的三角函数设置为 Jacobi 椭圆

函数, 可得到倍周期波背景的 Dromion 孤子.

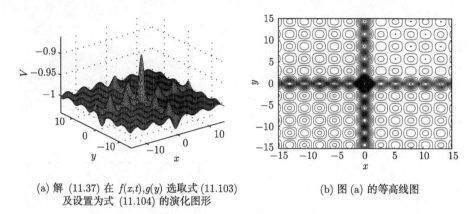

(a) 解 (11.37) 在 $f(x,t), g(y)$ 选取式 (11.103) 及设置为式 (11.104) 的演化图形

(b) 图 (a) 的等高线图

图 11.34 周期波背景的 Dromion 孤子

11.6.2 周期波背景的双 Dromion 孤子及其演化

在 (2+1) 维变系数色散长波系统 (11.1)-(11.2) 的非行波解 (11.38) 中, 选取任意函数 $f(x,t), g(y)$ 为

$$\begin{cases} f(x,t) = 0.1\sin(k_1 x - ct) + 0.5\tanh(k_1 x + t) + 0.5\tanh(k_2 x - t), \\ g(y) = 0.1\sin ly + 0.5\tanh ly, \end{cases} \quad (11.106)$$

设置

$$\beta = 2, \delta = 0.15, C_1 = 3, C_2 = 2, k_1 = 1.3, k_2 = 0.7, c = 0.5, l = 1.1, \quad (11.107)$$

则任意函数 $f(x,t), g(y)$ 在条件 (11.106) 和设置 (11.107) 下, 可观察到有三角正弦周期波背景的双 Dromion 孤子及其演化过程, 如图 11.35 所示. 类似于讨论两个 Dromion 孤子间的相互作用, 具有周期波背景的 Dromion 孤子异向传播, 碰撞后保持了原有速度和外形, 是一种弹性碰撞.

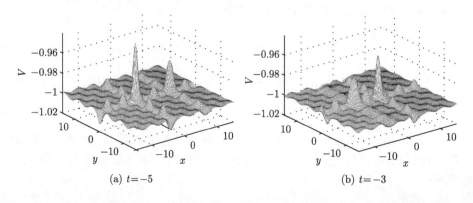

(a) $t=-5$

(b) $t=-3$

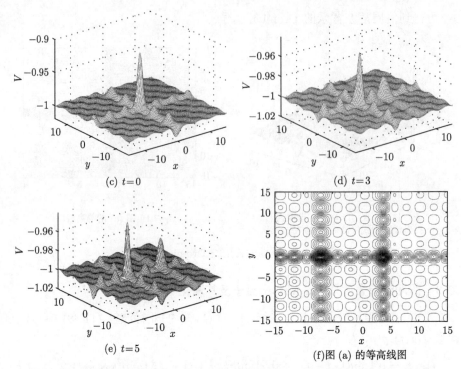

图 11.35 周期波背景的双 Dromion 孤子演化. 解 (11.38) 在 $f(x,t), g(y)$ 选取为式 (11.106) 及设置为式 (11.105), t 取不同值的图形

由于正弦函数为时间 t 的函数, 因此周期背景也随时间变化而变化.

基于同样的方法, 可以研究具有三角函数周期背景和 Jacobi 椭圆函数倍周期背景的各种孤子间的相互作用与演化过程.

11.7 (3+1) 维 Burgers 系统的广义行波解

考虑如下非线性 (3+1) 维 Burgers 系统

$$u_t = 2uu_y + 2vu_x + 2wu_z + u_{xx} + u_{yy} + u_{zz}, \qquad (11.108)$$

$$u_x = v_y, \qquad (11.109)$$

$$u_z = w_y. \qquad (11.110)$$

(3+1) 维 Burgers 系统 (11.108)-(11.110) 在流体力学、非线性光学、凝聚态物理等领域扮演着重要角色, 对该系统的求解及各类孤子结构的研究吸引了学者的关注 [47,106,157−161].

11.7 (3+1) 维 Burgers 系统的广义行波解

假设系统 (11.108)-(11.110) 有如下形式的解

$$u = \sum_{i=0}^{m} f_i(x,y,z,t)\left(\frac{G'}{G}\right)^i, \tag{11.111}$$

$$v = \sum_{j=0}^{n} g_i(x,y,z,t)\left(\frac{G'}{G}\right)^j, \tag{11.112}$$

$$w = \sum_{k=0}^{l} h_i(x,y,z,t)\left(\frac{G'}{G}\right)^k, \tag{11.113}$$

其中 $G = G(q)$ 满足二阶线性常微分方程 (11.5), $q = q(x,y,z,t)$ 为任意函数, $f_i(x,y,t)$ $(i=0,1,2,\cdots,m), g_j(x,y,t)$ $(j=0,1,2,\cdots,n), h_k(x,y,t)$ $(k=0,1,2,\cdots,l)$ 为待定函数.

将式 (11.111)~ 式 (11.113) 代入系统 (11.108)-(11.110), 应用齐次平衡原则可得 $m=n=l=1$. 因此, 式 (11.111)~ 式 (11.113) 可相应重写为

$$u = f_0(x,y,z,t) + f_1(x,y,z,t)\left(\frac{G'}{G}\right), \tag{11.114}$$

$$v = g_0(x,y,z,t) + g_1(x,y,z,t)\left(\frac{G'}{G}\right), \tag{11.115}$$

$$w = h_0(x,y,z,t) + h_1(x,y,z,t)\left(\frac{G'}{G}\right). \tag{11.116}$$

将式 (11.114)~ 式 (11.116) 代入系统 (11.108)-(11.110), 并注意到式 (11.5), 经计算可得

$$f_{0t} + f_{1t}\left(\frac{G'}{G}\right) - f_1 q_t\left[\mu + \lambda\left(\frac{G'}{G}\right) + \left(\frac{G'}{G}\right)^2\right]$$
$$= \left[2f_0 + 2f_1\left(\frac{G'}{G}\right)\right]\left[f_{0y} - \mu f_1 q_y + (f_{1y} - \lambda f_1 q_y)\left(\frac{G'}{G}\right) - f_1 q_y\left(\frac{G'}{G}\right)^2\right]$$
$$+ \left[2g_0 + 2g_1\left(\frac{G'}{G}\right)\right]\left[f_{0x} - \mu f_1 q_x + (f_{1x} - \lambda f_1 q_x)\left(\frac{G'}{G}\right) - f_1 q_x\left(\frac{G'}{G}\right)^2\right]$$
$$+ \left[2h_0 + 2h_1\left(\frac{G'}{G}\right)\right]\left[f_{0z} - \mu f_1 q_z + (f_{1z} - \lambda f_1 q_z)\left(\frac{G'}{G}\right) - f_1 q_z\left(\frac{G'}{G}\right)^2\right]$$
$$+ f_{0xx} + f_{1xx}\left(\frac{G'}{G}\right)$$
$$+ \left[2f_{1x} q_x + f_1 q_{xx} - \lambda f_1 q_x^2 - 2f_1 q_x^2\left(\frac{G'}{G}\right)\right]\left[-\mu - \lambda\left(\frac{G'}{G}\right) - \left(\frac{G'}{G}\right)^2\right]$$

$$+ f_{0yy} + f_{1yy}\left(\frac{G'}{G}\right)$$

$$+ \left[2f_{1y}q_y + f_1 q_{yy} - \lambda f_1 q_y^2 - 2f_1 q_y^2\left(\frac{G'}{G}\right)\right]\left[-\mu - \lambda\left(\frac{G'}{G}\right) - \left(\frac{G'}{G}\right)^2\right]$$

$$+ f_{0zz} + f_{1zz}\left(\frac{G'}{G}\right)$$

$$+ \left[2f_{1z}q_z + f_1 q_{zz} - \lambda f_1 q_z^2 - 2f_1 q_z^2\left(\frac{G'}{G}\right)\right]\left[-\mu - \lambda\left(\frac{G'}{G}\right) - \left(\frac{G'}{G}\right)^2\right], \quad (11.117)$$

$$f_{0x} + f_{1x}\left(\frac{G'}{G}\right) + f_1 q_x\left[-\mu - \lambda\left(\frac{G'}{G}\right) - \left(\frac{G'}{G}\right)^2\right]$$
$$= g_{0y} + g_{1y}\left(\frac{G'}{G}\right) + g_1 q_y\left[-\mu - \lambda\left(\frac{G'}{G}\right) - \left(\frac{G'}{G}\right)^2\right], \quad (11.118)$$

$$f_{0z} + f_{1z}\left(\frac{G'}{G}\right) + f_1 q_z\left[-\mu - \lambda\left(\frac{G'}{G}\right) - \left(\frac{G'}{G}\right)^2\right]$$
$$= h_{0y} + h_{1y}\left(\frac{G'}{G}\right) + h_1 q_y\left[-\mu - \lambda\left(\frac{G'}{G}\right) - \left(\frac{G'}{G}\right)^2\right]. \quad (11.119)$$

将式 (11.117) 化为含 (G'/G) 的多项式，令方程两边同幂次项的系数相等，可得到如下的非线性代数方程组

$$\left(\frac{G'}{G}\right)^0: f_{0t} - \mu f_1 q_t = 2f_0(f_{0y} - \mu f_1 q_y) + 2g_0(f_{0x} - \mu f_1 q_x)$$
$$+ 2h_0(f_{0z} - \mu f_1 q_z) + f_{0xx} + f_{0yy} + f_{0zz} - 2\mu(f_{1x}q_x + f_{1y}q_y + f_{1z}q_z)$$
$$- \mu f_1(q_{xx} + q_{yy} + q_{zz}) + \lambda \mu f_1(q_x^2 + q_y^2 + q_z^2), \quad (11.120)$$

$$\left(\frac{G'}{G}\right): f_{1t} - \lambda f_1 q_t = 2f_0(f_{1y} - \lambda f_1 q_y) + 2f_1(f_{0y} - \mu f_1 q_y) + 2g_0(f_{1x} - \lambda f_1 q_x)$$
$$+ 2g_1(f_{0x} - \mu f_1 q_x) + 2h_0(f_{1z} - \lambda f_1 q_z)$$
$$+ 2h_1(f_{0z} - \mu f_1 q_z) + f_{1xx} + f_{1yy} + f_{1zz}$$
$$- 2\lambda(f_{1x}q_x + f_{1y}q_y + f_{1z}q_z) - \lambda f_1(q_{xx} + q_{yy} + q_{zz})$$
$$+ (\lambda^2 + 2\mu)f_1(q_x^2 + q_y^2 + q_z^2), \quad (11.121)$$

$$\left(\frac{G'}{G}\right)^2: -f_1 q_t = 2f_1(f_{1y} - \lambda f_1 q_y) - 2f_0 f_1 q_y + 2g_1(f_{1x} - \lambda f_1 q_x)$$
$$- 2g_0 f_1 q_x + 2h_1(f_{1z} - \lambda f_1 q_z) - 2h_0 f_1 q_z + 3\lambda f_1(q_x^2 + q_y^2 + q_z^2)$$
$$- 2(f_{1x}q_x + f_{1y}q_y + f_{1z}q_z) - f_1(q_{xx} + q_{yy} + q_{zz}), \quad (11.122)$$

11.7 (3+1) 维 Burgers 系统的广义行波解

$$\left(\frac{G'}{G}\right)^3: \quad -2f_1^2 q_y - 2f_1 g_1 q_x - 2f_1 h_1 q_z + 2f_1(q_x^2 + q_y^2 + q_z^2) = 0. \tag{11.123}$$

解方程组: 方程 (11.120)~ 方程 (11.123) 可得

$$f_0 = -q_y, g_0 = -q_x, h_0 = -q_z, \lambda + \mu = -1, q_x^2 + q_y^2 + q_z^2 = f_1 q_y + g_1 q_x + h_1 q_z. \tag{11.124}$$

同理, 由式 (11.118) 可得如下方程组

$$\left(\frac{G'}{G}\right)^0: \quad f_{0x} - g_{0y} - \mu(f_1 q_x - g_1 q_y) = 0, \tag{11.125}$$

$$\left(\frac{G'}{G}\right): \quad f_{1x} - g_{1y} - \lambda(f_1 q_x - g_1 q_y) = 0, \tag{11.126}$$

$$\left(\frac{G'}{G}\right)^2: \quad f_1 q_x - g_1 q_y = 0. \tag{11.127}$$

解方程组: 方程 (11.125)~ 方程 (11.127) 可得

$$f_{0x} = g_{0y}, \quad f_{1x} = g_{1y}, \quad f_1 q_x = g_1 q_y. \tag{11.128}$$

由式 (11.119) 可得如下方程组

$$\left(\frac{G'}{G}\right)^0: \quad f_{0z} - h_{0z} - \mu(f_1 q_z - h_1 q_y) = 0, \tag{11.129}$$

$$\left(\frac{G'}{G}\right): \quad f_{1z} - h_{1y} - \lambda(f_1 q_z - h_1 q_y) = 0, \tag{11.130}$$

$$\left(\frac{G'}{G}\right)^2: \quad f_1 q_z - h_1 q_y = 0. \tag{11.131}$$

解方程组: 方程 (11.129)~ 方程 (11.131) 可得

$$f_{0z} = h_{0z}, \quad f_{1z} = h_{1y}, \quad f_1 q_z = h_1 q_y. \tag{11.132}$$

综合式 (11.124), 式 (11.128) 和式 (11.132) 可得

$$f_1 = q_y, \quad g_1 = q_x, \quad h_1 = q_z. \tag{11.133}$$

将式 (11.124) 和式 (11.133) 代入式 (11.114)~ 式 (11.116) 可得

$$u(x,y,z,t) = -q_y + q_y\left(\frac{G'}{G}\right), \tag{11.134}$$

$$v(x,y,z,t) = -q_x + q_x\left(\frac{G'}{G}\right), \tag{11.135}$$

$$w(x,y,z,t) = -q_z + q_z\left(\frac{G'}{G}\right). \tag{11.136}$$

下面就 $\lambda^2 - 4\mu$ 分两种情形进行讨论 (因有条件 $\lambda + \mu = -1$).

情形 1 当 $\lambda^2 - 4\mu > 0$ 时, 因为 $\lambda^2 - 4\mu = \lambda^2 + 4(\lambda+1) = (\lambda+2)^2 \geqslant 0$. 因此当 $\lambda \neq -2$ 时, 记 $\delta = \dfrac{|\lambda+2|}{2}$, 常微分方程 (11.5) 中的 G 满足

$$\frac{G'(q)}{G(q)} = -\frac{\lambda}{2} + \delta \frac{C_1 \sinh \delta q + C_2 \cosh \delta q}{C_1 \cosh \delta q + C_2 \sinh \delta q}. \tag{11.137}$$

将式 (11.137) 代入方程 (11.134)~ 方程 (11.136) 即可得系统 (11.108)-(11.110) 的双曲函数形式解

$$u_1 = -\frac{\lambda+2}{2} q_y + \delta q_y \frac{C_1 \sinh \delta q + C_2 \cosh \delta q}{C_1 \cosh \delta q + C_2 \sinh \delta q}, \tag{11.138}$$

$$v_1 = -\frac{\lambda+2}{2} q_x + \delta q_x \frac{C_1 \sinh \delta q + C_2 \cosh \delta q}{C_1 \cosh \delta q + C_2 \sinh \delta q}, \tag{11.139}$$

$$w_1 = -\frac{\lambda+2}{2} q_z + \delta q_z \frac{C_1 \sinh \delta q + C_2 \cosh \delta q}{C_1 \cosh \delta q + C_2 \sinh \delta q}, \tag{11.140}$$

其中 C_1, C_2 为积分常数.

特别地, 当 $C_1 \neq 0, C_2 = 0$ 时, 可得到可得系统 (11.108)-(11.110) 的 tanh 函数形式解

$$u_2 = -\frac{\lambda+2}{2} q_y + \delta q_y \tanh \delta q, \tag{11.141}$$

$$v_2 = -\frac{\lambda+2}{2} q_x + \delta q_x \tanh \delta q, \tag{11.142}$$

$$w_2 = -\frac{\lambda+2}{2} q_z + \delta q_z \tanh \delta q. \tag{11.143}$$

或者特别地, 当 $C_1 = 0, C_2 \neq 0$ 时, 可得到可得系统 (11.108)-(11.110) 的 coth 函数形式解

$$u_3 = -\frac{\lambda+2}{2} q_y + \delta q_y \coth \delta q, \tag{11.144}$$

$$v_3 = -\frac{\lambda+2}{2} q_x + \delta q_x \coth \delta q, \tag{11.145}$$

$$w_3 = -\frac{\lambda+2}{2} q_z + \delta q_z \coth \delta q. \tag{11.146}$$

情形 2 当 $\lambda + \mu = -1$ 且 $\lambda = -2$ 时, 因 $\lambda^2 - 4\mu = 0$, 则常微分方程 (11.5) 中的 $G(q)$ 满足

$$\frac{G'(q)}{G(q)} = 1 + \frac{C_2}{C_1 + C_2 q}. \tag{11.147}$$

将方程 (11.147) 代入方程 (11.134)~ 方程 (11.136) 即可得系统 (11.108)-(11.110) 的有理函数形式解

$$u_4 = \frac{C_2 q_y}{C_1 + C_2 q}, \quad v_4 = \frac{C_2 q_x}{C_1 + C_2 q}, \quad w_4 = \frac{C_2 q_z}{C_1 + C_2 q}.$$

11.8 (3+1) 维 Burgers 系统的内嵌孤子

我们选取 (3+1) 维 Burgers 演化系统的解 (11.138) 为例, 来研究该演化系统的特殊孤子的激发. 为描述和图示方便, 我们重记解 (11.138) 为

$$U = u_1 = -\frac{\lambda+2}{2}q_y + \delta q_y \frac{C_1 \sinh \delta q + C_2 \cosh \delta q}{C_1 \cosh \delta q + C_2 \sinh \delta q}. \tag{11.148}$$

11.8.1 内嵌孤子

选取

$$q(x,y,z,t) = 2 + \mathrm{sech}(-kx^2 - rz^2)\sin(kx^2 + rz^2 - t^2) + ly, \tag{11.149}$$

其中 $k > 0, r > 0$.

设置

$$y = 1, \quad \lambda = -1.9, \quad C_1 = 3, \quad C_2 = 2, \quad k = 0.3, \quad l = 3.8, \quad r = 0.5. \tag{11.150}$$

可得到一类内嵌孤子. 图 11.36 为内嵌孤子的演化图. 随着时间的变化, 内嵌孤子的通过中心顶点的上下拉动, 在波幅和波形呈现周期性上下振动.

11.8.2 三重内嵌孤子

选取

$$q(x,y,z,t) = 2 + \mathrm{sech}(-kx^2 - rz^2)[\sin(kx^2 + rz^2 - t^2)]^5 + ly, \tag{11.151}$$

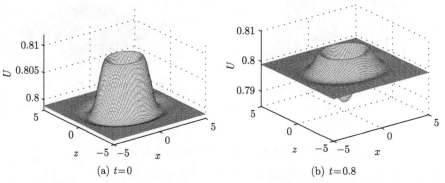

(a) $t=0$ \quad\quad (b) $t=0.8$

图 11.36 内嵌孤子. 解 (11.148) 在选取为式 (11.149) 及设置为式 (11.150) 时的演化图形

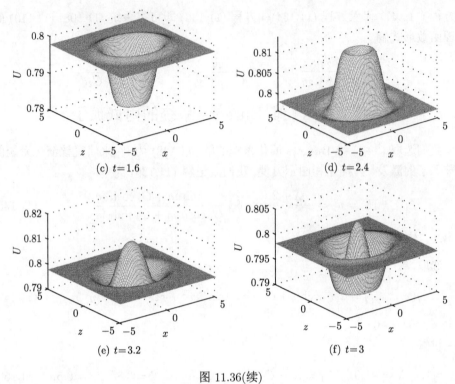

图 11.36(续)

其中 $k>0, r>0$.

在设置为式 (11.150) 的情况下可得到一类三重内嵌孤子. 图 11.37 为三重内嵌孤子的演化图.

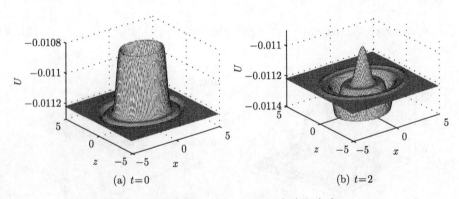

图 11.37 三重内嵌孤子. 解 (11.148) 在选取为式 (11.151) 及设置为式 (11.152) 时的演化图形

11.8.3 明暗内嵌孤子

选取

$$q(x,y,z,t) = [1+(-kx+rz)e^{-kx^2-rz^2}\cos(x^2+z^2-t)]^{-1}+ly, \qquad (11.152)$$

其中 $k>0, r>0$. 设置

$$y=1, \quad t=0, \quad \lambda=-0.2, \quad C_1=1, \quad C_2=2, \quad k=1.6, \quad l=0.1, \quad r=1.1. \qquad (11.153)$$

可得到一类明暗内嵌孤子. 如图 11.38 所示, 内嵌孤子分别向上和向下伸展.

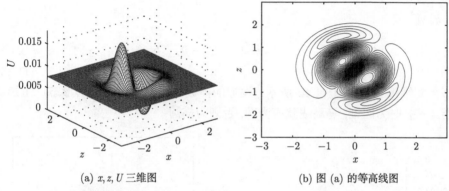

(a) x,z,U 三维图   (b) 图 (a) 的等高线图

图 11.38　明暗内嵌孤子. 解 (11.148) 在选取为式 (11.152) 及设置为式 (11.153) 时的图形

11.8.4 螺旋状明暗内嵌孤子

选取 $q(x,y,z,t)$ 仍然为函数 (11.152), 但设置变为

$$y=1, t=5, \lambda=-0.5, C_1=1, C_2=2, k=0.6, l=0.1, r=0.1, \qquad (11.154)$$

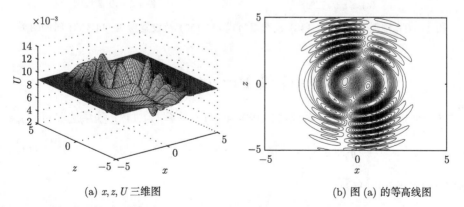

(a) x,z,U 三维图   (b) 图 (a) 的等高线图

图 11.39　螺旋状明暗内嵌孤子. 解 (11.148) 在选取为式 (11.152) 及设置为式 (11.154) 时的图形

可得到一类多层螺旋状明暗内嵌孤子. 如图 11.39 所示, 内嵌孤子螺旋状向上和向下伸展.

11.9 (3+1) 维 Burgers 系统的锥孤子

对于 (3+1) 维 Burgers 系统 (11.108)-(11.110) 的解 (11.148), 选取 $q(x,y,z,t)$

$$q(x,y,z,t) = 2 + \left(e^{-\sqrt{kx^2+rz^2+t^2}}\right)^{-1} + ly, \tag{11.155}$$

其中 $k > 0, r > 0$.

设置

$$y = 1, \quad t = 0, \quad \lambda = -1.2, \quad C_1 = 1, \quad C_2 = 2, \quad k = 1.3, \quad l = 1, \quad r = 0.3. \tag{11.156}$$

能够得到锥孤子. 如图 11.40 所示. 设置的参数不同会对锥孤子的形态产生影响, 如当 $k = r$ 时为圆锥, 等高线就应为圆, 否则为椭圆.

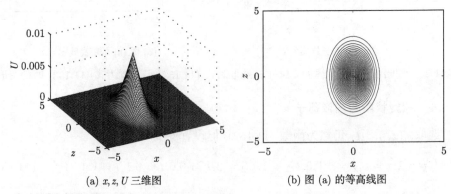

(a) x, z, U 三维图 (b) 图 (a) 的等高线图

图 11.40　锥孤子. 解 (11.148) 在选取为式 (11.155) 及设置为式 (11.156) 时的图形

11.10 (3+1) 维 Burgers 系统的柱孤子

对于 (3+1) 维 Burgers 系统 (11.108)-(11.110) 的解 (11.148), 如果选取 $q(x,y,z,t)$

$$q(x,y,z,t) = \left[6 - e^{\tanh(kx^2+rz^2-t^2)}\right]^{-1} + ly, \tag{11.157}$$

其中 $k > 0, r > 0$. 设置

$$y = 1, \quad t = 5.5, \quad \lambda = 6, \quad C_1 = 1, \quad C_2 = 2, \quad k = 6.8, \quad l = 1, \quad r = 4.5 \tag{11.158}$$

能够得到柱孤子. 如图 11.41 所示. 从等高线图可以看出, 等高线密集分布于一个圈附近, 表明曲线在这个圈附近变化剧烈, 但是一种光滑变化, 因此柱孤子并不是严格的柱孤子, 而是一种形如柱状的孤子.

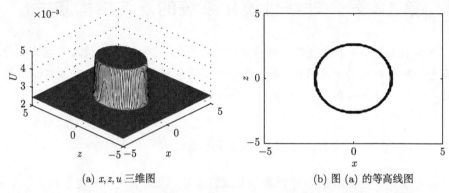

(a) x, z, u 三维图　　(b) 图 (a) 的等高线图

图 11.41　柱孤子. 解 (11.148) 在取式 (11.157) 及设置为式 (11.158) 时的图形

11.11　本章小结

本章我们以两个高维非线性演化系统, 即 (2+1) 维变系数色散长波系统和 (3+1) 维 Burgers 系统为基础, 构造出它们的精确广义行波解, 通过对解中的含自变量的任意函数的适当选取, 用可视化方法研究了具有典型性的多种特殊孤子的激发、孤子的交互与演化等. 对此方法掌握后, 可进一步发现非线性演化的新的孤子结构, 讨论新的孤子交互作用和演化规律.

第12章 非线性演化系统的混沌结构激发

混沌 (Chaos) 是非线性科学的基本研究内容之一. 本章我们引入混沌系统的基本概念和两个经典的混沌系统, 基于已知的混沌系统的混沌解, 以及非线性演化系统的广义行波解为基础, 研究广义行波解的混沌结构激发.

12.1 混沌系统

混沌反映了自然界的一种普遍的非线性现象. 虽然混沌研究是近四十年的事, 但是随着计算技术的飞速发展, 混沌的理论研究和应用都取得了重要进展. 下面我们简单介绍一下混沌的基本概念和两个经典的混沌系统: Lorenz 混沌系统和 Duffing 混沌系统.

12.1.1 混沌的基本概念

从 1975 年开始, 混沌作为一个科学名词在文献中出现. 从 20 世纪 80 年代开始, 混沌研究形成自己的体系, 并被学术界广泛认可. 近 20 年来, 混沌学得到了广泛的应用, 如控制论、电子学、通信、密码、化学、生物以及脑科学等众多领域.

混沌系统是在服从确定性规律下发生的具有随机性的运动, 或者说是决定论系统表现出随机行为. 所谓的确定性规律, 一般是指系统的运动或演化可以用确定的动力学方程的形式来表示. 所谓的随机性, 是指不能像经典力学中的机械运动那样可以预测其运动状态, 换言之, 其运动状态在相空间没有确定的轨道.

混沌系统的主要特征体现在以下三个方面.

(1) 混沌运动是确定性与随机性的对立统一. 在混沌系统发现前, 人们认为一个系统只要服从确定性规律, 其运动状态就是完全可预测的. 但是混沌系统改变了这一观念. 混沌系统的确定性与随机性并存, 表明混沌运动在整体上是随机的, 但并非杂乱无章, 而是有规律可循的, 并在短时间范围内也可以进行预测.

(2) 对初始状态的敏感依赖. 混沌系统运动时, 初始条件的微小变化往往使运动的相邻轨道出现指数形式的分开, 导致结果出现巨大差异. 这种现象也称为 "蝴蝶效应".

(3) 只有非线性系统才可能发生混沌现象.

下面介绍两个经典的混沌系统.

12.1.2 Lorenz 混沌系统

Lorenz 混沌系统是 1963 年由美国气象学家 Lorenz 在研究小区域气候模型时发现的. 在这之前, 科学家们普遍认为, 只要一个系统的控制方程是确定的, 那么系统的运动过程一定是可预测和可控制的. Lorenz 的开创性工作打破了这一传统观念, Lorenz 混沌系统在混沌研究历史中占有重要地位.

Lorenz 将描述小区域气候模型中的偏微分控制方程化为傅里叶级数形式, 此时, 模型就转化为一系列常微分方程组. 为求其近似解, 只截取级数的有限项, 就可得到如下的 Lorenz 方程组

$$\begin{cases} \dfrac{\mathrm{d}x}{\mathrm{d}t} = -\sigma(x-y), \\ \dfrac{\mathrm{d}y}{\mathrm{d}t} = -xz + rx - y, \\ \dfrac{\mathrm{d}z}{\mathrm{d}t} = xy - \beta z. \end{cases} \tag{12.1}$$

设置参数为

$$\sigma = 10, \quad r = 28, \quad \beta = \dfrac{8}{3},$$

初始条件为

$$x(0) = 12, \quad y(0) = 2, \quad z(0) = 9,$$

则 Lorenz 方程 (12.1) 的混沌解如图 12.1 和图 12.2 所示. 图 12.1 为物理量 x, y, z 间关系图, 从图中可以看出, 系统出现随机性非周期性运动. 运动的轨迹不重复, 体现出非周期特性, 但同时运动围绕着两个圈状的吸引子, 这又体现出确定性属性. 图 12.2 为物理量 x, y 与时间变量 t 的关系图.

12.1.3 Duffing 混沌系统

Duffing 混沌系统是研究受迫振动时发现的.

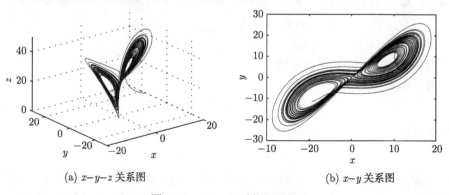

(a) x–y–z 关系图   (b) x–y 关系图

图 12.1 Lorenz 系统混沌解

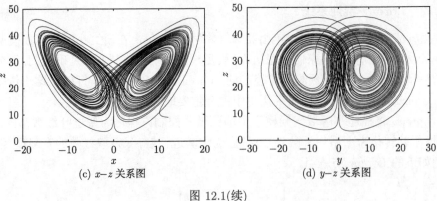

(c) x-z 关系图   (d) y-z 关系图

图 12.1(续)

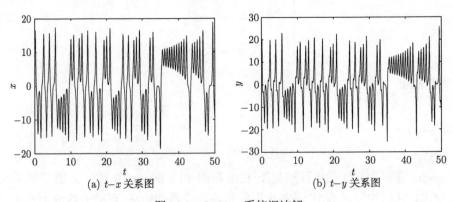

(a) t-x 关系图   (b) t-y 关系图

图 12.2 Lorenz 系统混沌解

在一个带阻尼的弹性系统中,势能函数满足下面的控制方程

$$\frac{\mathrm{d}^2 X}{\mathrm{d}t^2} + \alpha \frac{\mathrm{d}X}{\mathrm{d}t} + \beta X^3 = 0.$$

如果再给这个系统施加一个周期性外力,系统将出现混沌现象,其控制方程变为

$$\frac{\mathrm{d}^2 X}{\mathrm{d}t^2} + \alpha \frac{\mathrm{d}X}{\mathrm{d}t} + \beta X^3 = \rho \cos t, \tag{12.2}$$

这就是著名的 Duffing 混沌系统

设置参数为

$$\alpha = 0.05, \quad \beta = 1, \quad \rho = 0.75,$$

初始条件为

$$X'(0) = 1, \quad X(0) = 1,$$

则可得到 Duffing 系统的一个混沌解,如图 12.3 所示. 其中图 12.3(a) 为 X 与 $\mathrm{d}X/\mathrm{d}t$ 关系图,很明显,系统运动的轨迹为随机性的非周期的,每次都在不同的轨道,但每

次又围绕着一个或两个吸引子在运行,既有确定性又有随机性,是两种属性的统一.图 12.3(b) 和 (c) 分别为 t 与 $X, \mathrm{d}X/\mathrm{d}t$ 关系图为非周期性波状,波的振幅与幅宽都不完全相同.

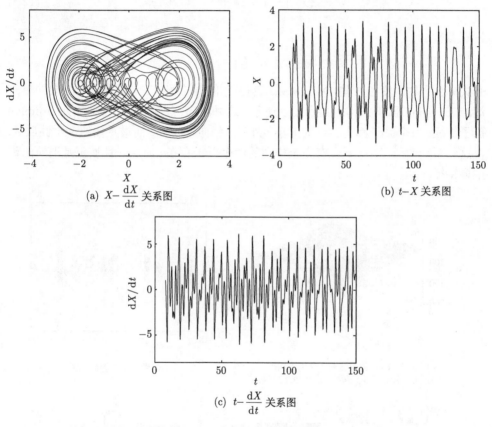

图 12.3 Duffing 系统混沌解

本书的第 11 章已经得到了 (3+1) 维 Burgers 系统 (11.108)-(11.110) 和 (2+1) 维变系数色散长波系统 (11.1)-(11.2) 的广义行波解,现在我们以这两个系统的广义行波解为基础,研究非线性演化系统广义行波解的混沌结构激发.

为叙述方便,我们仍沿用第 11 章解的记法 (11.148) 和记法 (11.38).

12.2 单向混沌结构

下面首先激发仅一个变量发生混沌的情形,即单向混沌结构.

12.2.1 (3+1) 维 Burgers 系统的单向混沌结构

在 (3+1) 维 Burgers 系统 (11.108)-(11.110) 的广义行波解 (11.148) 中, 选取

$$q(x,y,z,t) = 1 + ze^{-x^2-z^2-t^2} + ly, \tag{12.3}$$

设置参数

$$t=0, \quad y=1, \quad \lambda=1, \quad C_1=1, \quad C_2=2, \quad l=1. \tag{12.4}$$

令式 (12.3) 中的变量 z 取 Duffing 系统 (12.2) 的混沌解 X, 则可得到 z 方向的单向混沌 Dromion 孤子结构, 如图 12.4 所示. 这种单向混沌结构由一列振动 Dromion 孤子组成, 每个孤子都有自己的大小、外形、朝向等特征, 而最重要的一个性质是, 在这一系列的孤子中, 不会有完全相同的两个孤子存在. 而这一性质正是混沌的最主要特征.

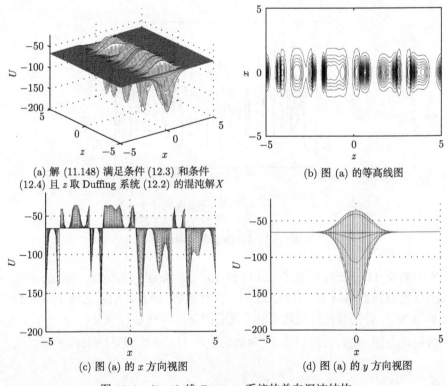

(a) 解 (11.148) 满足条件 (12.3) 和条件 (12.4) 且 z 取 Duffing 系统 (12.2) 的混沌解 X

(b) 图 (a) 的等高线图

(c) 图 (a) 的 x 方向视图

(d) 图 (a) 的 y 方向视图

图 12.4 (3+1) 维 Burgers 系统的单向混沌结构

如果将式 (12.3) 中的变量 z 选取为 Duffing 系统 (12.2) 的混沌解 $\dfrac{dX}{dt}$, 则可得到另一个 z 方向的单向混沌 Dromion 孤子结构, 如图 12.5 所示. 同样地, 也可以将

式 (12.3) 中的变量 x 选取为 Duffing 系统 (12.2) 的混沌解 X 或 $\dfrac{\mathrm{d}X}{\mathrm{d}t}$, 则可得到 x 方向的单向混沌结构.

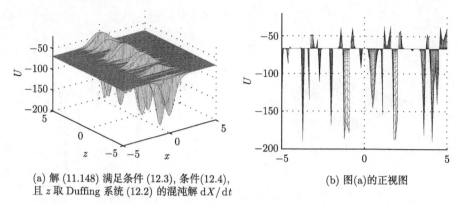

(a) 解 (11.148) 满足条件 (12.3), 条件(12.4), 且 z 取 Duffing 系统 (12.2) 的混沌解 $\mathrm{d}X/\mathrm{d}t$

(b) 图(a)的正视图

图 12.5　(3+1) 维 Burgers 系统的单向混沌结构

再将 Lorenz 系统 (12.1) 的混沌解代入 (3+1) 维 Burgers 系统 (11.108)—(11.110) 的广义行波解 (11.148), 也可得类似的单向混沌结构激发, 如图 12.6 和图 12.7 所示. 由于代入任意函数 $q(x,y,z,t)$ 中 z 变量的混沌解不同, 在同尺度下, 激发的混沌结构呈现不同的形态, 如类似 Dromion 孤子的密度、大小等.

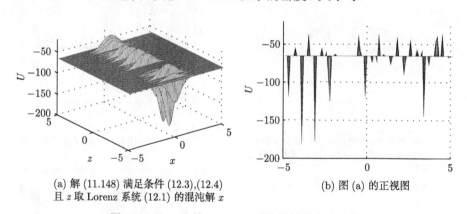

(a) 解 (11.148) 满足条件 (12.3),(12.4) 且 z 取 Lorenz 系统 (12.1) 的混沌解 x

(b) 图 (a) 的正视图

图 12.6　(3+1) 维 Burgers 系统的单向混沌结构

12.2.2　(2+1) 维变系数色散长波系统的单向混沌结构

下面我们讨论以 (2+1) 维变系数色散长波系统 (11.1)-(11.2) 的非行波解 (11.38) 为基础进行混沌结构的激发.

选取解 (11.38) 为

$$f(x,t) = 5 + \mathrm{e}^{(x-t)\cos 2(x-t)}, \quad g(y) = \mathrm{e}^{y\sin y}, \tag{12.5}$$

将函数 $f(x,t)$ 中的变量 x 分别选取为 Duffing 混沌系统 (12.2) 的混沌解 X 和 dX/dt, 并设置

$$t=0,\quad \delta=0.1,\quad \beta=2,\quad C_1=1,\quad C_2=2. \tag{12.6}$$

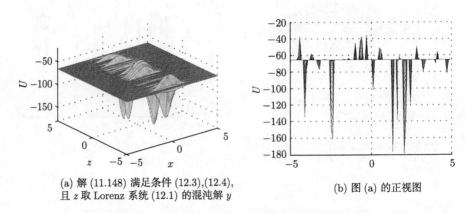

(a) 解 (11.148) 满足条件 (12.3),(12.4), 且 z 取 Lorenz 系统 (12.1) 的混沌解 y

(b) 图 (a) 的正视图

图 12.7 (3+1) 维 Burgers 系统的单向混沌结构

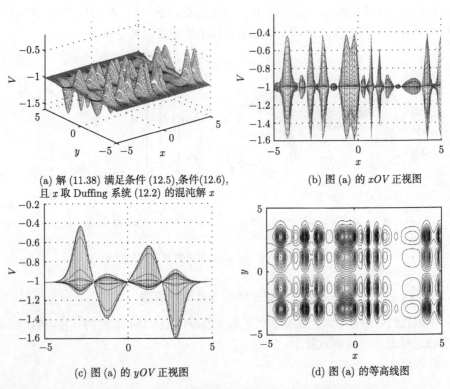

(a) 解 (11.38) 满足条件 (12.5),条件(12.6), 且 x 取 Duffing 系统 (12.2) 的混沌解 x

(b) 图 (a) 的 xOV 正视图

(c) 图 (a) 的 yOV 正视图

(d) 图 (a) 的等高线图

图 12.8 (2+1) 维变系数色散长波系统的单向混沌结构

能够得到 (2+1) 维变系数色散长波系统的一类单向混沌结构, 如图 12.8 和图 12.9 所示. 从图 12.8 可以看到, 沿 x 方向产生混沌 Dromion 孤子, 这些 Dromion 孤子或向上或向下, 外形看上去相似, 但都不完全一样. 另外, 从 yOV 的正视图和等高线图可以看出, 在沿 y 方向没有出现混沌, 由于 $g(y)$ 中含有三角函数, 因此呈现为对称振动 Dromion 孤子结构.

12.3 双向混沌结构

12.1 节我们通过将广义行波解中的一个变量设置为混沌系统的混沌解, 研究了 (3+1) 维 Burgers 系统广义行波解 (11.148) 和 (2+1) 维变系数色散长波系统广义行波 (11.38) 的单向混沌结构的激发. 同理, 如果将非行波解中的任意函数中的两个变量都用混沌解来激发, 可得到双向混沌结构.

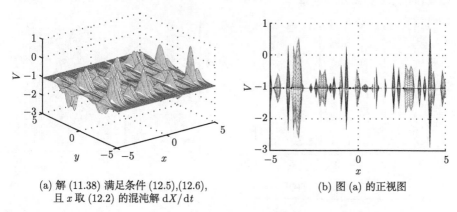

(a) 解 (11.38) 满足条件 (12.5),(12.6), 且 x 取 (12.2) 的混沌解 $\mathrm{d}X/\mathrm{d}t$

(b) 图 (a) 的正视图

图 12.9　(2+1) 维变系数色散长波系统的单向混沌结构

12.3.1　(3+1) 维 Burgers 系统的双向混沌结构

对 (3+1) 维 Burgers 系统的广义行波解 (11.148) 中的任意函数 $q(x,y,z,t)$, 选择为

$$q(x,y,z,t) = \left[0.5 + \mathrm{e}^{-x^2-z^2-t}\sin(x^2+z^2+t)\right]^2 + ly, \qquad (12.7)$$

将函数 (12.7) 中的变量 x,z 分别选取为 Duffing 混沌系统 (12.2) 的混沌解 X 和 $\mathrm{d}X/\mathrm{d}t$, 并设置

$$t=0, \quad y=1, \quad \lambda=0.1, \quad C_1=3, \quad C_2=2, \quad l=1. \qquad (12.8)$$

可得到在 x,z 两个方向上的混沌, 如图 12.10 所示. 从图中的不同视角的视图可以看到, 在 x,z 两个方向都呈现混沌结构, 从放大视图可看到, 局部的混沌结构由单

个的内嵌孤子组成,从整体来看,这种双向混沌结构沿平面展开,由形状与大小都不完全一样的内嵌孤子组合而成.

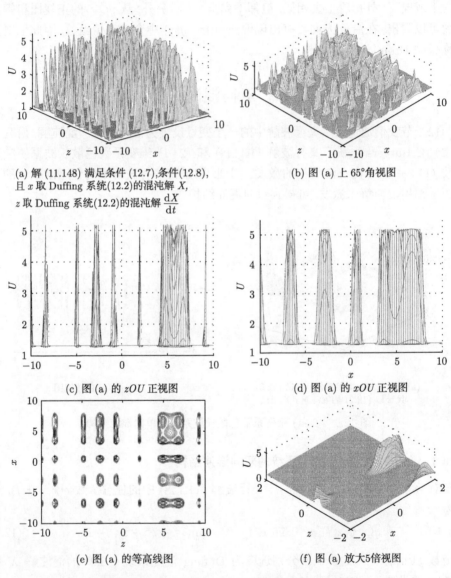

(a) 解 (11.148) 满足条件 (12.7),条件(12.8),且 x 取 Duffing 系统(12.2)的混沌解 X,z 取 Duffing 系统(12.2)的混沌解 $\dfrac{\mathrm{d}X}{\mathrm{d}t}$

(b) 图 (a) 上 65°角视图

(c) 图 (a) 的 zOU 正视图

(d) 图 (a) 的 xOU 正视图

(e) 图 (a) 的等高线图

(f) 图 (a) 放大5倍视图

图 12.10 (3+1) 维 Burgers 系统的双向混沌结构

当 (3+1) 维 Burgers 系统广义行波解 (11.148) 中的任意函数 $q(x,y,z,t)$,选择为

$$q(x,y,z,t) = \left(1 + \mathrm{e}^{-x^2-z^2-t^2}\right)\left[\mathrm{sn}(x^2+z^2+t^2, 0.6)\right]^2 + ly. \tag{12.9}$$

12.3 双向混沌结构

将函数 (12.9) 中的变量 x, z 分别选取为 Duffing 混沌系统 (12.2) 的混沌解 X 和 dX/dt, 并设置

$$t = 0, \quad y = 1, \quad \lambda = 0.1, \quad C_1 = 3, \quad C_2 = 2, \quad l = 0.1. \tag{12.10}$$

可得另一类在 x, z 两个方向上的混沌, 如图 12.11 所示. 图案漂亮而复杂, 很难分出到底是由什么类型的孤子组成的混沌结构.

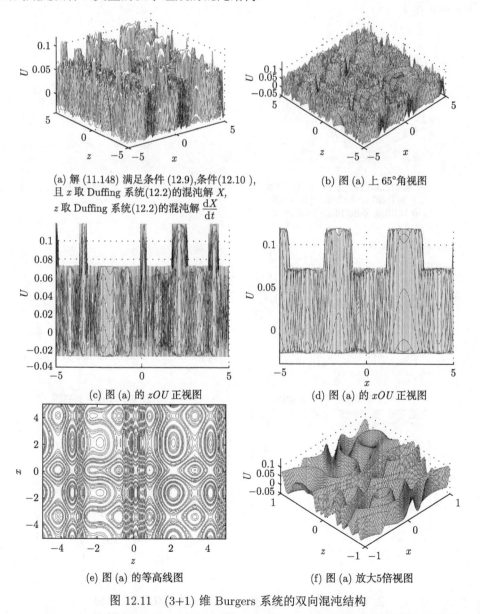

图 12.11 (3+1) 维 Burgers 系统的双向混沌结构

12.3.2 (2+1) 维变系数色散长波系统的双向混沌结构

下面我们再讨论 (2+1) 维变系数色散长波系统 (11.1)-(11.2) 的非行波解 (11.38) 的双向混沌结构的激发. 仍选取解 (11.38) 为 (12.5), 设置为 (12.6). 令变量 x, y 分别选取为 Duffing 混沌系统 (12.2) 的混沌解 X 和 $\mathrm{d}X/\mathrm{d}t$, 可得一类 (2+1) 维变系数色散长波系统的混沌结构. 如图 12.12 所示, 在 x, y 两个方向上呈现形态各异的 Dromion 孤子.

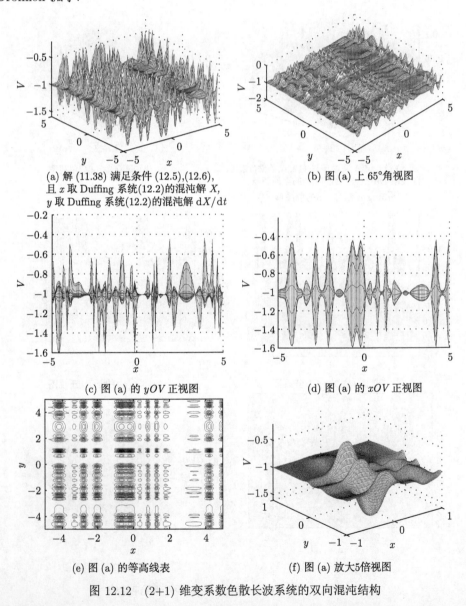

(a) 解 (11.38) 满足条件 (12.5),(12.6), 且 x 取 Duffing 系统(12.2)的混沌解 X, y 取 Duffing 系统(12.2)的混沌解 $\mathrm{d}X/\mathrm{d}t$

(b) 图 (a) 上 65°角视图

(c) 图 (a) 的 yOV 正视图

(d) 图 (a) 的 xOV 正视图

(e) 图 (a) 的等高线表

(f) 图 (a) 放大5倍视图

图 12.12 (2+1) 维变系数色散长波系统的双向混沌结构

12.4 混沌结构演化

混沌结构和普通孤子也有类似的随时间演化特征. 首先以 12.3 节 (2+1) 维变系数色散长波系统 (11.1)-(11.2) 为例, 来讨论其广义行波解 (11.38) 的双向混沌结构的演化.

仍选取解 (11.38) 为式 (12.5), 设置为式 (12.6). 令变量 x, y 分别选取为 Duffing 混沌系统 (12.2) 的混沌解 X 和 dX/dt, 令时间变量 t 取不同值, 可得一类 (2+1) 维变系数色散长波系统的混沌结构演化过程. 如图 12.13 所示, 随时间变化, 系统中混沌结构中的每个 Dromion 孤子随之发生形态上混沌变化, 即变化过程中没有完全相同的两个 Dromion 孤子.

下面再来讨论 (3+1) 维 Burgers 系统广义行波解 (11.148) 的双向孤子的演化过程. 选取其广义行波解 (11.148) 中的任意函数 $q(x, y, z, t)$, 选择为

$$q(x, y, z, t) = 2 + \sin(kx + rz + ct) + ly. \qquad (12.11)$$

将函数 (12.11) 中的变量 x, z 分别选取为 Duffing 混沌系统 (12.2) 的混沌解 X 和 dX/dt, 并设置

$$y = 1, \quad \lambda = 0.2, \quad k = 1.6, \quad r = 1.2, \quad c = 2, \quad l = 1, \quad C_1 = 3, \quad C_2 = 2. \qquad (12.12)$$

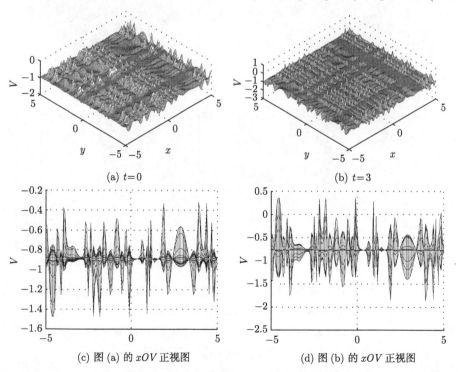

(a) $t=0$　　　　　　　　　　　(b) $t=3$

(c) 图 (a) 的 xOV 正视图　　　　(d) 图 (b) 的 xOV 正视图

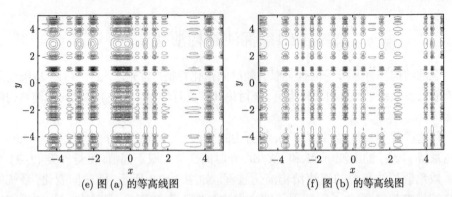

(e) 图 (a) 的等高线图   (f) 图 (b) 的等高线图

图 12.13   (2+1) 维变系数色散长波系统双向混沌结构的演化. 解 (11.38) 满足条件 (12.5), 条件 (12.6), 且 x 取 Duffing 系统 (12.2) 的混沌解 X, y 取 Duffing 系统 (12.2) 的混沌解 $\mathrm{d}X/\mathrm{d}t$, 时间 t 取不同值时的图形

当变量 t 取不同值时, 得到一类在 x, z 两个方向上的混沌深化过程, 如图 12.14 所示, 可以观察混沌结构的随时间的变化过程.

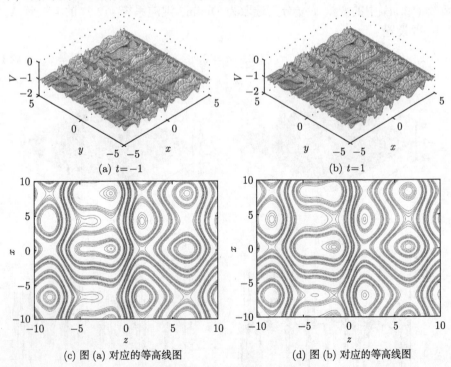

(a) $t=-1$ (b) $t=1$

(c) 图 (a) 对应的等高线图   (d) 图 (b) 对应的等高线图

图 12.14   (3+1) 维变 Burgers 系统双向混沌结构的演化. 解 (11.148) 满足条件 (12.11), 条件 (12.12), 且 x 取 Duffing 系统 (12.2) 的混沌解 X, z 取 Duffing 系统 (12.2) 的混沌解 $\mathrm{d}X/\mathrm{d}t$, 时间 t 取不同值时的图形

12.5 本章小结

混沌本来只是非线性常微分方程中特有的非线性现象, 而通过对广义行波解的任意函数作适当选取, 对变量作适当设置, 可在非线性演化系统中激发混沌结构.

本章通过应用两个经典非线性常微分方程 Lorenz 方程和 Duffing 的混沌解, 来研究非线性演化系统的混沌结构激发问题. 研究结果表明, 组成混沌结构的孤子从整体上具有相似性, 即满足一定的确定性规律, 同时这些孤子又有随机性, 每个孤子和别的孤子都是不同的, 或者说找不到除了相位不同的完全相同的两个孤子. 因此非线性演化系统的混沌结构也服从混沌的本质特征. 即使混沌结构随着时间的演化, 混沌孤子也服从混沌特征.

混沌结构的激发分为单向混沌和双向混沌结构两种情形. 另外, 使用的混沌结构主要有 Dromion 孤子、内嵌孤子等, 实际上, 应用同样的方法, 可以研究其他类型孤子的混沌结构.

总的来说, 非线性演化系统混沌结构的激发主要借助了非线性常微分方程的混沌解, 混沌激发的方式比较单一, 目前尚未应用于解释广泛存在的非线性混沌现象. 因此, 有关非线性混沌结构的研究有待更深入地展开.

第13章　非线性演化系统的分形结构激发

介绍分形 (fractal) 的基本概念, 通过在非线性演化系统的非行波解中引入分形函数, 研究若干非线性演化系统的分形结构.

13.1　分形的基本概念

分形是非线性科学的重要分支学科之一, 在理论研究与应用上都有重要价值. 简单地讲, 将具有自相似性的结构称为分形. 分形是数学家在观察到云彩、山岭、海岸、植物枝叶等自然现象但又无法用经典的欧几里得几何学描述的现象时提出来的.

自然界中具有统计自相似的分形现象几乎无所不在, 如地貌、海岸线、各种物体表面都是不同程度的粗糙面, 河流与云彩的形状的图案等. 数学家 Mandelbrot 于 20 世纪 70 年代首先提出了分形的概念.

构造非线性演化系统的分形结构解是十分困难的, 主要难点在于寻找合适的能够激发分形结构的函数, 目前只发现少量的函数可用于激发分形结构.

本章将以非线性 (2+1) 维变系数 Broer-Kaup 系统为基础, 应用其 (G'/G) 展开法构造的广义行波解, 以可视化方法讨论几类非线性演化系统在不同尺度下的自相似分形结构的激发问题.

13.2　(2+1) 维变系数 Broer-Kaup 系统

非线性 (2+1) 维变系数 Broer-Kaup 系统的数学模型为

$$u_{ty} - B(t)[u_{xxy} - 2(uu_x)_y - 2v_{xx}] = 0, \tag{13.1}$$

$$v_t + B(t)[v_{xx} + 2(uv)_x] = 0, \tag{13.2}$$

其中 $B(t)$ 为时间变量 t 的任意函数, 且 $B(t) \neq 0$.

系统 (13.1)-(13.2) 用来描述一类带耗散的浅水波传播现象, 并得到广泛的讨论[162-171].

13.3 (2+1) 维变系数 Broer-Kaup 系统的广义行波解

为求解方便, 首先对非线性 (2+1) 维变系数 Broer-Kaup 系统 (13.1)-(13.2) 作变量代换

$$v = u_y,$$

则系统 (13.1)-(13.2) 可转化为一个新方程

$$u_{ty} + B(t)[u_{xxy} + 2(uu_x)_y] = 0. \tag{13.3}$$

假设方程 (13.3) 有如下形式的解

$$u = \sum_{i=0}^{n} a_i \left(\frac{G'}{G}\right)^i, \tag{13.4}$$

其中 a_i $(i = 0, 1, 2, \cdots, n)$ 为 x, t 的待定函数, $G = G(q)$ 满足二阶线性常微分方程

$$G''(q) + \lambda G'(q) + \mu G(q) = 0, \tag{13.5}$$

其中 $q = q(x, y, t)$ 为任意函数.

平衡方程 (13.3) 中的 u_{xxy} 和 $(uu_x)_y$ 项的幂次可得 $m = 1$. 因此, 解 (13.4) 可重写为

$$u = a_0 + a_1 \left(\frac{G'}{G}\right), \quad a_1 \neq 0. \tag{13.6}$$

下面我们寻求 $q = f(x, t) + g(y)$ 的分离变量形式的解, 其中 $f(x, t), g(y)$ 为相应变量的任意函数.

由式 (13.4) 和式 (13.5) 可计算得

$$u_x = (a_0)_x + (a_1)_x \left(\frac{G'}{G}\right) - a_1 f_x \left[\mu + \lambda \left(\frac{G'}{G}\right) + \left(\frac{G'}{G}\right)^2\right]$$

$$= [(a_0)_x - \mu a_1 f_x] + [(a_1)_x - \lambda a_1 f_x] \left(\frac{G'}{G}\right) - a_1 f_x \left(\frac{G'}{G}\right)^2, \tag{13.7}$$

$$(uu_x)_y = g'[\mu^2 a_1^2 f_x + \mu\lambda a_0 a_1 f_x - \mu a_1 (a_0)_x - \mu a_0 (a_1)_x]$$

$$+ g'[3\lambda\mu a_1^2 f_x - \lambda a_1 (a_0)_x - \lambda a_0 (a_1)_x - 2\mu a_1 (a_1)_x + (\lambda^2 + 2\mu) a_0 a_1 f_x] \left(\frac{G'}{G}\right)$$

$$+ g'[-a_1 (a_0)_x - a_0 (a_1)_x - 2\lambda a_1 (a_1)_x + 2(\lambda^2 + 2\mu) a_1^2 f_x + 3\lambda a_0 a_1 f_x] \left(\frac{G'}{G}\right)^2$$

$$+ g'[5\lambda a_1^2 f_x - 2a_1 (a_1)_x + 2a_0 a_1 f_x] \left(\frac{G'}{G}\right)^3 + 3a_1^2 f_x g' \left(\frac{G'}{G}\right)^4, \tag{13.8}$$

$$u_{xxy} = g'[\lambda\mu a_1 f_{xx} + 2\lambda\mu(a_1)_x f_x - \mu(a_1)_{xx} - \mu(\lambda^2 + 2\mu)a_1 f_x^2]$$
$$+ g'[(\lambda^2 + 2\mu)a_1 f_{xx} - \lambda(a_1)_{xx} - \lambda(\lambda^2 + 8\mu)a_1 f_x^2 + 2(\lambda^2 + 2\mu)(a_1)_x f_x]\left(\frac{G'}{G}\right)$$
$$+ g'[-(a_1)_{xx} - (7\lambda^2 + 8\mu)a_1 f_x^2 + 6\lambda(a_1)_x f_x + 3\lambda a_1 f_{xx}]\left(\frac{G'}{G}\right)^2$$
$$+ g'[4(a_1)_x f_x + 2a_1 f_{xx} - 12\lambda a_1 f_x^2]\left(\frac{G'}{G}\right)^3 - 6a_1 f_x^2 g'\left(\frac{G'}{G}\right)^4, \quad (13.9)$$

$$u_{ty} = g'[\lambda\mu a_1 f_t - \mu(a_1)_t] + g'[(\lambda^2 + 2\mu)a_1 f_t - \lambda(a_1)_t]\left(\frac{G'}{G}\right)$$
$$+ g'[3\lambda a_1 f_t - (a_1)_t]\left(\frac{G'}{G}\right)^2 + g' 2a_1 f_t\left(\frac{G'}{G}\right)^3. \quad (13.10)$$

将式 (13.8)～式 (13.10) 代入方程 (13.3), 合并 (G'/G) 的同幂次项并令其系数为零可得下列方程组

$$\left(\frac{G'}{G}\right)^4: \quad B(t)[-6a_1 f_x^2 g' + 6a_1^2 f_x g'] = 0, \quad (13.11)$$

$$\left(\frac{G'}{G}\right)^3: g' 2a_1 f_t + B(t)\{g'[2a_1 f_{xx} - 12\lambda a_1 f_x^2 + 4(a_1)_x f_x]$$
$$+ 2g'[5\lambda a_1^2 f_x - 2a_1(a_1)_x + 2a_0 a_1 f_x]\} = 0, \quad (13.12)$$

$$\left(\frac{G'}{G}\right)^2: g'[3\lambda a_1 f_t - (a_1)_t]$$
$$+ B(t)\{g'[3\lambda a_1 f_{xx} - (a_1)_{xx} - (7\lambda^2 + 8\mu)a_1 f_x^2 + 6\lambda(a_1)_x f_x]$$
$$+ 2g'[3\lambda a_0 a_1 f_x + 2(\lambda^2 + 2\mu)a_1^2 f_x - 2\lambda a_1(a_1)_x - a_0(a_1)_x - a_1(a_0)_x]\} = 0,$$
$$(13.13)$$

$$\left(\frac{G'}{G}\right): g'[(\lambda^2 + 2\mu)a_1 f_t - \lambda(a_1)_t]$$
$$+ B(t)\{g'[(\lambda^2 + 2\mu)a_1 f_{xx} - \lambda(a_1)_{xx} - \lambda(\lambda^2 + 8\mu)a_1 f_x^2 + 2(\lambda^2 + 2\mu)(a_1)_x f_x]$$
$$+ 2g'[3\lambda\mu a_1^2 f_x - \lambda a_1(a_0)_x - \lambda a_0(a_1)_x - 2\mu a_1(a_1)_x + (\lambda^2 + 2\mu)a_0 a_1 f_x]\} = 0,$$
$$(13.14)$$

$$\left(\frac{G'}{G}\right)^0: g'[\lambda\mu a_1 f_t - \mu(a_1)_t]$$
$$+ B(t)\{g'[\lambda\mu a_1 f_{xx} + 2\lambda\mu(a_1)_x f_x - \mu(a_1)_{xx} - \mu(\lambda^2 + 2\mu)a_1 f_x^2]$$
$$+ 2g'[\mu^2 a_1^2 f_x + \lambda\mu a_0 a_1 f_x - \mu a_1(a_0)_x - \mu a_0(a_1)_x]\} = 0. \quad (13.15)$$

由式 (13.11) 可解得

13.3 (2+1) 维变系数 Broer-Kaup 系统的广义行波解

$$a_1 = f_x, \quad g' \neq 0. \tag{13.16}$$

将式 (13.16) 代入到方程 (13.12) 可得

$$a_0 = -\frac{1}{2}\frac{f_t + B(t)(f_{xx} - \lambda f_x^2)}{B(t)f_x}. \tag{13.17}$$

然后将式 (13.16) 和式 (13.17) 代入方程 (13.11), 式 (13.13)~ 式 (13.15), 四个方程均为恒等式.

将式 (13.16)~ 式 (13.17) 代入方程 (13.6), 再根据常微分方程 (13.5) 的解可得到系统 (13.1)-(13.2) 的三种分离变量形式的广义行波解.

情形 1 当 $\lambda^2 - 4\mu > 0$ 时, 记 $\delta_1 = \dfrac{\sqrt{\lambda^2 - 4\mu}}{2}$, 由方程 (13.5) 的通解可得

$$\frac{G'(q)}{G(q)} = -\frac{\lambda}{2} + \delta_1 \frac{C_1 \sinh \delta_1(f+g) + C_2 \cosh \delta_1(f+g)}{C_1 \cosh \delta_1(f+g) + C_2 \sinh \delta_1(f+g)},$$

其中 C_1, C_2 为任意常数.

注意到 $v = u_y$, 因此, 系统 (13.1)-(13.2) 的双曲函数形式的广义行波解为

$$u_1 = -\frac{1}{2}\frac{f_t + B(t)f_{xx}}{B(t)f_x} + \delta_1 f_x \frac{C_1 \sinh \delta_1(f+g) + C_2 \cosh \delta_1(f+g)}{C_1 \cosh \delta_1(f+g) + C_2 \sinh \delta_1(f+g)}, \tag{13.18}$$

$$v_1 = \delta_1^2 f_x g' \left\{ 1 - \left[\frac{C_1 \sinh \delta_1(f+g) + C_2 \cosh \delta_1(f+g)}{C_1 \cosh \delta_1(f+g) + C_2 \sinh \delta_1(f+g)}\right]^2 \right\}, \tag{13.19}$$

其中 $f(x,t)$ 满足: ① $f_x \neq 0$; ② f_{xx} 存在. $g(y)$ 满足: g' 存在, 且 $g' \neq 0$.

特别地, 当取定 $C_1 \neq 0, C_2 = 0$ 时, 解 (13.18)-(13.19) 分别退化为系统 (13.1)-(13.2) 的另两种形式的双曲函数形式的解

$$u_{1s} = -\frac{1}{2}\frac{f_t + B(t)f_{xx}}{B(t)f_x} + \delta_1 f_x \tanh \delta_1(f+g), \tag{13.20}$$

$$v_{1s} = \delta_1^2 f_x g' \operatorname{sech}^2 \delta_1(f+g). \tag{13.21}$$

情形 2 当 $\lambda^2 - 4\mu < 0$ 时, 记 $\delta_2 = \dfrac{\sqrt{4\mu - \lambda^2}}{2}$, 由方程 (13.5) 的通解可得

$$\frac{G'(q)}{G(q)} = -\frac{\lambda}{2} + \delta_2 \frac{-C_1 \sin \delta_2(f+g) + C_2 \cos \delta_2(f+g)}{C_1 \cos \delta_2(f+g) + C_2 \sin \delta_2(f+g)},$$

其中 C_1, C_2 为任意常数.

注意到 $v = u_y$, 因此, 系统 (13.1)-(13.2) 的三角函数形式的广义行波解为

$$u_2 = -\frac{1}{2}\frac{f_t + B(t)f_{xx}}{B(t)f_x} + \delta_2 f_x \frac{-C_1 \sin\delta_2(f+g) + C_2 \cos\delta_2(f+g)}{C_1 \cos\delta_2(f+g) + C_2 \sin\delta_2(f+g)}, \quad (13.22)$$

$$v_2 = (u_2)_y = -2\delta_2^2 f_x g' \left\{ 1 + \left[\frac{-C_1 \sin\delta_2(f+g) + C_2 \cos\delta_2(f+g)}{C_1 \cos\delta_2(f+g) + C_2 \sin\delta_2(f+g)}\right]^2 \right\}, \quad (13.23)$$

其中 $f(x,t)$ 满足：① $f_x \neq 0$；② f_{xx} 存在. $g(y)$ 满足：g' 存在, 且 $g' \neq 0$.

情形 3 当 $\lambda^2 - 4\mu = 0$ 时, 由方程 (13.5) 的通解可得

$$\frac{G'(q)}{G(q)} = -\frac{\lambda}{2} + \frac{C_2}{C_1 + C_2 q},$$

其中 C_1, C_2 为任意常数. 注意到 $v = u_y$, 因此, 系统 (13.1)-(13.2) 的有理函数形式的广义行波解为

$$u_3 = -\frac{1}{2}\frac{f_t + B(t)f_{xx}}{B(t)f_x} + \frac{C_2 f_x}{C_1 + C_2(f+g)}, \quad (13.24)$$

$$v_3 = -f_x g' \left[\frac{C_2}{C_1 + C_2(f+g)}\right]^2, \quad (13.25)$$

其中 $f(x,t)$ 满足：① $f_x \neq 0$；② f_{xx} 存在. $g(y)$ 满足：g' 存在, 且 $g' \neq 0$.

13.4 (2+1) 维变系数 Broer-Kaup 系统的分形结构激发

为可视化时描述的方便, 我们将 13.3 节中 (2+1) 维变系数 Broer-Kaup 系统的广义行波解 (13.19) 重新记为

$$V = v_1 = \delta^2 f_x g' \left\{ 1 - \left[\frac{C_1 \sinh\delta(f+g) + C_2 \cosh\delta(f+g)}{C_1 \cosh\delta(f+g) + C_2 \sinh\delta(f+g)}\right]^2 \right\}, \quad (13.26)$$

其中 C_1, C_2 为常数, $\delta = \frac{\sqrt{\lambda^2 - 4\mu}}{2}$, $f(x,t), g(y)$ 为所示变量的任意函数.

下面我们将通过对解 (13.26) 中任意函数 $f = f(x,t)$, $g = g(y)$ 进行适当设置, 研究 (2+1) 维变系数 Broer-Kaup 系统 (13.1)-(13.2) 的几类典型的分形结构.

13.4.1 十字型分形结构

先来看一类较为简单的十字型分形结构的激发.

选择广义行波解 (13.26) 中的任意函数 $f(x,t), g(y)$ 如下

$$f(x,t) = 2 + k_1 x \ln(k_2 x)^2, \quad g(y) = 2 + l_1 y \ln(l_2 y)^2, \quad (13.27)$$

13.4 (2+1) 维变系数 Broer-Kaup 系统的分形结构激发

其中 $x \neq 0, y \neq 0$. 参数设置为下列六种情形:

$$\delta = 1,\ C_1 = 3, C_2 = 2, k_1 = 1, k_2 = 2, l_1 = 2, l_2 = 3, \tag{13.28}$$

$$\delta = 1,\ C_1 = 3, C_2 = 2, k_1 = 1, k_2 = 900, l_1 = 2, l_2 = 3, \tag{13.29}$$

$$\delta = 1,\ C_1 = 3, C_2 = 2, k_1 = 1, k_2 = 2, l_1 = 2, l_2 = 1000, \tag{13.30}$$

$$\delta = 1,\ C_1 = 3, C_2 = 2, k_1 = 1, k_2 = 900, l_1 = 2, l_2 = 1000, \tag{13.31}$$

$$\delta = 1,\ C_1 = 1, C_2 = 2, k_1 = 1, k_2 = 2, l_1 = 2, l_2 = 3, \tag{13.32}$$

$$\delta = 1,\ C_1 = 1, C_2 = 2, k_1 = 1, k_2 = 900, l_1 = 2, l_2 = 1000. \tag{13.33}$$

可得到一类十字型的孤子, 如图 13.1 所示. 当 $C_1^2 > C_2^2$ 时顶点向上, 当 $C_1^2 < C_2^2$ 时顶点向下. 再经过仔细研究发现, 在图 13.1 所示的六种十字型孤子中, 只存在两种分形结构, 即顶点向上和向下两种. 例如, 随着区间的不断缩小, 图 13.1 中的 (a)~(d) 四种不同形状的孤子都退化为顶点向上的孤子, 如图 13.2 所示, 注意图中的四个子图的区间依次缩小 1000 倍. 图 13.3 给出了顶点向下的十字型分形结构, 注意其区间依次缩小 10^6 倍. 在不同小尺度上, 十字型孤子保持了其形态的相似性.

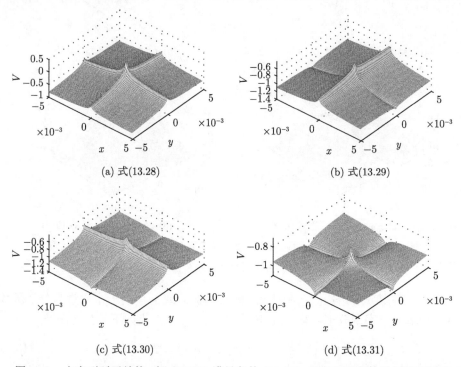

图 13.1 十字型孤子结构. 解 (13.26) 满足条件 (13.27), 且在不同参数设置下的图形

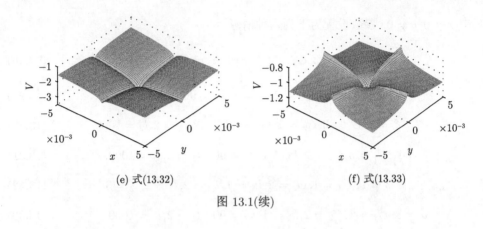

(e) 式(13.32)　　　　　　　　　(f) 式(13.33)

图 13.1(续)

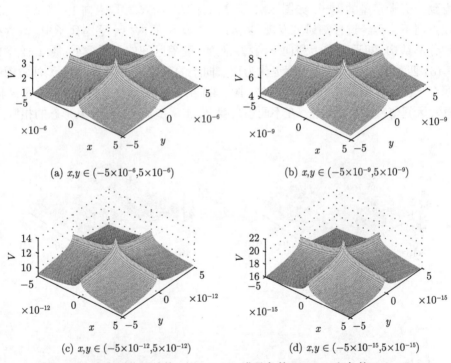

(a) $x,y \in (-5\times 10^{-6}, 5\times 10^{-6})$　　　(b) $x,y \in (-5\times 10^{-9}, 5\times 10^{-9})$

(c) $x,y \in (-5\times 10^{-12}, 5\times 10^{-12})$　　(d) $x,y \in (-5\times 10^{-15}, 5\times 10^{-15})$

图 13.2　十字型分形结构. 解 (13.26) 满足条件 (13.27) 和条件 (13.28), 且在不同区域上的图形

作为十字型分形结构的一种特例, 我们仅取 x 或 y 中的一个变量为分形函数, 则可得到单向十字型分形结构. 例如, 选取 $f(x,t), g(y)$ 为如下的分形函数

$$f(x,t) = 2 + k_1 x \ln(k_2 x)^2, \quad g(y) = 2 + \tanh y, \tag{13.34}$$

13.5 Dromion 分形结构

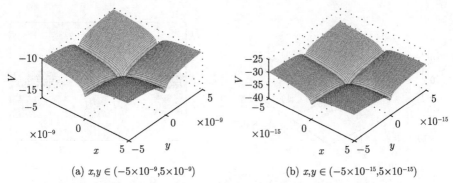

(a) $x,y \in (-5\times10^{-9}, 5\times10^{-9})$ (b) $x,y \in (-5\times10^{-15}, 5\times10^{-15})$

图 13.3 十字型分形结构. 解 (13.26) 满足条件 (13.27) 和条件 (13.32)，且在不同区域上的图形

则在参数设置式 (13.28) 下可得到单向分形结构, 如图 13.4 所示.

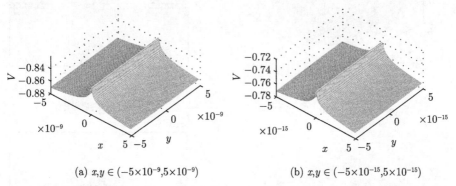

(a) $x,y \in (-5\times10^{-9}, 5\times10^{-9})$ (b) $x,y \in (-5\times10^{-15}, 5\times10^{-15})$

图 13.4 单向分形结构. 解 (13.26) 满足条件 (13.34) 和条件 (13.28)，且在不同区域上的图形

13.5 Dromion 分形结构

下面来讨论一类 Dromion 分形结构的激发.

选择广义行波解 (13.26) 中的任意函数 $f(x,t), g(y)$ 为如下的分形函数

$$f(x,t) = 1 + e^{x[x+\sin(\ln x^2)]}, \quad g(y) = 1 + e^{y[y+\sin(\ln y^2)]}, \tag{13.35}$$

其中 $x \neq 0, y \neq 0$. 参数设置为

$$\delta = 1, \quad C_1 = 3, \quad C_2 = 2, \tag{13.36}$$

则可得一类 Dromion 分形结构, 如图 13.5 所示. 无论区间多么小, Dromion 孤子都会源源不断地从坐标原点 $(0,0,0)$ 向 xOy 平面的四个象限涌出.

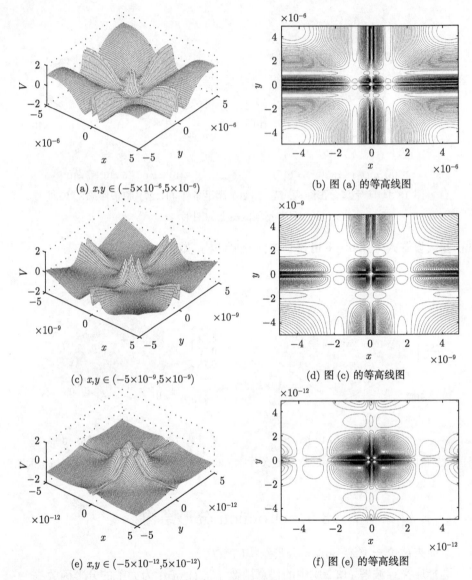

图 13.5 Dromion 分形结构. 解 (13.26) 满足条件 (13.35) 和条件 (13.36) 的图形

如果将分形函数 (13.35) 中的正弦函数换为 Jacobi 椭圆正弦函数, 也可得到类似的 Dromion 分形结构.

很容易将分形函数 (13.35) 扩展为

$$f(x,t) = 1 + e^{x\left[x + \sum_{i=1}^{M} k_i \sin(\ln x^2)\right]}, \quad g(y) = 1 + e^{y\left[y + \sum_{j=1}^{N} k_i \sin(\ln y^2)\right]}, \quad (13.37)$$

13.5 Dromion 分形结构

其中 $x \neq 0, y \neq 0, M, N$ 为正整数. 在参数设置式 (13.36), 且 $k_1 = 1, k_2 = 2, l_1 = 2, l_2 = 3, M = N = 2$ 时, 能够观察到另一类 Dromion 分形结构, 如图 13.6 所示.

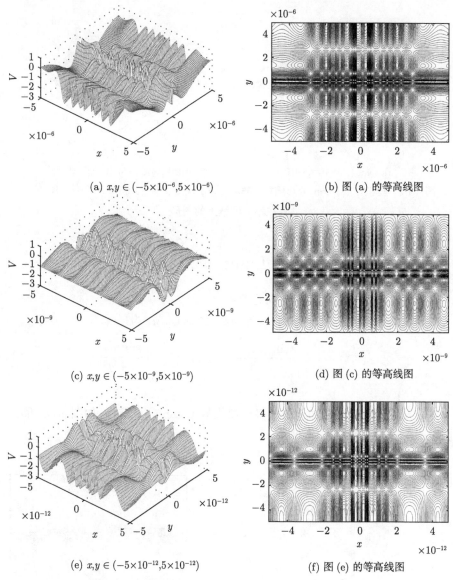

图 13.6 Dromion 分形结构. 解 (13.26) 满足条件 (13.37) 和条件 (13.36), 且在不同区域上的图形

如果将分形函数 (13.35) 选取为

$$f(x,t) = 1 + e^{x[x+\sin(\ln x^2)]}, \quad g(y) = 1 + \tanh y, \tag{13.38}$$

其中 $x \neq 0, y \neq 0$. 在设置式 (13.36) 下, 我们观察到一类单向 Dromion 分形结构, 如图 13.7 所示.

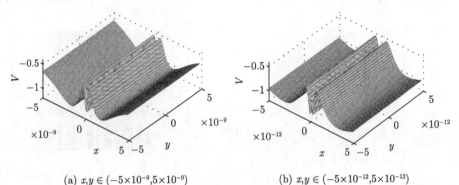

(a) $x,y \in (-5 \times 10^{-9}, 5 \times 10^{-9})$ (b) $x,y \in (-5 \times 10^{-12}, 5 \times 10^{-12})$

图 13.7 单向 Dromion 分形结构. 解 (13.26) 满足条件 (13.38) 和条件 (13.36), 且在不同区域上的图形

13.6 Lump 分形结构

下面来讨论一类代数分形结构的激发.

选择广义行波解 (13.26) 中的任意函数 $f(x,t), g(y)$ 为

$$f(x,t) = 1 + \frac{x\sin(\ln x^2)}{1+x^4}, \quad g(y) = 1 + \frac{y\sin(\ln y^2)}{1+y^4}, \tag{13.39}$$

其中 $x \neq 0, y \neq 0$.

参数设置仍为式 (13.36), 则可得一类代数 Lump 分形结构, 如图 13.8 所示, 其形状与 Dromion 分形结构类似.

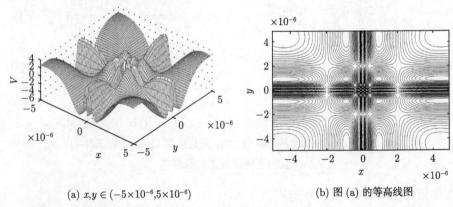

(a) $x,y \in (-5 \times 10^{-6}, 5 \times 10^{-6})$ (b) 图 (a) 的等高线图

图 13.8 代数分形结构. 解 (13.26) 满足条件 (13.39) 和条件 (13.36) 的图形

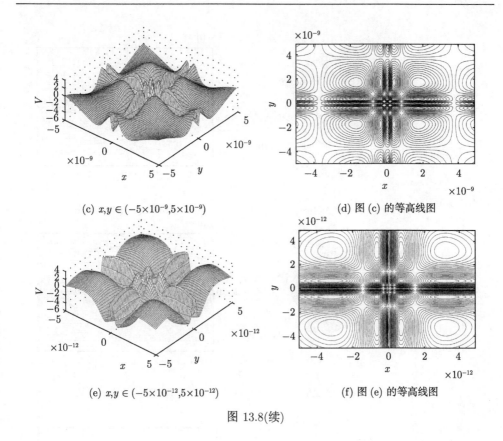

(c) $x,y \in (-5\times 10^{-9}, 5\times 10^{-9})$

(d) 图 (c) 的等高线图

(e) $x,y \in (-5\times 10^{-12}, 5\times 10^{-12})$

(f) 图 (e) 的等高线图

图 13.8(续)

13.7 复合分形结构

下面讨论复合分形结构的激发.

将前几节中的分形函数进行组合, 也可以得到分形结构, 这种分形结构称为复合分形结构. 例如, 选择 (2+1) 维变系数 Broer-Kaup 系统 (13.1)-(13.2) 的广义行波解 (13.26) 中的任意函数 $f(x,t), g(y)$ 为

$$f(x,t) = 2 + k_1 x \ln(k_2 x)^2, \quad g(y) = 1 + \frac{y\sin(\ln y^2)}{1+y^4}, \tag{13.40}$$

其中 $x \neq 0$, $y \neq 0$, $f(x,t)$ 为十字型分形函数 (13.27) 中的 $f(x,t)$, $g(y)$ 为代数分形函数 (13.39) 中的 $g(y)$.

参数设置为 (13.28), 则可得一类复合分形结构, 形态保留了各自分形函数的特征, 如图 13.9 所示.

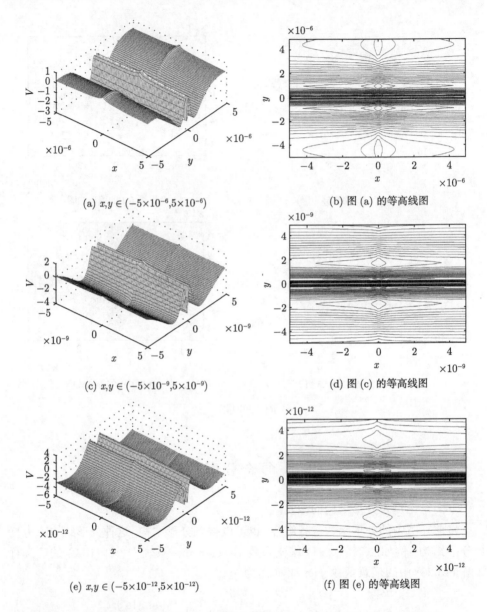

图 13.9 复合分形结构. 解 (13.26) 满足条件 (13.40) 和条件 (13.28) 的图形

如果选择 (2+1) 维变系数 Broer-Kaup 系统 (13.1)-(13.2) 的非行波解 (13.26) 中的任意函数 $f(x,t), g(y)$ 为

$$f(x,t) = 1 + e^{x[x+\sin(\ln x^2)]} + 2 + k_1 x \ln(k_2 x)^2, \quad g(y) = 2 + l_1 \ln(l_2 y)^2, \quad (13.41)$$

13.7 复合分形结构

其中 $x \neq 0, y \neq 0$, $f(x,t)$ 为 Dromion 分形函数 (13.35) 与十字型分形函数 (13.27) 中的 $f(x,t)$, $g(y)$ 为十字型分形函数 (13.27) 中的 $g(y)$.

变量 t 和参数设置分别为

$$t=0, C_1=3, C_2=2, k_1=1, k_2=2, l_1=12, l_2=4, \tag{13.42}$$

则可得一类新复合分形结构, 形态保留了 Dromion 分形与十字型分形各自特征, 如图 13.10 所示.

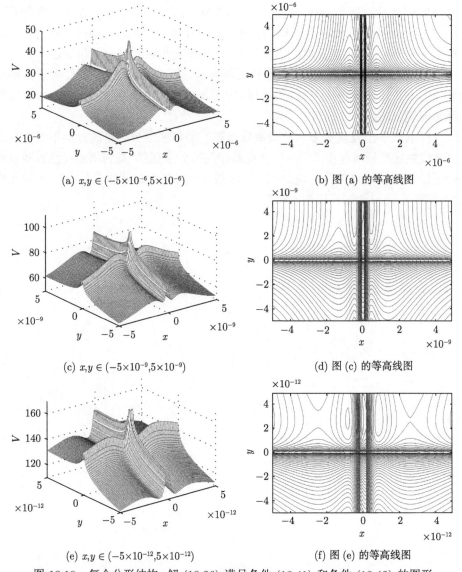

图 13.10 复合分形结构. 解 (13.26) 满足条件 (13.41) 和条件 (13.42) 的图形

对 (2+1) 维变系数 Broer-Kaup 系统 (13.1)-(13.2) 的广义行波解 (13.26)，依照同样的方法，如果选择任意函数 $f(x,t), g(y)$ 分别选择为 Dromion 和 Lump 分形函数，则可得到另一类复合分形结构，本书不再列出.

13.8 本章小结

本章讨论了非线性演化系统的分形结构的激发. 我们以非线性发展方程 (G'/G) 展开法的广义行波解为基础，通过引入几类分形函数，构造出了 (2+1) 维变系数 Broer-Kaup 系统的几类分形结构. 这些有趣的分形结构一般以坐标原点为中心沿坐标轴方向激发，在不同尺度的小区间上，分形结构保持了其形状相似性.

同时，我们还必须看到，与非线性发展方程的混沌结构激发类似，对于分形结构激发的方式还比较少，分形结构的形式也比较单一，更缺少应用这些分形结构来解释物理现象的进一步研究.

如何从数学上发现更多的分形激发方式？如何激发更丰富的分形形式？自然界或非线性物理领域存在大量与时空变量相关的分形现象，如何用非线性发展方程的分形结构来描述这些分形现象？产生这些非线性现象的机理是什么？诸如此类重大问题，有待科学家作出深入研究.

附录 A Jacobi 椭圆函数及其基本公式

A.1 Jacobi 椭圆函数的定义

第一类椭圆积分
$$u(z) = \int_0^z \frac{\mathrm{d}t}{\sqrt{(1-t^2)(1-m^2t^2)}}$$
的反函数为 Jacobi 椭圆正弦函数,记为
$$z = \operatorname{sn} u = \operatorname{sn}(u, m),$$
式中,m $(0 < m < 1)$ 称为模数或模. 若作变换 $z = \sin\phi$, 则 $z = \operatorname{sn} u = \sin\phi$, $\phi = \arcsin(\operatorname{sn} u) = \operatorname{am} u$ 称为 u 的辐角.

又定义
$$\operatorname{cn}(u) = \sqrt{1-\operatorname{sn}^2 u} = \sqrt{1-z^2} = \sqrt{1-\sin^2 z} = \cos\phi$$
为 Jacobi 椭圆余弦函数. 定义
$$\operatorname{dn} u = \sqrt{1-m^2\operatorname{sn}^2 u}$$
为第三类 Jacobi 椭圆函数.

A.2 Jacobi 椭圆函数的基本公式

1. 恒等式

$$\operatorname{sn}^2 u + \operatorname{cn}^2 u = 1,$$
$$\operatorname{dn}^2 u + m^2 \operatorname{sn}^2 u = 1,$$
$$\operatorname{dn}^2 u - m^2 \operatorname{cn}^2 u = 1 - m^2,$$
$$\operatorname{sn}(-u) = -\operatorname{sn} u,$$
$$\operatorname{cn}(-u) = -\operatorname{cn} u,$$
$$\operatorname{dn}(-u) = -\operatorname{dn} u.$$

2. 微分式

$$\frac{\mathrm{d}}{\mathrm{d}u}\operatorname{sn} u = \operatorname{cn} u \operatorname{dn} u,$$
$$\frac{\mathrm{d}}{\mathrm{d}u}\operatorname{cn} u = -\operatorname{sn} u \operatorname{dn} u,$$
$$\frac{\mathrm{d}}{\mathrm{d}u}\operatorname{dn} u = -m^2 \operatorname{sn} u \operatorname{cn} u.$$

3. 退化式

当 $m \to 0$ 时，$\operatorname{sn} u \to \sin u$，$\operatorname{cn} u \to \cos u$，$\operatorname{dn} u \to 1$，

当 $m \to 1$ 时，$\operatorname{sn} u \to \tanh u$，$\operatorname{cn} u \to \operatorname{sech} u$，$\operatorname{dn} u \to \operatorname{sech} u$.

4. 积分式

$$\int \operatorname{sn} u \, \mathrm{d}u = \frac{1}{m} \ln(\operatorname{dn} u - m\operatorname{cn} u) + C,$$

$$\int \operatorname{cn} u \, \mathrm{d}u = \frac{1}{m} \arcsin(m\operatorname{sn} u) + C,$$

$$\int \operatorname{dn} u \, \mathrm{d}u = \arcsin(\operatorname{sn} u) + C,$$

$$\int \operatorname{dn}^2 u \, \mathrm{d}u = E(u) = E(\phi, m) + C, \quad \phi = \operatorname{am} u,$$

$$\int \frac{\mathrm{d}u}{\operatorname{dn}^2 u} = \frac{1}{1-m^2} \left[E(u) - m^2 \operatorname{sn} u \frac{\operatorname{cn} u}{\operatorname{dn} u} \right] + C,$$

$$\int \frac{\operatorname{dn}^2 u \, \mathrm{d}u}{\operatorname{sn}^2 u} = (1-m^2)u - \operatorname{dn} u \frac{\operatorname{cn} u}{\operatorname{sn} u} - E(u) + C,$$

$$\int \frac{\operatorname{dn}^2 u \, \mathrm{d}u}{\operatorname{cn}^2 u} = u + \operatorname{dn} u \frac{\operatorname{sn} u}{\operatorname{cn} u} - E(u) + C.$$

附录 B 部分局域结构激发的 Matlab 作图程序

B.1 折叠孤子激发的 Matlab 作图程序

11.2 节中图 11.24 的 Matlab 计算机绘图程序.

```
%变系统(2+1)维长波色散方程的折叠孤子作图源程序
[x,y]=meshgrid(-6:0.15:6,-6:0.15:6);    %定义变量 x,y 的范围

t=0;           % 当变量 t 取不同值时可以测试孤子演化过程
% 以下定义参数的值
beta=2; delta=0.3; C1=4;   C2=2; k1=0.9; k11=3.5;c1=1.7; l1=0.8;
l11=3.6;

f=1/k1*sinh(k1*x-c1*t)./cosh(k1*x-c1*t);    %函数 f(x,t)
fx=(sech(k1*x-c1*t)).^2;                    %函数 f(x,t) 对 x 的偏导数
xi=x-k11*exp(-(k1*x-c1*t).^2);              %x_i 变量
g=y.^2 ;                %函数 g(y)
gy=2*y;                 %函数 g(y) 的导数
q=f+g;                  %定义函数 q(x,y,t) = f(x,t) + g(y)
A=(C1*sinh(delta*q)+C2*cosh(delta*q))
B=(C1*cosh(delta*q)+C2*sinh(delta*q));
v=-1+2*beta^2*delta^2*fx.*gy.*(1-(A./B).^2);   %求解公式


figure(1);          %绘制第一个图
mesh(xi,y,v);       %绘制三维曲面
view(-45,45);       %设置视图视角
%下面定义坐标系格式
xlabel('x','FontName','Times New Roman','FontAngle', 'italic');
ylabel('y','FontName','Times New Roman','FontAngle', 'italic')
zlabel('V','FontName','Times New Roman','FontAngle', 'italic');
colormap(gray(1));     %定义图形为灰度图，不显示色彩

%---------------------以下绘制截面图 1------------------------
x=-10:0.008:10;
```

```matlab
y=2;  % 用y=2作截面

f=1/k1*sinh(k1*x-c1*t)./cosh(k1*x-c1*t);   %函数 $f(x,t)$
fx=(sech(k1*x-c1*t)).^2;                   %函数 $f(x,t)$ 对 $x$ 的偏导数
xi=x-k11*exp(-(k1*x-c1*t).^2);             %$x_i$ 变量
g=y.^2 ;                                   %函数 $g(y)$
gy=2*y;                                    %函数 $g(y)$ 的导数
q=f+g;                                     %定义函数 $q(x,y,t)=f(x,t)+g(y)$
A=(C1*sinh(delta*q)+C2*cosh(delta*q))./(C1*cosh(delta*q)+C2*sinh(delta
   *q));
v=-1+2*beta^2*delta^2*fx.*gy.*(1-A.^2);    %求解公式
figure(2);              %绘制第二个图
plot(xi,v,'k');         %绘制平面图
axis([-8 8 -1.4 -0.6]) xlabel('x','FontName','Times New
Roman','FontAngle', 'italic'); ylabel('V','FontName','Times New
Roman','FontAngle', 'italic'); colormap(gray(1));

%--------------------------以下绘制截面图 2--------------------------
y=-10:0.008:10;
x=-2; %使用 $x=-2$ 作截面

f=1/k1*sinh(k1*x-c1*t)./cosh(k1*x-c1*t);   %函数 $f(x,t)$
fx=(sech(k1*x-c1*t)).^2;                   %函数 $f(x,t)$ 对 $x$ 的偏导数
xi=x-k11*exp(-(k1*x-c1*t).^2);             %$x_i$ 变量
g=y.^2 ;                                   %函数 $g(y)$
gy=2*y;                                    %函数 $g(y)$ 的导数
q=f+g;                                     %定义函数 $q(x,y,t)=f(x,t)+g(y)$
A=(C1*sinh(delta*q)+C2*cosh(delta*q))./(C1*cosh(delta*q)+C2*sinh(delta
   *q));
v=-1+2*beta^2*delta^2*fx.*gy.*(1-A.^2);    %求解公式

figure(3);              %绘制第三个图
plot(y,v,'k');          %绘制平面图
axis([-8 8 -1.8 -0.2]) xlabel('y','FontName','Times New
Roman','FontAngle', 'italic'); ylabel('V','FontName','Times New
```

Roman','FontAngle', 'italic'); colormap(gray(1));

B.2 混沌结构激发的 Matlab 作图程序

12.2 节中 (3+1) 维 Burgers 系统图 12.4 和图 12.5 的 Matlab 计算机绘图程序分为两个子程序.

1. Duffing 混沌系统函数源程序

```
% Duffing 混沌系统函数定义源程序

function dx=duffing(tt,x)  %定义名称为duffing的函数
dx=zeros(2,1);  %初始化为两行一列的函数
% 以下对应Duffing混沌系统的两个方程
dx(1)=x(2); dx(2)=7.5*cos(1*tt)-x(1)^3-0.05*x(2); return
```

2. (3+1)Burgers 系统的 Duffing 混沌线 Dromion 孤子结构作图 Matlab 源程序

```
% (3+1) Burgers系统的Duffing混沌激发，混沌线Dromion孤子结构
%设置变量与参数的值
y=1;
t=0;     %t 取不同值时可观察其演化过程
c1=1; c2=2; l=2; lmd=1;

%注意坐标点矩阵元素个数与后面的 xb,zb 一致,
%如[0:0.2:20]与[0:0.5:50] 形成的矩阵元素个数相等
[tt,xx]=ode45('duffing',[0:0.2:20],[1;1]);  %从duffing函数中读取数据
[x,z]=meshgrid([-5:0.1:5],(xx(:,1)))   % 让 y 坐标混沌, 可换为 (xx(:,2))

q=1+z.*exp(-x.^2-z.^2-t^2)+l*y; %定义函数 q(x,y,z,t)
xi=(lmd+2)*q/2;
A=(c1*sinh(xi)+c2*cos(xi)).*(c2*sin(xi)+c1*cos(xi)).^(-1);
u=-(lmd+2)*l*0.5+(lmd+2)*l*0.5*A;    %解公式

[xb,zb]=meshgrid(-5:0.1:5,-5:0.1:5);
figure(1);       %绘制第一个图
mesh(xb,zb,u);   %使用mesh绘图函数绘制曲面图
```

```
% view(90,0)     %可生成正视图
%以下定义坐标系格式
xlabel('x','FontName','Times New Roman','FontAngle', 'italic');
ylabel('z','FontName','Times New Roman','FontAngle', 'italic')
zlabel('U','FontName','Times New Roman','FontAngle', 'italic');
colormap(gray(1))


% 以下生成等高线图
figure(2);      %绘制第二个图
contour(zb,xb,u,25);   %使用函数contour绘制等高线图
xlabel('z','FontName','Times New Roman','FontAngle', 'italic');
ylabel('x','FontName','Times New Roman','FontAngle', 'italic')
colormap(gray(1))
```

B.3 分形结构激发的 Matlab 作图程序

对于 13.7 节中 (2+1) 维变系数 Broer-Kaup 系统 (13.1)-(13.2) 十字分形结构的激发，下面给出了图 13.2 和图 13.3 的 Matlab 计算机绘图程序.

```
% (2+1) 维变系数 Broer-Kaup 系统

% 步长设置时应避免过零点,产生间断现象
%[x,y]=meshgrid(-0.5:0.011:0.5,-0.5:0.011:0.5);
%[x,y]=meshgrid(-0.0050:0.000151:0.0050,-0.0050:0.000151:0.0050);
%如果区间范围取的较大,则效果不明显,一般在-0.01至0.01以及更小可观察到
  有分形现象
%[x,y]=meshgrid(-0.000005:0.000000151:0.000005,
        -0.000005:0.000000151:0.000005);
%[x,y]=meshgrid(-0.000000005:0.000000000151:0.000000005,
        -0.000000005:0.000000000151:0.000000005);
%[x,y]=meshgrid(-0.000000000005:0.000000000000151:0.000000000005,
        -0.000000000005:0.000000000000151:0.000000000005);
[x,y]=meshgrid(-0.000000000000005:0.000000000000000151:
        0.000000000000005,-0.000000000000005:
        0.000000000000000151:0.000000000000005);
% 设置变量与参数的值
```

B.3 分形结构激发的 Matlab 作图程序

```
C1=1.5;     %C1^2<C2^2, 方向顶点向下, 否则向上
C2=2.6; lambda=2; mu=-2; delta=1; t=0; k1=1.6; k2=1; r1=2.1; r2=1;

%函数 f(x,t)
f=0+(k1*x+t).*log(k2^2*(k1*x+t).^2);
%函数 f(x,t) 对 x 的偏导数
fx=k1*(2+log(k2^2*(k1*x+t).^2));
%函数 g(y)
g=0+r1*y.*log(r2^2*(r1*y).^2);
%函数 g(y) 对 y 的偏导数
gy=r1*(2+log(r2^2*(r1*y).^2));

p=delta*(f+g);
A1=(C1*sinh(p)+C2*cosh(p)).*(C1*cosh(p)+C2*sinh(p)).^(-1);
v=delta*2*fx.*gy.*(1-A1.^(2));

figure(1)

surf(x,y,v); view(45,65); xlabel('x', 'fontangle',
'italic','fontname', 'times','fontsize', 10); ylabel('y',
'fontangle', 'italic','fontname', 'times','fontsize', 10);
zlabel('v',  'fontangle', 'italic','fontname', 'times','fontsize',
10);
```

参 考 文 献

[1] 黄景宁, 徐济仲, 熊吟涛. 孤子: 概念、原理和应用. 北京: 高等教育出版社, 2004
[2] 王明亮. 非线性发展方程与孤立子. 兰州: 兰州大学出版社, 1990
[3] 刘式适, 刘式达. 非物理学中的非线性方程. 北京: 北京大学出版社, 2000
[4] 楼森岳, 唐晓艳. 非线性数学物理方法. 北京: 科学出版社, 2006
[5] 李志斌. 非线性数学物理方程的行波解. 北京: 科学出版社, 2007
[6] Byrd P F, Friedman M D. Handbook of Elliptic Integrals for Engineers and Scientists. Berlin and New York: Springer-Verlag, 1971
[7] Whitam G B. Linear and Nonlinear Waves. New York: Wiley-Interscience. 1974
[8] Weiss J. Bäcklund transformation and the Henon-Heiles system. Phys Lett A, 1984, 105(8): 387-389
[9] Ganzha E I. Bäcklund transformations of (2+1)-dimensional integrable systems. Comput Math Model, 1998, 9(1): 38-54
[10] Hirota R. Exact solutions of the modified Korteweg-de Vries equation for multiple collisions of solitons. Phys Rev Lett, 1971, 27: 1192-1194
[11] Hirota R. A new form of Bäcklund transformations and its relation to the inverse scattering problem. Prog Theor Phys, 1974, 52: 1498-1512
[12] Hirota R. The Direct Method in Soliton Theory. Cambridge: Cambridge University Press, 2004
[13] Lou S Y, Lu J Z. Special solutions from variable separation approach: Davey-Stewartson equation. J Phys A: Math Gen, 1996, 29(14): 4209
[14] Lou S Y, Tang X Y, Chen C L, et al. New localized excitations in (2+1)-dimensional integrable systems. Mod Phys Lett B, 2002, 16(28-29): 1075
[15] Lou S Y, Tang X Y. Fractal solutions of the Nizhnik-Novikov-Veselov equation. Chin Phys Lett, 2002, 19(6): 769
[16] Lou S Y, Hu H C, Tang X Y. Interactions among periodic waves and solitary waves of the (N+1)-dimensional sine-Gordon field. Phys Rev E, 2005, 71: 036604
[17] Lou S Y, Jia M, Tang X Y, et al. Vortices, circumfluence, symmetry groups, and Darboux transformations of the (2+1)-dimensional Euler equation. Phys Rev E, 2007, 75: 056318
[18] Hu H C, Lou S Y, Chow K W. New interaction solutions of multiply periodic, quasi-periodic and non-periodic waves for the (n+1)-dimensional double sine-Gordon equations. Chaos Solitons Fract, 2007, 31(5): 1213-1222
[19] Tang X Y, Li J M, Lou S Y. Reflection and reconnection interactions of resonant dromions. Phys Scr, 2007, 75(2): 201
[20] Wang M L. Solitary wave solutions for variant Boussinesq equations. Phys Lett A,

1995, 199(3-4): 169-172

[21] Wang M L. Exact solutions for a compound KdV-Burgers equation. Phys Lett A, 1996, 213(5-6): 279-287

[22] Wang M L, Zhou Y B, Li Z B. Application of a homogeneous balance method to exact solutions of nonlinear equations in mathematical physics. Phys Lett A, 1996, 216(1-5): 67-75

[23] Fan E G. Two new applications of the homogeneous balance method. Phys Lett A, 2000, 265: 353

[24] Fan E G. Extended tanh-function method and its application to nonlinear equations. Phys Lett A, 2000, 277(4-5): 212-218

[25] Elwakil S A, El-Labany S K, Zahran M A, et al. Modified extended tanh-function method for solving nonlinear partial differential equations. Phys Lett A, 2002, 299(2-3): 179-188

[26] Abdou M A, Soliman A A. Modified extended tanh-function method and its application on nonlinear physical equations. Phys Lett A, 2006, 353(6): 487-492

[27] Bekir A. Multisoliton solutions to Cahn-Allen equation using double exp-function method. Phys Wave Phenom, 2012, 20(2): 118-121

[28] 刘式适, 傅遵涛, 刘式达, 等. Jacobi 椭圆函数展开法及其在求解非线性波动方程中的应用. 物理学报, 2001, 50(11):2068-2073

[29] 刘式适, 傅遵涛, 刘式达, 等. 变系数非线性方程的 Jacobi 椭圆函数展开解. 物理学报, 2002, 51(9): 1923-1926

[30] Liu S, Fu Z, Zhao Q. Jacobi elliptic function expansion method and periodic wave solutions of nonlinear wave equations. Phys Lett A, 2001, 289(6): 69-74

[31] Liu S, Fu Z, Liu S, et al. New Jacobi elliptic function expansion and new periodic solutions of nonlinear wave equations. Phys Lett A, 2001, 290(1-2): 72-76

[32] Zhou Y B, Wang M L, Wang Y M. Periodic wave solutions to a coupled KdV equations with variable coefficients. Phys Lett A, 2003, 308(1): 31-36

[33] Wang M L, Zhou Y B. The periodic wave solutions for the Klein-Gordon-Schrödinger equations. Phys Lett A, 2003, 318: 84-92

[34] Zhou Y B, Wang M L, Miao T D. The periodic wave solutions and solitary wave solutions for a class of nonlinear partial differential equations. Phys Lett A, 2004, 323(1-2): 77-88

[35] Fan E G. Double periodic solutions with Jacobi elliptic functions for two generalized Hirota-Satsuma coupled KdV system. Phys Lett A, 2002, 292(6): 335-337

[36] Manakov S V, Novikov S, Zakharov V E, Pitaevskii. Theory of solitons: The inverse Scattering Method. Berlin: Springer, 1984.

[37] 张解放, 黄文华, 郑春龙. 一个新 (2+1) 维非线性演化方程的相干孤子结构. 物理学报,

2002, 51(12): 2676-2682

[38] Zhang J F, Meng J P. Abundant localized coherent structures of the (2+1)-dimensional generalized NNV system. Chin Phys Lett, 2003, 20: 1006

[39] Zhang J F, Meng J P, Huang W H. A new class of coherent localized structures for the Maccari system. Commun Theor Phys, 2003, 40: 443

[40] 郑春龙, 方建平, 陈立群. (2+1) 维 Boiti-Leon-Pempinelli 系统的钟状和峰状圈孤子. 物理学报, 2005, 54: 1468

[41] Zheng C L, Chen L Q. New localized excitations in (2+1)-dimensional generalized Nozhnik-Novikov-Veselov system. Chin J Phys, 2005, 43: 393

[42] 方建平, 郑春龙, 朱加民. (2+1) 维 Boiti-Leon-Pempinelli 系统的新变量分离解及其方形孤子和分形孤子. 物理学报, 2005, 54: 670

[43] Fang J P, Ren Q B, Zheng C L. New exact solutions and fractal localized structures for the (2+1)-dimensional Boiti-Leon-Pempinelli system. Znaturforsch, 2005, 60a: 245

[44] Fang J P, Zheng C L. New exact solutions and fractal patterns for generalized Broer-Kaup system in (2+1)-dimensions via an extended mapping method. Chin Phys, 2005, 14: 669

[45] 马松华, 方建平. 联立薛定谔系统新精确解及其所描述的孤子脉冲和时间孤子. 物理学报, 2006, 55:5611

[46] 马松华, 方建平, 任清褒. (2+1) 维非对称 Nizhnik-Novikov-Veselov 系统的新映射解及其局域结构. 物理学报, 2007, 56:6784

[47] 黄磊, 孙建安, 豆福全, 段文山, 刘兴霞. (3+1) 维非线性 Burgers 系统的新的分离变量解及其局域激发结构与分形结构. 物理学报, 2007, 56: 611

[48] Dai C Q, Wang Y Y. Localized coherent structures based on variable separation solution of the (2+1)-dimensional Boiti-Leon-Pempinelli equation. Nonlinear Dynamics, 2012, 70(1): 189-196

[49] Wang M L, Li X Z. Extended F-expansion method and periodic wave solutions for the generalized Zakharov equations. Phys Lett A, 2005, 343: 48

[50] Wang M L, Li X Z. Applications of F-expansion to periodic wave solutions for a new Hamiltonian amplitude equation. Chaos Solitons Fract, 2005, 24: 1257

[51] Li X Y, Yang S, Wang M L. The periodic wave solutions for the (3+1)-dimensional Klein-Gordon-Schrödinger equations. Chaos Solitons Fract, 2005, 25: 629

[52] Wang M L, Zhang J L, Li X Z. Application of the (G'/G)-expansion to travelling wave solutions of the Broer-Kaup and the approximate long water wave equations. Appl Math Comput, 2008, 206: 321

[53] Wang M L, Li X Z, Zhang J L. The (G'/G)-expansion method and travelling wave solutions of nonlinear evolution equations in mathematical physics. Phys Lett A, 2008, 372: 417

[54] Li L X, Wang M L. The (G'/G)-expansion method and travelling wave solutions for a higher-order nonlinear schrödinger equation. Appl Math Comput, 2009, 208: 440

[55] Turgut O, Imail A. Symbolic computations and exact and explicit solutions of some nonlinear evolution equations in mathematical physics. Commun Theor Phys, 2009, 51: 577

[56] Zhou Y B, Li C. Application of modified (G'/G)-expansion method to traveling wave solutions for hitham-Broer-Kaup-like equations. Commun Theor Phys, 2009, 51: 577

[57] Zhang J, Wei X L, Lu Y J. A generalized (G'/G)-expansion method and its applications. Phys Lett A, 2008, 372: 36-53

[58] Zhang S, Wang W, Tong J L. A generalized (G'/G)-expansion method and its application to the (2+1)-dimensional Broer-Kaup equations. Appl Math Comput, 2009, 209: 399

[59] Zhang S, Dong L, Sun Y N. The (G'/G)-expansion method for nonlinear differential-difference equations. Phys Lett A, 2008, 373: 905

[60] Zayed E M E. New traveling wave solutions for higher dimensional nonlinear evolution equations using a generalized (G'/G)-expansion method. J Phys A: Math Theor, 2009, 42: 195-202

[61] Zayed E M E, Gepreel K A. The (G'/G)-expansion method for finding traveling wave solutions of nonlinear partial differential equations in mathematical physics. J Phys A: Math Theor, 2009, 50: 013502

[62] Zayed E M E. The (G'/G)-expansion method and its applications to some nonlinear evolution equations in the mathematical physics. J Appl Math Comput, 2009, 30: 89

[63] Ganji D D, Abdollahzadeh M. Exact traveling solutions of some nonlinear evolution equation by (G'/G)-expansion method. J Math Phys, 2009, 50: 013519

[64] Bekir A, Cevikel A C. Application of the (G'/G)-expansion method for nonlinear evolution equations. Phys Lett A, 2008, 372: 3400

[65] Bekir A, Cevikel A C. New exact travelling wave solutions of nonlinear physical models. Chaos Solitons Fract, 2009, 41: 1733

[66] İsmail A, Turgut Ö. Analytic study on two nonlinear evolution equations by using the (G'/G)-expansion method. Appl Math Comput, 2009, 209: 425

[67] İsmail A, Turgut Ö. On the validity and reliability of the (G'/G)-expansion method by using higher-order nonlinear equations. Appl Math Comput, 2009, 211: 531

[68] Li W A, Chen H, Zhang G C. The (ω/g)-expansion method and its application to Vakhnenko equations. Chin Phys B, 2009, 18: 400

[69] Vakhnenko V A. Short-wave perturbations in a relaxing medium. Preprint Institute of Geophysics, Ukrainian Acad Sci Kiev (in Russian), 1991.

[70] Vakhnenko V A. Solitons in a nonlinear model medium. J Phys A: Math Nucl Gen,

1992, 25: 4181-4187

[71] Parkes E J. The stablility of solutions of Vakhnenko's equation. J Phys A: Math Nucl Gen, 1993, 26: 6469-6475

[72] Vakhnenko V O, Parkes E J. The two loop soliton solution of the Vakhnenko equation. Nonlinearity, 1998, 11: 1457-1464

[73] Vakhnenko V O, Parkes E J, Michtchenko A V. The Vakhnenko equation from the viewpoint of the inverse scattering method for the KdV equation. Int J Differ Equat Appl, 1998, 1: 429-450

[74] Vakhnenko V O. High-frequency soliton-like waves in a relaxing medium. J Math Phys, 1999, 40: 2011-2020

[75] Morrison A J, Parkes E J, Vakhnenko V O. The N-loop soliton solution of the Vakhnenko equation. Nonlinearity, 1999, 12: 1427-1437

[76] Vakhnenko V O, Parkes E J. The calculation of multi-soliton solutions of the Vakhnenko equation by the inverse scattering method. Chaos Solitons Fract, 2002, 13: 1819-1826

[77] Morrison A J, Parkes E J. The N-soliton solution of a generalized Vakhnenko equation. Glasgow Math J, 2001, 43A: 65-90

[78] Morrison A J, Parkes E J. The N-soliton solution of the modified generalized Vakhnenko equation (a new nonlinear evolution equation). Chaos Solitons Fract, 2003, 16: 13-26

[79] Liu Y P, Li Z B, Wang K C. Symbolic computation of exact solutions for a nonlinear evolution equation. Chaos Solitons Fract, 2007, 31(5): 1173-1180

[80] Li J B. Dynamical understanding of loop soliton solution for several nonlinear wave equations. Sci China Ser A: Math, 2007, 50(6): 773-785

[81] Li J B, Zhang Y, Chen G R. Exact solutions and their dynamics of traveling waves in three typical nonlinear wave equations. Inter J Bifur Chaos, 2009, 19(7): 2249-2266

[82] Li J B, Zhang Y. Exact loop solutions, cusp solutions, solitary wave solutions and periodic wave solutions for the special CH-DP equation. Nonlinear Anal: Real World Appl, 2009, 10(4): 2502-2507

[83] Zhang L N, Li J B. Dynamical behavior of loop solutions for the $K(2,2)$ equation. Phys Lett A, 2011, 375(33): 2965-2968

[84] Zhang L N, Chen A Y, Li J B. Special exact soliton solutions for the $K(2,2)$ equation with non-zero constant pedestal. Phys Lett A, 2011, 218(8): 4448-4457

[85] Liu H Z, Li J B, Liu L. Complete group classification and exact solutions to the extended short pulse equation. Inter J Non-Linear Mech, 2012, 47(6): 694-698

[86] Liu H Z, Li J B, Liu L. Complete group classification and exact solutions to the generalized short pulse equation. Stud Appl Math, 2012, 129(1): 103-116

[87] Xie S L, Cai J H. Exact periodic, cusp, solitary and loop wave solutions of the EX-ROE. Inter J Comput Math, 2011, 88(13): 2824-2837

[88] Yusufoglu E, Bekir A. The tanh and the sine-cosine methods for exact solutions of the MBBM and the Vakhnenko equations. Chaos Solitons Fract, 2008, 38(4): 1126-1133

[89] Zabolotskaya E A, Khokhlov R R. Quasi-plane waves in the non-linear acoustics of confined beams. Sov Phys Acoust, 1969, 15: 35-40

[90] Kuznetsov V P. Equations of nonlinear acoustics. Sov Phys Acoust, 1971, 16: 467-470

[91] Clarkson P A, Hood S. Nonclassical symmetry reductions and exact solutions of the Zabolotskaya - Khokhlov equation. Eur J App Math, 1992, 3: 381-415

[92] Rozanova A. The Khokhlov - Zabolotskaya - Kuznetsov equation. C R Acad Sci Ser I: Math, 2007, 344: 337-342

[93] Taniuti T. Reductive perturbation method for quasi one-dimensional nonlinear wave. Wave Motion, 1990, 12: 373-383

[94] Vinogradov A M, Vorob'ev E M. Use of symmetries to find exact solutions of the Zabolotskaya-Khokhlov equation. Sov Phys Accoust, 1976, 22: 12-22

[95] Chowdhury A R, Nasker M. Towards the conservation laws and Lie symmetries for the Khokhlov-Zabolotskaya equation in three dimensions. J Phys A: Math Gen, 1986, 19(10): 1775

[96] Fushchych W, Shtelen W, Serov N. Symmetry analysis and exact solutions of equations of nonlinear mathematical physics. Kluwer Academic, Dordrecht, 1993

[97] Tajiri M. Similarity Reductions of the Zabolotskaya-Khokhlov equation with a dissipative Term. J Nonlinear Math Phys, 1995, 2: 392-397

[98] Bruzon M S, Gandarias M L, Torrisi M, et al. Some traveling wave solutions for the dissipative Zabolotskaya-Khokhlov equation. J Math Phys, 2009, 50: 103504

[99] 李帮庆, 马玉兰. (G'/G) 展开法构造非线性 Vakhnenko 方程的新精确解. 兰州大学学报 (自然科学版), 2009, 45(5): 141-142

[100] Ma Y L, Li B Q. A series of abundant exact travelling wave solutions for a modified generalized Vakhnenko equation using auxiliary equation method. Appl Math Comput, 2009, 211(1): 102-107

[101] Ma Y L, Li B Q. New application of (G'/G)-expansion method to a nonlinear evolution equation. Appl Math Comput, 2010, 216(7): 2137-2144

[102] Li B Q, Ma Y L, Sun J Z. The interaction processes of the N-soliton solutions for an extended generalization of Vakhnenko equation. Appl Math Comput, 2010, 216(12): 3522-3535

[103] Ma Y L, Li B Q. A method for constructing nontraveling wave solutions for (1+1)-dimensional evolution equations. J Math Phys, 2010, 51(6): 063512

[104] Ma Y L, Li B Q. A direct method for constructing the traveling wave solutions of a

modified generalized Vakhnenko equation. Appl Math Comput, 2012, 219(4): 2212-2219

[105] Ma Y L, Li B Q. Some new Jacobi elliptic function solutions for the short-pulse equation via a direct symbolic computation method. J Appl Math Comput, 2012, 40(1-2): 683-690

[106] 李帮庆, 马玉兰, 王聪, 徐美萍. 耦合 Schrödinger 系统的周期震荡折叠孤子. 物理学报, 2011, 60(6): 060203-7

[107] Li B Q, Ma Y L. New exact solutions and novel time solitons for the dissipative Zabolotskaya-Khokhlov equation arisen from nonlinear acoustics. Z Naturforsch, 2012, 67a: 601-607.

[108] Wu Y Y, Wang C, Liao S J. Solving the one-loop soliton solution of the Vakhnenko equation by means of the homotopy analysis method. Chaos Solitons Fract, 2005, 23(5): 1733-1740

[109] Victor K K, Thomas B B, Kofane T C. On High-Frequency soliton solutions to a (2+1)-dimensional nonlinear partial differential evolution equation. Chin Phys Lett, 2008, 25(2): 425-428

[110] Hereman W, Zhaung W. Symbolic software for soliton theory. Acta Appl Math, 1995, 39: 361-378

[111] Hereman W, Nuseir A. Symbolic methods to construct exact solutions of nonlinear partial differential equations. Math Comput Simul, 1997, 43: 13-17

[112] Weiss J. On classes of integrable systems and the Painlev-property. J Math Phys, 1984, 25(1): 13-24

[113] Wazwaz A M. Multiple-soliton solutions for the KP equation by Hirota's bilinear method and by the tanh-coth method. Appl Math Comput, 2007, 190: 633-640

[114] Wazwaz A M. The tanh-coth and the sech methods for exact solutions of the Jaulent-Miodek equation. Phys Let A, 2007, 366 (1/2): 85-90

[115] Wazwaz A M. Multiple-front solutions for the Burgers equation and the coupled Burgers equations. Appl Math Comput, 2007, 190: 1198-1206

[116] Wazwaz A M. The Hirota's direct method and the tanh-coth method for multiple-soliton solutions of the Sawada-Kotera-Ito seventh-order equation. Appl Math Comput, 2008, 199: 133-138

[117] Wazwaz A M. The Hirota's direct method and the tanh-coth method for multiple-soliton solutions of the Sawada-Kotera-Kadomtsev-Petviashvili equation. Appl Math Comput, 2008, 200: 160-166

[118] Rabelo M L. On equations which describe pseudospherical surfaces. Stud Appl Appl Math, 1989, 81: 221-248

[119] Beals R, Rabelo M, Tenenblat K. Bäcklund transformations and inverse scattering

solutions for some pseudospherical surface equations. Stud Appl Math, 1989, 81: 125-151

[120] Sakovich A, Sakovich S. On transformations of the Rabelo Equations. SIGMA, 2007, 3: 086

[121] Schäfer T, Wayne C E. Propagation of ultra-short optical pulses in cubic nonlinear media. Phys D, 2004, 196: 90-105

[122] Chung Y, Jones C K R T, Schafer T, Wayne C E. Ultra-short pulses in linear and nonlinear media. Nonlinearity, 2005, 18: 1351-1374

[123] Sakovich A, Sakovich S. The short pulse equation is integrable. J Phys Soc Jpn, 2005, 74: 239-241

[124] Victor K K, Thomas B B, Kofane T C. On exact solutions of the Schafer-Wayne short pulse equation: WKI eigenvalue problem. J Phys A, 2007, 39: 5585-5596

[125] Brunelli J C. The bi-Hamiltonian structure of the short pulse equation. Phys Lett A, 2006, 353: 475-478

[126] Parkes E J. Some periodic and solitary travelling-wave solutions of the short-pulse equation. Chaos Solitons Fract, 2008, 38: 154-159

[127] Sakovich A, Sakovich S. Solitary wave solutions of the short pulse equation. J Phys A: Math Gen, 2006, 39: 361-367

[128] Matsuno Y. Multiloop soliton and multibreather solutions of the short pulse model equation. J Phys Soc Jpn, 2007, 76: 084003

[129] Matsuno Y. Periodic solutions of the short pulse model equation. J Math Phys, 2008, 49: 073508

[130] Fu Z T, Zheng M H, Liu S K. Exact solutions to short pulse equation. Commun Theor Phys (Beijing, China), 2009, 51: 395-396

[131] Fu Z T, Chen Z, Zhang L N, Liu S K. Novel exact solutions to short pulse equation. Appl Math Comput, 2010, 215: 3899-3905

[132] Parkes E J, Abbasbandy S. inding the one-loop soliton solution of the short-pulse equation by means of the homotopy analysis method. Numer Meth Part D E, 2009, 25: 401-408

[133] Parkes E J. A note on loop-soliton solutions of the short-pulse equation. Phys Lett A, 2010, 374: 4321-4323

[134] Shen Y, Williams F, Whitaker N, Kevrekidis P G, Saxena A, Frantzeskakis D J. On some single-hump solutions of the short-pulse equation and their periodic generalizations. Phys Lett A, 2010, 374: 2964-2967

[135] Feng B F, Maruno K, Ohta Y. Integrable discretizations of the short pulse equation. J Phys A: Math Theor, 2010, 43: 085203

[136] Wadati M. Wave Propagation in Nonlinear Lattice Ⅰ. J Phys Soc Japan, 1975, 38:

673-680

[137] Wadati M. Wave Propagation in Nonlinear Lattice Ⅱ. J Phys Soc Japan, 1975, 38: 681-686

[138] Wadati M. A Remarkable Transformation in Nonlinear Lattice Problem. J Phys Soc Japan, 1976, 40: 1517-1518

[139] Wadati M. Transformation Theories for Nonlinear Discrete Systems. Prog Theor Phys Supplement, 1976, 59: 36-63

[140] Coffey M W. On series expansions giving closed-form solutions of Korteweg – de Vries-Like equations. SIAM J Appl Math, 1990, 50(6): 1580-1592

[141] Fu Z T, Liu S D, Liu S K. New kinds of solutions to Gardner equation. Chaos Soliton Fract, 2004, 20(2): 301-309

[142] Wazwaz A M. New solitons and kink solutions for the Gardner equation. Commun Nonlinear Sci Numer Simul, 2007, 12(8): 1395-1404

[143] Zakharov V E, Shabat A B. Exact theory of two-dimensional self-focusing and one-dimensional self-modulation of waves in nonlinear media (Differential equation solution for plane self focusing and one dimensional self modulation of waves interacting in nonlinear media). Sov Phys-JETP, 1972, 34: 62-69

[144] Zakharov V E, Shabat A B. A scheme for integrating the nonlinear equations of mathematical physics by the method of the inverse scattering problem. Funct Anal Appl, 1974, 8(3): 226-235

[145] Pusharov D I, Tanev S. Bright and dark solitary wave propagation and bistability in the anomalous dispersion region of optical waveguides with third-and fifth-order nonlinearities. Opt Commun, 1996, 124: 354-364

[146] Tanev S, Pusharov D I. Solitary wave propagation and bistability in the normal dispersion region of highly nonlinear optical fibres and waveguides. Opt Commun, 1997, 141: 322-328

[147] 龚伦训. 非线性薛定谔方程的 Jacobi 椭圆函数解. 物理学报, 2006, 55 (9): 4414-4419

[148] 程雪苹, 林机, 王志平. 微扰的耦合非线性薛定谔方程的近似求解. 物理学报, 2007, 56 (6): 3031-3038

[149] 厉江帆, 单树民, 杨建坤等. 失谐量子频率转换系统薛定谔方程的显式解析解. 物理学报, 2007, 56 (10): 5597-5601

[150] Boiti M, Leon J J P, Pempinelli F. Spectral transform for a two spatial dimension extension of the dispersive long wave equation. Inverse Problems, 1987, 3(3): 374

[151] Tang X Y, Lou S Y, Zhang Y. Localized excitations in (2+1)-dimensional systems. Phys Rev E, 2002, 66(4): 046601

[152] Tang X Y, Lou S Y. Extended multilinear variable separation approach and multi-valued localized excitations for some (2+1)-dimensional integrable systems. J Math

Phys 2003, 44(9): 4000

[153] Fan E G. Uniformly constructing a series of explicit exact solutions to nonlinear equations in mathematical physics. Chaos Solitons Fract, 2003, 16(5): 819-839

[154] 曾昕, 张鸿庆. (2+1) 维色散长波方程的新的类孤子解. 物理学报, 2005, 54(2): 504-510

[155] 那仁满都拉. 色散长波方程和变形色散水波方程特殊形状的多孤子解. 物理学报, 2002, 51(8): 1671-1674

[156] 那仁满都拉, 王克协. (2+1) 维耗散长波方程与 (2+1) 维 Broer-Kaup 方程新的类多孤子解. 物理学报, 2003, 52(7): 1565-1568

[157] 马松华, 吴小红, 方建平等. (3+1) 维 Burgers 系统的新精确解及其特殊孤子结构. 物理学报, 2008, 57(1): 11-17

[158] 温朝晖, 莫嘉琪. 广义 (3+1) 维非线性 Burgers 系统孤波级数解. 物理学报, 2010, 59(12): 8311-8315

[159] 马松华, 方建平, 任清褒. (3+1) 维 Burgers 系统的瞬内嵌孤子和瞬锥形孤子. 物理学报, 2010, 59(7): 4420-4425

[160] 许永红, 姚静荪, 莫嘉琪. (3+1) 维 Burgers 扰动系统孤波的解法. 物理学报, 2012, 61(2): 020202

[161] 蒋黎红, 马松华, 方建平等. (3+1) 维 Burgers 系统的新孤子解及其演化. 物理学报, 2012, 61(2): 020510

[162] Lou S Y, Hu X B. Infinitely many Lax pairs and symmetry constraints of the KP equation. J Math Phys, 1997, 38: 6401

[163] Yan Z Y, Zhang H Q. Symbolic computation and new families of exact soliton-like solutions to the integrable Broer-Kaup (BK) equations in (2+1)-dimensional spaces. J Phys A: Math Gen, 2001, 34: 1785

[164] Zhang S L, Wu B, Lou S Y. Painleve analysis and special solutions of generalized Broer-Kaup equations. Phys Lett A, 2002, 300(1): 40-48.

[165] Xie F D, Chen J, Lü Z S. Using symbolic computation to exactly solve the integrable Broer-Kaup equations in (2+1)-dimensional spaces. Commun Theor Phys, 2005, 43(4): 585-590

[166] Huang D J, Zhang H Q. Variable-coefficient projective Riccati equation method and its application to a new (2+1)-dimensional simplified generalized Broer-Kaup system. Chaos, Solitons Fract, 2005, 23(2): 601-607

[167] Zheng C L, Zhu H P, Chen L Q. Exact solution and semifolded structures of generalized Broer-Kaup system in (2+1)-dimensions. Chaos Solitons Fract, 2005, 26(1): 187-194

[168] Bai C L, Zhao H. Compacton, peakon and folded localized excitations for the (2+1)-dimensional Broer-Kaup system. Chaos, Solitons Fract, 2005, 23(3): 777-786

[169] Zhu J M, Ma Z Y. New exact solutions to (2+1)-dimensional variable coefficients

Broer-Kaup equations. Commun Theor Phys, 2006, 46(3): 393-396

[170] Lu D C, Hong B J. New exact solutions for the (2+1)-dimensional generalized Broer-Kaup system. Appl Math Comput, 2008, 199(2): 572-580

[171] Li B Q, Ma Y L. The non-traveling wave solutions and novel fractal soliton for the (2+1)-dimensional Broer-Kaupequations with variable coefficients. Commun Nonlinear Sci Numer Simul, 2011, 16(1): 144-149

索 引

B

变量代换, 123
波带, 122
波列, 122
波数, 21
波速, 21, 114
波形, 35

C

常微分方程
    初始条件, 16
    特解, 16
    通解, 16
常微分方程, 3
超定代数方程组, 25
超定方程组, 150
超定偏微分方程组, 129
超短光脉冲, 122
传播控制, 35

D

单环孤立波, 62
弹性系统, 210
低频扰动波, 10
叠加原理, 3, 5
动力系统, 3, 114
动力系统法, 114
动力系统方程, 115
短脉冲系统, 122
对称延拓, 139
多线性分离变量法, 8

E

二阶变系数齐次线性常微分方程, 17
二阶常系数齐次线性常微分方程, 17
二阶线性常微分方程
    叠加性, 17
    齐次, 17
二阶线性常微分方程, 15
二维波动方程, 4

F

仿球界面, 122
非均衡热力学, 10
非均匀介质, 9
非齐次, 17
非线性 Vakhnenko 系统, 9
非线性发展方程, 3
非线性格状介质, 128
非线性关系, 3
非线性耗散, 73
非线性耗散 Zabolotskaya-Khokhlov 系统, 148
非线性偏微分方程, 4
非线性扰动, 9
非线性系统, 3
非线性演化方程, 3
    (1+1) 维非线性演化系统, 8
    高维非线性演化系统, 9
    激发, 8
    精确解, 8
    模型化, 9
非线性演化系统, 3
非线性耦合 Schrödinger 系统, 139
分离变量结构, 42
分形
    Dromion 分形结构, 229

单向 Dromion 分形结构, 232
Lump 分形结构, 232
代数分形结构, 232
单向十字分形结构, 228
分形函数, 229
复合分形结构, 233
十字型分形结构, 226
自相似性, 222
分形, 9, 222
分形结构, 222
峰状孤立波, 40
辅助方程法, 98, 124

G

改进的 Hirota 双线性法, 71
高频扰动波, 10
孤立波
 $N(N>3)$ 孤立波解, 73
 3 孤立波解, 73
 单孤立波, 80
 单孤立波解, 73
 二孤立波, 82
 峰峰形, 83
 峰形, 81
 光滑 N 孤立波, 76
 光滑单孤立波, 74
 光滑二孤立波, 75
 环峰形, 83
 环环形, 83
 环尖形, 83
 环形, 81
 尖峰形, 83
 尖尖形, 83
 尖形, 81
 交互, 78
 交换振幅, 85
 局域性, 7
 粒子性, 7
 奇异 N 孤立波, 77

奇异单孤立波, 77
奇异二孤立波, 77
融合, 78
三孤立波, 84
三孤立波交互, 86
三环形, 85
双孤立波解, 73
顺时针旋转, 92
相向传播, 85
演化, 78
重叠, 85
孤立波, 6, 110
孤立波解, 26
孤子
 Dromion 孤子, 9
 Lump 孤子, 9
 Peakon 型, 8
 多呼吸孤子, 9
 反扭结型, 8
 非传播型, 8
 呼吸型, 8
 环型, 8
 紧致型, 8
 扭结型, 8
 折叠孤子, 9
孤子, 7
孤子激发
 环孤子, 166
孤子结构激发
 Compacton 孤子, 176
 Dromion 孤子, 168
 Lump 孤子, 166
 Peakon 孤子, 174
 Solitoff 孤子, 172
 半幅 Peakon 孤子, 175
 单 Peakon 孤子, 174
 单峰 (谷) 状时间孤子, 156
 单向多折叠孤子, 183

单向上下折叠孤子, 180
单向双折叠孤子, 179
单向线孤子, 165
单向折叠孤子, 178, 179
单向振动 Dromion 孤子, 170
单周期震荡折叠孤子, 145
弹性碰撞, 191
多梯状时间孤子, 154
方孤子, 177
非弹性碰撞, 189
呼吸孤子, 172
环状时间孤子, 156
聚变, 193
裂变, 193
螺旋状明暗内嵌孤子, 205
明暗内嵌孤子, 205
内嵌孤子, 203
三重内嵌孤子, 203
时间孤子激发, 144, 153
衰减, 166
双 Peakon 孤子, 174
双层凹状折叠孤子, 182
双向双层折叠孤子, 184
双向折叠孤子, 178, 182
双向振动 Dromion 孤子, 171
塌陷 Peakon 孤子, 175
梯状时间孤子, 154
同向追碰, 189
异向碰撞, 190
折叠变换, 177
折叠孤子, 177
振动 Dromion 孤子, 170
指数压缩折叠孤子, 187
周期波背景孤子, 196
周期波状时间孤子, 153
周期性压缩折叠孤子, 186
周期震荡折叠孤子, 144
柱孤子, 206

锥孤子, 206
湮灭, 194
广义 Vakhnenko 系统, 11, 60
广义行波解, 42, 46, 152
硅化光纤, 122

H

耗散, 222
耗散 Zabolotskaya-Khokhlov 系统, 73
耗散关系, 73
耗散项, 10
宏参数, 10
环形孤立波激发, 53
环状孤立波, 40
混合法, 128
混合函数解, 128
混沌
    Duffing 混沌系统, 209
    Lorenz 混沌系统, 209
    单向混沌结构, 211
    对称振动 Dromion 孤子, 215
    混沌 Dromion 孤子, 215
    混沌结构激发, 211
    混沌结构演化, 219
    敏感依赖, 208
    确定性, 208
    受迫振动, 209
    双向混沌结构, 215, 218
    随机性, 208
混沌, 9, 208

J

激波, 132
激发孤立波, 48
尖状孤立波, 40
解析解, 8
局域结构, 9
局域结构激发, 9
巨参数, 10
均衡模型, 9, 10

K

扩展的 (G'/G) 展开法, 42
扩展的 Tanh 函数展开法, 8
扩展广义 Vakhnenko 系统, 11, 79

L

立方 Rabelo 系统, 122
立方非线性材料, 122
连续介质, 9
连续介质力学, 9
零曲率, 122

M

脉冲, 144
模数, 131

N

内嵌孤子, 216
能量, 35
能量转换, 62
逆向散射法, 8

P

偏微分方程
    古典解, 4
    广义解, 4
    阶, 4
    解, 4
偏微分方程, 3
平方 Rabelo 系统, 122
平面动力系统, 115

Q

齐次平衡法, 8, 15
齐次平衡原则, 21, 24
浅水波, 222
浅水波方程, 6

R

人口方程, 4
弱 Lax 对, 160

S

三角函数广义行波解, 152
三角函数解, 27, 115

色散长波系统, 160
势能函数, 210
数学物理方程, 3
双环孤立波激发, 66
双曲函数, 132
双曲函数广义行波解, 152
双曲函数解, 25
双线性方程, 79
双线性化, 72
双相位周期解, 123

T

特殊孤子结构激发, 165
同伦法, 123

W

微分算子, 71

X

稀松介质, 10
线性关系, 3
线性偏微分方程, 4
线性系统, 3
相容条件, 160
相移, 7
小参数, 10
小区域气候模型, 209
行波, 110
行波变换, 15, 21
行波变量, 21
修正广义 Vakhnenko 系统, 114
修正广义的 Vakhnenko 系统, 11, 27

Y

雅可比椭圆函数, 139
衍射传播, 148
演化系统, 3
有理函数广义行波解, 152

Z

振幅, 35
正弦 Rabelo 系统, 122
指数 Rabelo 系统, 122

索　引

周期波, 132
周期波激发, 48
阻尼, 210

其　他

(G'/G) 展开法, 8
(1+1) 维 Camassa-Holm 系统, 174
(1+1) 维 Gardner 系统, 128
(2+1) 维变系数 Broer-Kaup 系统, 222, 233
(2+1) 维变系数色散长波系统, 160, 172, 218
(3+1) 维 Burgers 系统的广义行波解, 198
(3+1) 维 Zaboloskaya-Khokhlov 系统, 148
(3+1) 维 Burgers 系统, 211, 215
F- 展开法, 8, 98
　　包络解, 98
Weierstrass 椭圆函数解, 115
Bäcklund 变换法, 8
bi-Hamiltonain 性质, 123
Hirota 双线性法, 8, 71
Hirota 双线性算子, 71
Jacobi 函数展开法, 8
Jacobi 椭圆函数

孤立波解, 98
模数, 98
三角函数周期解, 98
周期解, 98
Jacobi 椭圆函数, 124
Jacobi 椭圆函数法, 124, 131
Jacobi 椭圆函数解, 115
Jacobi 椭圆函数展开法, 98
Jacobi 椭圆正弦函数, 131
KdV 方程, 6
KdV-mKdV 系统, 128
Korteweg-de Vries-Burgers (KdVB) 系统, 10
Moloney-Hodnett 降阶法, 123
Rabelo 系统, 122
Riccati 映射法, 8, 57
sine-Gordon 系统, 123
Tanh 函数展开法, 8, 57
Vakhnenko 系统, 43
Wadati-Konno-Ichikawa 类型, 123
Weierstrass 椭圆函数, 98